园林计算机辅助设计

Yuanlin Jisuanji
Fuzhu Sheji

韩 敬 李希荣 等编著

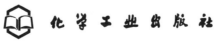

化学工业出版社

·北京·

本书包括基础篇和实践篇两部分：基础篇主要介绍了AutoCAD、SketchUp、Photoshop三种园林辅助设计软件的基本功能和使用方法等；实践篇结合完整的园林设计绘图流程，通过实例讲述应用三种软件绘制园林总体规划设计平面图、园林设计施工图、园林平面效果图、三维效果图的操作方法和步骤等。

本书将理论与实践有效结合，可供从事园林工程设计的技术人员、科研人员和管理人员参考，也可供高等学校园林规划设计、景观工程设计及相关专业师生参阅。

图书在版编目（CIP）数据

园林计算机辅助设计 / 韩敬等编著 . —北京：化学工业出版社，2018.1（2025.2重印）
ISBN 978-7-122-30895-5

Ⅰ. ①园⋯　Ⅱ. ①韩⋯　Ⅲ. ①园林设计－计算机辅助设计　Ⅳ. ① TU986.2-39

中国版本图书馆 CIP 数据核字（2017）第 265188 号

责任编辑：刘兴春　刘兰妹　　　　　　　　文字编辑：吴开亮
责任校对：王素芹　　　　　　　　　　　　装帧设计：王晓宇

出版发行：化学工业出版社（北京市东城区青年湖南街 13 号　邮政编码 100011）
印　　装：北京天宇星印刷厂
787mm×1092mm　1/16　印张 17½　字数 435 千字　2025 年 2 月北京第 1 版第 10 次印刷

购书咨询：010-64518888（传真：010-64519686）　售后服务：010-64518899
网　　址：http://www.cip.com.cn
凡购买本书，如有缺损质量问题，本社销售中心负责调换。

定　　价：68.00 元

前言

随着经济社会的发展以及人们生活水平的提高，城市园林得到了快速发展，园林绿化规模大幅提升。在现代园林行业中，计算机辅助设计已成为一种重要的设计手段，它方便快捷，准确高效，具有优越的操作性和兼容性，其成果具有良好的视觉冲击性，被广泛应用于园林设计的各个阶段。本书主要针对园林科技工作者及相关专业的计算机设计绘图从业人员，具有较强的实用性及一定的学术价值。

本书包括基础篇和实践篇两部分，共8章。作者根据多年的科研工作经验总结，阐述了AutoCAD、SketchUp、Photoshop三种园林辅助设计软件的基本功能和使用方法，并通过实例讲述应用以上软件绘制园林总体规划设计平面图、园林建筑详图、园林平面效果图、三维效果图等的操作方法和步骤。

本书注重理论与实践相结合，将软件的使用和园林设计绘图的方法步骤紧密结合，强调职业性、实践性，操作性，易于学习。本书的重点任务是强化读者对园林计算机辅助设计基本方法的掌握，并且与园林设计实践以及职业技能鉴定考核相结合，及时融进新知识、新观念、新方法，呈现内容的专业性和开放性，培养读者进行计算机辅助园林设计的实践能力、耐心细致的工作作风和严肃认真的工作态度，同时培养读者的创新意识。

本书主要由韩敬、李希荣编著；另外，临沂大学赵彦杰、雷琼、刘敏、李辉参与了本书相关章节的审定与编著；同时参考了相关专家的部分文献资料，仿绘了部分图例，在此向有关专家、单位深表感谢！

由于编著者编著时间和水平所限，书中难免存在不足和疏漏之处，敬请读者批评指正。

编著者
2017年8月

目录

上篇　基础篇

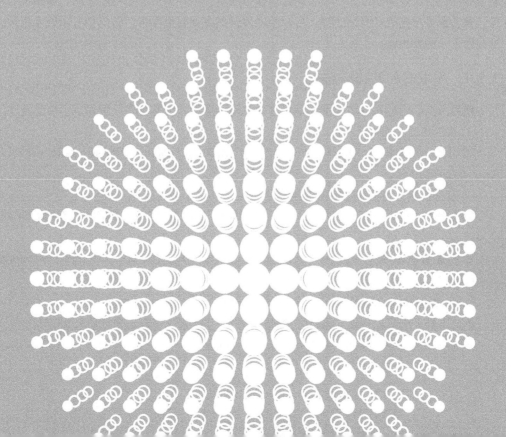

第 **1** 章 AutoCAD园林设计绘图

1.1 AutoCAD基础

CAD即计算机辅助设计的英文缩写，其英文全称为Computer Aided Design。

AutoCAD是美国Autodesk公司开发的一种交互式制图软件。它是目前设计生产过程中应用最广的软件之一，也是目前园林设计领域中应用最普遍的专业制图软件。这款软件能根据用户的指令迅速而准确地绘制图形，具有易于校正错误、可以批量修改图形而无需重新绘制的特点，并且能够方便准确地输出清晰、准确的图纸，是手工绘图无法比拟的一种高效设计绘图工具。

AutoCAD具有以下一些特点：

a. 具备精确、完善的二维、三维图形绘制功能；b. 具备强大的图形编辑功能；c. 具有二次开发功能；d. 支持多种图形文件的转换功能；e. 支持多种操作平台。

因此，AutoCAD有着广泛的应用领域，绝大多数全球重要企业均使用它来做辅助设计，并广泛应用于城市规划设计、机械、建筑、电子、冶金、化工等设计制图，室内设计与室内装潢设计，各种效果图设计，军事训练与模拟战争，拓扑图形与航空航海图，服装设计与裁剪，舞台置景与剧院灯光设计等。目前该软件仍然在完善过程中，每年都有新版本出现，增加或修正一些新功能。

1.1.1 AutoCAD绘图界面

使用AutoCAD绘图时首先要启动程序。启动程序的方法有很多，例如以下启动方法。

① 双击桌面上的快捷图标。

② 开始→所有程序→Autodesk→autocad XXXX–Simplified Chinese→autocad XXXX→Simplified Chinese。

③ 双击扩展名为DWG的图形文件。

④ 计算机→C：Program Files→autocadXXXX→AutoCAD XXXX–Simplified Chinese→acad.exe。

⑤ 资源管理器→C：Program Files→autocadXXXX→AutoCADXXXX–Simplified Chinese→acad.exe。

⑥ 开始→autocad XXXX–Simplified Chinese。

除此之外，还可以使用"运行""快捷启动栏""搜索"等方法来启动AutoCAD。

启动AutoCAD后，绘图的经典界面如图1–1所示。

AutoCAD 2012 Drawing1.dwg

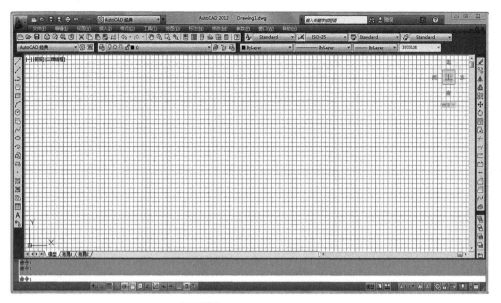

图1-1 AutoCAD程序窗口

AutoCAD的绘图界面同Windows应用程序相似，主要由标题栏、菜单栏、工具栏、状态栏、工作区等几部分组成。不同的是AutoCAD在状态栏的上方有一个命令窗口，在这个窗口中可以直接输入并执行命令，并且在这个窗口中可以观察到命令执行信息和反馈。因此AutoCAD比一般Windows应用程序多了一种命令执行的方式。

AutoCAD的标题栏是应用程序窗口最上方的彩色条，基本包括控制图标及窗口的最大化、最小化和关闭按钮，同时包括应用程序名称和当前打开的图形文件的名称。标题栏左端是标志按钮，双击标识即可关闭程序。

菜单是调用AutoCAD命令常用的一种方式。AutoCAD菜单栏（图1-2）与windows应用程序标准的菜单栏相同，以级联的层次结构来布置各个菜单项，并以下拉列表的形式逐级显示。在AutoCAD菜单栏中，包括文件、编辑、视图、插入、格式、工具、绘图、标注、修改、窗口、帮助等一系列菜单（图1-3～图1-14）。每一个菜单都是一类命令的汇总，文件菜单汇总了对工程文件的操作命令；编辑菜单汇总了对工程文件的编辑命令；视图菜单汇总了对文件视图操作的命令；插入菜单汇总了向工程文件中插入数据的各种操作命令；格式菜单汇总了对样式、格式的各种操作命令；工具菜单汇总了AutoCAD中使用的工具的操作命令；绘图菜单汇总了各种绘制图元的命令；标注菜单汇总了各种标注的操作命令；修改菜单汇总了各种对图元编辑的命令；参数菜单汇总了对图元参数约束的命令。

工具栏（图1-15）是调用AutoCAD命令的另外一种常用方式。工具栏包含了多个工具条，每个工具条包含了AutoCAD的此类命令，要执行命令时直接点选工具条上相应的工具按钮即可。如果不能明白某一工具按键是什么命令，可以在这个按键上悬停，AutoCAD会自动弹出这个命令的信息。要调用或关闭一个工具条时，只需右单击任意一个工具按钮，在快捷菜单中单击这个工具条名即可。要自定义工具条时，只需在“工具”菜单中选中“自定

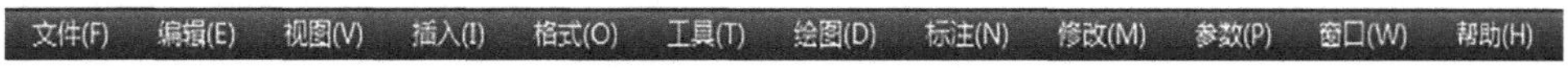

文件(F) 编辑(E) 视图(V) 插入(I) 格式(O) 工具(T) 绘图(D) 标注(N) 修改(M) 参数(P) 窗口(W) 帮助(H)

图1-2 AutoCAD菜单栏

图1-3　文件菜单

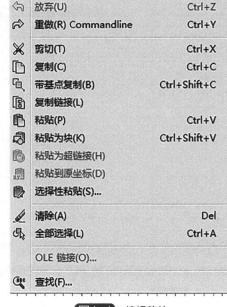

图1-4　编辑菜单

图1-5　视图菜单

图1-6　插入菜单

图1-7　格式菜单

图1-8　工具菜单

图1-9 绘图菜单

图1-10 标注菜单

图1-11 修改菜单

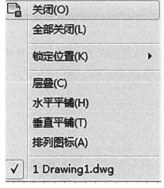

图1-12 窗口菜单

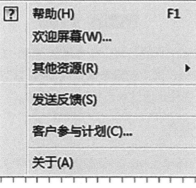

图1-13 帮助菜单

图1-14 参数菜单

义"→"界面"，在弹出的对话框中把命令列表中的命令拖到"所有自定义文件"→"工具栏"中相应工具条上的对应位置即可，可以把列表中的命令直接拖到工具条；也可以在工具条的快捷菜单中选中"自定义"，在弹出的对话框中把命令拖到工具条上的相应位置。要删除一个工具按键，可以在对话框中右单击这个命令，选中"删除"。要调动工具条的放置位置时，只需指向工具条最前端的控制区拖动工具条，即可任意安放工具条。

图1-15 工具栏

状态栏（图1-16）位于程序窗口的底部，具有显示绘图坐标以及一系列辅助绘图工具状态的功能。这些工具包括捕捉、栅格、正交、极轴、对象捕捉、对象追踪、线宽、UCS、DYN等。实际上这里也是这些工具的控制按钮，通过单击这些按钮可以方便地打开或关闭这些工具。

图1-16 状态栏

在AutoCAD中，命令窗口（图1-17）提供了调用命令的第三种方式——命令行方式。默认方式下，命令窗口固定于绘图区的底部。命令窗口分为两个部分：命令信息区和命令行。对AutoCAD发出命令时，可以在命令行中用键盘直接输入各相关命令名或别名。AutoCAD命令的执行过程在命令窗口的命令信息区都有记载，需要时可以查阅历史操作记录。将命令窗口拖离固定区域可以使其浮动。通过将命令窗口拖动到AutoCAD窗口的固定区域中可以再次固定浮动命令窗口。通过执行以下操作之一可以隐藏和重新显示命令行。

① 依次单击"工具"菜单→"命令行"。
② 按Ctrl+9组合键。

图1-17 命令窗口

AutoCAD的绘图区是绘图工作的区域，分为模型空间、布局空间两种工作空间。一般情况下，先在模型空间绘图设计，然后创建布局以绘制和打印布局空间中的图。模型（图形）空间和布局（图纸）空间的切换是通过单击标签来完成的。

1.1.2 AutoCAD命令操作

要让AutoCAD按人们的要求工作，必须输入相应的命令。AutoCAD输入命令的方式有多种，其中最常用的命令输入方式有3种。

（1）通过菜单输入命令

这是初学者最常用的一种方式，几乎所有的命令都可以通过这种方式输入。因为有些命令需要通过两级或三级菜单才能找到，所以采用这种方式输入命令时速度相对较慢。但通过归类的菜单能够很容易找到相应的命令。

（2）通过工具栏输入命令

工具条上几乎包含了全部的常用命令，但应用相对较少的命令在默认状态下不能找到。有些工具条在默认状态下处于隐藏状态，需要应用时必须临时调出。这种方式由于直接点击按钮即可执行命令，因此速度相对较快，是AutoCAD命令输入的常用方式。

（3）命令行输入命令

这种方式是在命令行中输入命令名或别名，并敲回车或敲空格执行命令。因为命令名多为英文单词，通常有多个字母，所以输入全名的方式速度较慢，应用较少。但AutoCAD允许在命令行中输入命令别名，以代替命令名。命令别名通常由命令名中的字母组成。使用频率最高的命令别名通常由命令名的第1个字母构成；使用频率高的命令别名多由命令名的前两个字母组成；使用频率较高的命令别名多由命令名的前3个字母组成。命令别名很少由3个以上字母组成。3个及以上字母构成的命令别名几乎很少使用。由于输入别名时只需输入很少几个字母，速度最快，因此这是备受推崇的一种方式。

AutoCAD允许用户自定义命令别名。自定义命令别名时，需要先找到安装目录内的名称为acad.pgp的文件，使用记事本打开，或者执行"工具"→"自定义"→"编辑程序参数"命令，并在文件最后按下面方式添加：

命令别名,*命令名

注意符号使用半角，每一行定义一个命令别名，保存并关闭文件，执行reinit命令，在对话框中选中"PGP文件"重新初始化即可使用。

如：mu,*multiple就定义了一个重复执行命令的命令别名。

在命令行中输入命令时，必须是在"命令："的命令等待状态。在命令行中输入的命令不区分大小写，不支持通配符。

除此之外，还可以在快捷菜单中执行命令，也可以通过键盘重复执行命令。

（1）快捷菜单输入命令

在绘图过程中可以右单击，调出快捷菜单。在快捷菜单中列出了可能要执行的操作命令或要定义的参数，单击这个命令名或参数，就可执行这个命令或修改参数。

（2）键盘重复执行命令

在一个命令执行完成后，可以立即回车或敲空格键；可以重复执行这个命令，而无需重新输入命令。这种方式可以大幅度提高绘图速度，这也是使用频率最高的一种命令输入方式。

（3）用命令方式多次重复执行一个命令

要多次重复执行一个命令，还可以使用multiple命令。在命令行中输入multiple，回车，执行这个命令，根据提示信息输入要多次执行的命令，就可以在不离开此命令的情况下，重复使用一个命令。要结束multiple命令，按Esc键即可。但是，multiple不能多次执行显示对话框的命令。

在命令执行过程中，要取消或终止这个命令的执行，可以按Esc键，或在快捷菜单中选择"取消"。

在命令执行完毕后，要取消或终止这个命令的操作，可以按 ↺ 按钮，或者执行快捷键"Ctrl+Z"，或者在命令行中执行UNDO（U）命令。执行一次可以取消一次操作，连续执行时可以取消多个操作。若要一次取消多个操作，可以单击"取消"按钮右侧的下拉箭头，从中选择要取消或放弃的操作。

对撤消的命令也可以重做，重做时可以按 ⟳ 按钮，或者执行快捷键"Ctrl+Y"，或者在命令行中执行"REDO"命令。每执行一次命令会重做最后一个取消。若要一次重做多个取消，可以单击"重做"按钮右侧的下拉箭头，从中选择要重做的命令。

在AutoCAD命令执行过程中，可以插入执行另外一些命令，这些可以在其他命令执行过程执行的命令叫透明命令。透明命令执行完毕，原来的命令继续执行。透明命令的操作方法如下。

① 工具栏方式：从工具行上直接单击透明命令。

② 命令行方式：在命令行上用键盘键入命令，但要在命令名前加"'"以示透明。

AutoCAD大多数命令都可以当作透明命令执行。但使用最多的是视图操作命令、帮助命令等。使用透明命令时，命令提示区发出的提示，其前面均有提示符号">>"，提醒目前处于透明命令执行中（图1-18）。

```
指定下一点或 [放弃(U)]: 'pan
>>按 Esc 或 Enter 键退出，或单击右键显示快捷菜单。
```

图1-18　透明命令执行后的信息提示

需要说明的有如下几点。

① 有些命令在作为透明命令使用时其功能将会有所变化。例如HELP命令将列出与当前操作相关的帮助信息，而不是进入帮助主题。

② 在命令行提示"命令："状态下直接使用透明命令，效果与非透明命令相同。

③ 在某命令中使用SETVAR透明命令设置的新值，只有在下次执行该命令时参数才有效。

④ 在输入文字时，不能使用透明命令；不允许同时执行两条或两条以上的透明命令；不允许使用与正在使用的命令同名的透明命令。

⑤ 并不是所有的命令都可透明执行。

AutoCAD命令执行过程中的约定如下。

① "/"，分隔符，用以分隔命令选项。

② "( )"，括号内的大写字母表示命令别名，可直接键入。

③ "< >"，符号内为缺省值（系统自动赋予初值，可重新输入或修改）或当前值。

④ "[ ]"，符号内为非默认方式的命令选项，可选中任意一项，并按这种方式执行。

⑤ "－"，部分AutoCAD命令在执行中，既可显示为对话框，又可显示为命令行提示。

在通常情况下，如果在这些命令前面键入连字符"－"，则将显示命令行提示，而不显示对话框。

⑥ 命令从回车或敲空格键后执行，回车和敲空格键的功能相同。

1.1.3　AutoCAD图形文件操作

（1）新建图形

新建图形文件的常用方法有以下几种。

1）菜单方式　选择"文件"→"新建"。

2）工具栏方式　标准工具栏 🗋 按钮。

3）命令行方式　输入"New"，回车。

4）快捷键　Ctrl+N。

命令执行后，系统会打开"选择样板"对话框（图1-19），在"查找范围"列表框中选择样板文件的存放目录，在名称列表框中选择要使用的样板文件，观察"预览"中图样是否是要找的样板，若是，单击"打开"，则新建了一个图形文件。新建的图形文件默认以drawing1.dwg、drawing2.dwg……的序列名称命名。因为这个文件还没有在操作系统内注册，所以还不能自动写盘。为防止意外丢失，新建文件后要立即保存，之后则按设定的时间自动写盘。这样可以将由于停电、死机等造成的工作丢失降低到最低程度。

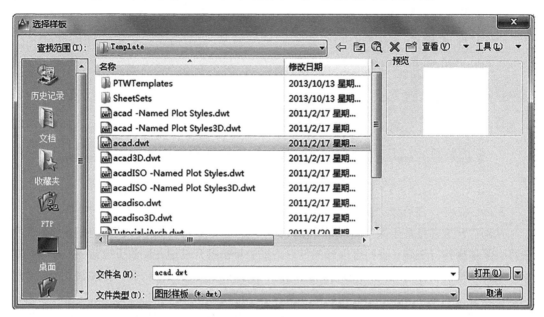

图1-19 "选择样板"对话框

选择样板文件时，有3种类型的文件可供选择，即图形样板、图形、标准。3种文件的扩展名分别为dwt、dwg、dws。dwt文件通常是一些标准性文件；dwg文件是普通图形文件；dws文件通常是定义了图层、线型、线宽、文字样式、标注样式、表格样式等格式的文件。把一些经常使用的标准或格式定义并保存后，新建的文件就具有了这些格式或标准，这样可以提高作图效率。

选择非dwt文件类型作为样板新建文件时，单击"文件类型"右边的下拉箭头，选中文件类型，然后确定文件路径，在名称列表框中选中文件，单击"打开"即可。

（2）打开图形文件

打开图形文件的常用方法有以下几种。

① 菜单方式：选择"文件"→"打开"。

② 工具栏方式：标准工具栏 📂 按钮。

③ 命令行方式：输入"open"，回车。

④ 快捷键方式：Ctrl+O。

⑤ 其他方式：单击"文件"菜单下部文件列表中文件名。

命令执行后，除第五种方式外，系统都会打开"选择文件"对话框（图1-20），在"查找范围"列表框中选择要打开文件的存放目录，在名称列表框中选择要打开的文件，观察"预览"中图样是否是要找的样板，若是，单击"打开"，则可以打开图形文件。

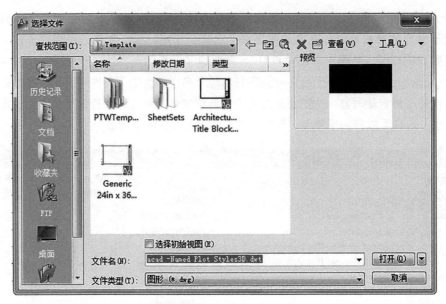

图1-20　"选择文件"对话框

　　AutoCAD中，还可以"以只读方式打开""局部打开"和"以只读方式局部打开"。

　　局部打开文件是基于保存的视图或指定的图层仅打开一部分图形，从而提高软件的运行效率。具体操作方法是：在打开图形文件对话框中单击打开按钮右侧的下拉箭头，在下拉菜单中选择"局部打开"，打开如图1-21所示的"局部打开"对话框。在"要加载几何图形的视图"列表框中选择要打开的视图，在"要加载几何图形的图层"列表框中选择要打开的图形所在的图层，单击"打开"按钮。当以"局部打开"方式打开图形时，可以对打开的图形进行编辑。

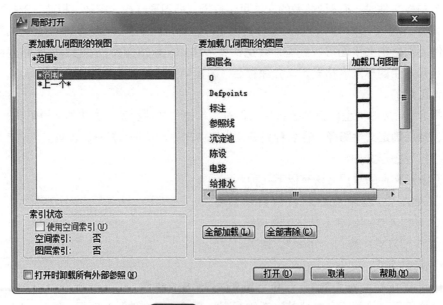

图1-21　"局部打开"对话框

　　选择"以只读方式打开""以只读方式局部打开"打开图形时，打开的图形为只读文件，无法对打开的图形进行编辑。

（3）保存图形文件

在AutoCAD中，保存文件的方式主要有"保存"和"另存为"两种。

1）"保存"文件的方法有以下几种。

① 菜单方式：选择"文件"→"保存"。

② 工具栏方式：标准工具栏 🖫 按钮。

③ 命令行方式：输入"save"，回车。

④ 其他方式：Ctrl+S。

如果是第一次保存文件，程序将弹出"图形另存为"的对话框（图1-22），可以在"文件类型"列表框中选择要保存的文件类型：低版本程序可识别的dwg文件、样板文件（dwt）、标准文件（dws）、dxf图形文件。在"保存于"列表框中选择要保存文件的路径，在"文件名"输入要保存的文件名。输入文件名时要注意文件名要有意义，以方便管理和查找。

图1-22　"图形另存为"对话框

非第一次保存时将按第一次的设置进行存储，而不再出现这个对话框。

2）如果要"另存为"，方法有以下几种。

① 菜单方式：选择"文件"→"另存为"。

② 命令行方式：输入"saveas"，回车。

③ 其他方式：Ctrl+Shift+S。

命令执行后都会弹出"另存为"对话框，按第一次保存时的方法保存文件。需要注意的是，在保存为低版本程序可以识别的文件类型时，文件中高版本的特有信息将丢失，但使用低版本程序可以打开文件。

（4）图形文件传递

AutoCAD支持和其他程序的图形文件互相转换。要想使AutoCAD和其他程序相互支持，有时必须要使用可以共同识别的文件类型。

1）从AutoCAD输出其他格式的图形文件方法如下。

① 菜单方式：选择"文件"→"输出"。

② 命令行方式：输入"export（exp）"，回车。

执行命令后，打开"输出数据"对话框（图1-23），在"文件类型"中选择要输出的图形文件类型，在"保存于"列表框中选择要输出数据的位置，在"文件名"中输入要输出的文件名，单击保存即可输出数据。

2）从其他程序向AutoCAD输入数据的方法如下。

① 菜单方式：选择"文件"→"输入"。

② 命令行方式：输入"import（imp）"，回车。

执行命令后，打开"输入文件"对话框（图1-24），在"文件类型"中选择要输入的图形文件类型，在"查找范围"中选择要输入数据的位置，在"名称"列表中选择要输入的文件名，单击"打开"即可输入数据。

图1-23 "输出数据"对话框

图1-24 "输入文件"对话框

3）不同机器上的AutoCAD传递数据时，必须采用打包方式才能把参照、字体、数据链等一并输出。方法如下。

① 菜单方式：选择"文件"→"电子传递"。

② 命令行方式：输入"etransmit（et）"，回车。

执行命令后，系统打开"创建传递"对话框（图1-25）。在对话框中，通过"传递设置"定义传递样式，在"选择一种传递设置"列表中选择传递样式，单击"确定"，程序就按定义的内容对当前文件进行了打包。

图1-25 "创建传递"对话框

（5）多图形文件操作

AutoCAD可以多文档操作，打开的每个文件都使用独立的窗口。要切换文件窗口时，先展开"窗口"菜单，在窗口列表中单击想要置前的文件名即可完成窗口的切换。当要关闭某个窗口时，需要先将这个窗口置为当前，然后选择"窗口"菜单中的"关闭"，或者单击菜单栏最右端的 ✕ 按钮。这样只关闭了当前窗口，而不关闭程序或其他文件窗口。

1.1.4 AutoCAD园林设计绘图基本步骤与要求

AutoCAD绘图的一般顺序如下。

（1）环境设定

包括图形界限、单位、草图设置、样式定义、图层规划、线型、线宽的设定、辅助工具的设置，以及选项选择等。对于工程图纸，应全部设定完成后，保存成样板文件或标准文件，以便绘制新图时引用。

（2）绘制图形

一般在模型空间绘图，绘图时先绘制辅助线，辅助线要单独使用图层。图元要在规定的图层上绘制，绘制时要使用辅助线以确定基准的位置。图形分层绘制，有利于图形的管理。绘图时，要注意随时打开或关闭辅助绘图工具，同时对同样的操作尽可能一次完成。由于绘制的图形可以有很多方法来完成，因此在一个图层上绘制图形，应先进行简单评估，选择最优方案以提高绘图速度。绘图时要采用1∶1的比例绘制。

（3）标注

因为标注的尺寸和文字是为了方便阅读，所以标注时要注意可读性。具体标注应根据图形的种类和要求来完成。

（4）输出图形

绘制好的图形保存起来备用，需要时在布局中配置好页面设置，并完成必要的说明，需要时执行打印命令完成打印设置即可打印输出。

1.1.5　使用AutoCAD帮助

AutoCAD提供了在线帮助功能，用户可以随时调用AutoCAD的帮助文件来查询相关信息。调用帮助文件有以下几种方式。

① 菜单方式：执行"帮助"→"帮助"。

② 工具栏方式："标准工具栏"的 ② 按钮。

③ 命令行方式：HELP。

④ 功能键：Fl。

执行命令后，在"命令："状态下，AutoCAD将显示帮助对话框，用户可在该窗口中搜索与某关键词相关的信息。如果是在命令执行过程中，则直接显示当前命令主题的帮助信息。

1.2　AutoCAD工作环境配置

1.2.1　AutoCAD坐标系与坐标输入

（1）AutoCAD坐标系

AutoCAD有两种坐标系：世界坐标系（WCS）和用户坐标系（UCS）。

在进入AutoCAD后，系统将自动进入世界坐标系WCS（World coordinate system）的第一象限，坐标原点位于左下角，X轴正向水平向右；Y轴正向垂直向上；Z轴正向垂直于XOY平面，指向用户（服从右手法则），系统默认的Z坐标值为0。世界坐标系WCS的坐标原点和坐标轴是固定不变的。

AutoCAD允许用户根据绘图时的实际需要，建立自己专用的坐标系，称为用户坐标系，简称UCS（User coordinate system）。在用户坐标系中，可以通过UCS命令任意改变坐标原点和坐标系的X、Y、Z轴的方向，建立新的X、Y轴正向，并根据右手法则确定Z轴的方向。

（2）AutoCAD坐标输入

在AutoCAD中，点坐标的表示有：直角坐标和极坐标两种方法。直角坐标是用点的X、Y值表示的，表示为"x,y"，分隔符用的是半角的逗号。极坐标是用点到坐标原点的长度和此连线与X轴的夹角表示的，表示为"$L<\alpha$"，分隔符用的是尖括号。角度α默认状态以X轴正向为度量基准，逆时针为正，顺时针为负。

如果坐标值是绝对于坐标原点，则直接用坐标值表示；如果是相对于上一点，则在坐标值的前面加@，用于标示是相对值，相对于上一点的增量。所以相对直角坐标的表示为"@x,y"，意思是当前点的坐标是相对于上一点X轴上增加了x，Y轴上增加了y。如果值是减小了，则在值的前面加"－"号。相对极坐标的表示为"@$L<\alpha$"，意思是当前点到上一点距离为

L ，连线与X轴的夹角为α。如果角度是顺时针，则在值的前面加"－"号。图1-26为绝对坐标和相对坐标的表示。

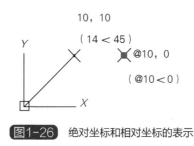

图1-26　绝对坐标和相对坐标的表示

点参数输入方法有以下几种：

a. 直接在命令行中输入坐标值，回车确认；b. 移动鼠标到这个点上单击拾取；c. 使用捕捉，捕捉到这个点单击拾取；d. 使用对象捕捉，捕捉到要输入的关键点单击拾取；e. 使用对象追踪，追踪到特殊的点单击拾取；f. 把光标移到这个点的方向上，在命令行中输入距离值，回车确认。

1.2.2　AutoCAD绘图环境设置

在正式绘图之前，一般要进行必要的绘图环境设置，这个过程实际上也是对绘图进行规划的过程。通过设置可以大量减少绘图过程中的调整和修改工作，方便对已经绘制的图形进行管理和利用。因此可以大幅度提高工作效率。

（1）绘图单位设置

绘图单位包括长度和角度的设置，通过对单位的大小、精度进行设置可以统一工程图的标准，既可以提高效率，又可以使图形变得易读。

启动命令的方式如下。

① 菜单方式："格式"→"单位"。

② 命令行方式：Units（un）。

执行命令后，程序会打开"图形单位"对话框（图1-27），通过对话框对单位和角度进行设置。

在"长度"区可以设置长度的格式和精度。设置长度格式时单击类型下面下拉列表框或箭头进行选择。长度格式包括"建筑""小数""工程""分数"和"科学"。其中，"工程"和"建筑"格式提供英尺和英寸显示，并假定每个图形单位表示1in（1in=0.0254m，英寸单位）。其他格式可表示任何真实的单位。设置长度精度时单击长度下面的精度下拉列表框或箭头进行选择。默认方式为小数、小数点后四位数精度。

在"角度"区可以设置角度的格式和精度。设置角度格式时单击类型下面的下拉列表框或箭头进行选择。角度格式包括"十进制度数""百分度""弧度""度/分/秒"和"勘测单位"。十进制度数以十进制数表示，百分度附带一个小写g后缀，弧度附带一个小写r后缀。度/分/秒格式用d表示度，用"′"表示分，用"″"表示秒，例如：123d45′56.7″。勘测单位以方位表示角度：N表示正北，S表示正南，度/分/秒表示从正北或正南开始的偏角的大小，E表示正东，W表示正西，例如：N45d0′0″E，此形式只使用度/分/秒格式来表示角度大小，且角度值始终小于90°。如果角度正好是正北、正南、正东或正西，则只显示表示方向的单

图1-27 "图形单位"对话框

个字母。设置角度精度时，单击角度下面的精度下拉列表框或箭头进行选择。"顺时针"复选项表示角度将以顺时针为正。通过"方向…"按钮可以设置角度的起始方向。角度的默认方式为十进制、整数、正东为0、逆时针为正。

"插入时缩放单位"是指插入图形时图形中的1个单位按多少进行缩放。如果插入图形时，不按插入图形中的单位进行缩放，这里要设置为"无单位"。

（2）图形界限设置

图形界限就是人为设定的一个区域，使绘图工作控制在这个区域内进行。因为在AutoCAD中，绘图区域是无限大的，所以在绘图之前要设置一个矩形作为绘图区，使绘图便于显示、检查和减少出错。通常情况下，这个区域的大小是根据测量或规划的园区的大小进行设置的。在绘图时按1∶1的比例进行。

执行命令的方式如下。

① 菜单方式："格式"→"图形界限"。

② 命令行方式：limits。

执行命令后，程序会依次提示输入图形界限左下角点的坐标和右上角点的坐标。设置完成后，图形界限并不起作用；若要起作用，则需再次回车，选择"开"（输入on），回车确认，打开图形界限。若要关闭图形界限，则需执行命令后，选择"关"（输入off），回车确认。

图形界限只能在XY平面上控制绘图，不能在Z轴上进行控制。

（3）图层

图层就像是一张张无厚度的透明的纸，在不同的纸上作不同的画，把这些纸组合起来就形成了一幅图。所以图层就是图的层次。合理使用图层，能够把图形中不同类型的对象进行按类分组管理。图层是AutoCAD绘图时的基本操作，也是很重要的操作。所以，AutoCAD

绘图时一般将特性相似的对象绘制在同一个图层中。在一幅图中，可以根据需要创建任意数量的图层，并为每个图层指定相应的名称加以区别。当绘制新图时，系统自动建立一个默认图层，即0图层。0图层的默认状态使用7号颜色、Continuous线型，不可以重新命名，也不可以被删除。除0图层外，其余的图层需要自定义，并可以为每个图层分别指定不同的颜色、线型和线宽等属性。但无论建立多少个图层，只能在当前的图层上绘制。因此要使用某个图层时，首先要将其置为当前。默认状态下绘制的图元，将具有与此图层相同的颜色、线型和线宽等属性。在绘图过程中，可以随时将指定的图层设置为当前图层，以便在该图层中绘制图形，并可以根据需要打开、关闭、锁定或冻结某一图层。

图层创建、删除、筛选、查找、特性管理等都是在图层特性管理器内完成的。

启动"图层特性管理器"的方式有以下几种。

① 菜单方式："格式"→"图层"。

② 命令行方式：Layer（la）。

③ 工具栏方式："图层工具栏"的 <img>缉</img> 。

执行命令后，程序会打开"图层特性管理器"对话框（图1-28），通过对话框对图层进行管理。

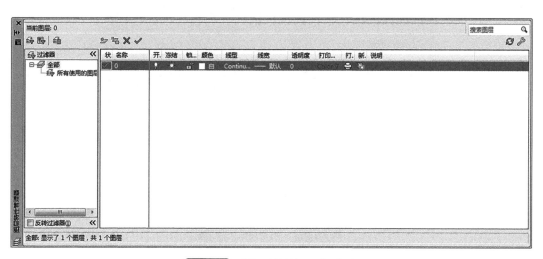

图1-28 "图层特性管理器"对话框

1）新建图层　单击"图层特性管理器"中"新建图层"按钮 <img>一次，程序会创建一个新图层，新建的图层将按"图层1""图层2"……的顺序命名。默认的名称没有意义，不方便管理。所以用户要使用有意义的名称，比如"luzhi""yuanlu"……命名时最好使用拼音或英文，不要使用汉字，这样更利于操作。命名时可以在新建后立即输入新的名称，也可以在程序命名后进行更名。更名的方法有3种：a. 选中要更名的图层→单击图层名称→修改名称；b. 选中要更名的图层→F2→修改名称；c. 选中要更名的图层→右单击→重命名图层→修改名称。

2）图层特性管理　图层特性包括打开/关闭、冻结/解冻、锁定/解锁、线型、线宽、颜色、打印样式、打印等。

① 打开/关闭：可见并可打印/不可见并禁止打印。

② 冻结/解冻：不可见，禁止重生成和打印/可见，允许重生成和打印。

③ 锁定/解锁：锁定图层，禁止编辑图层上的对象/将选定的锁定图层解锁，允许编辑图层上的对象。

④ 线型、线宽、颜色、打印样式：这个图层使用的线型、线宽、颜色、打印样式。如果图元特性为随层，那么图元将使用图层的特性。

⑤ 打印：控制是否打印可见图层。如果图层设定为打印，但当前被冻结或关闭，则不会打印该图层。

若要更改"打开/关闭""冻结/解冻""锁定/解锁""打印"等特性，首先要选中图层，然后对选中的图层中相应的特性图标进行单击即可；或者在"图层"工具条上、"图层控制"列表框内，单击要更改的图层相应的特性图标即可。

要更改"线型""线宽""颜色""打印样式"等特性，首先要选中图层，然后对选中图层中相应的特性图标进行单击，从弹出的对话框中进行更改即可。

要更改的线型如果没有在"选择线型"（图1-29）的列表框中，可以单击"加载"按钮，在弹出的"加载或重载线型"对话框（图1-30）中进行加载。加载线型时，单击"文件（F）…"按钮，选中定义线型的文件，从"可用线型"中单击选中要加载的线型，单击"确定"，则线型被加载。加载后就可以使用这个线型。

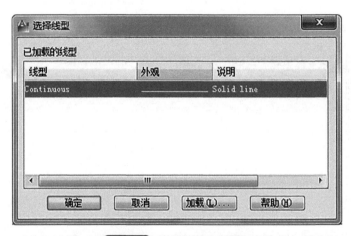

图1-29　"选择线型"对话框

图1-30　"加载或重载线型"对话框

　　要改换的颜色可以在"选择颜色"（图1-31）的"索引颜色"中拾取。如果没有合适的颜色，可以单击"真彩色"选项卡（图1-32），在颜色区拾取。也可通过定义"色度""饱和度""亮度"定义一种颜色。或者在"颜色"文本框内直接定义颜色的RGB值，如255,0,0（红色）。

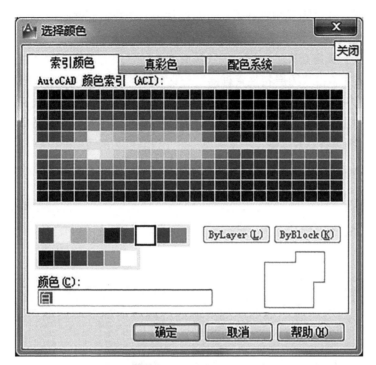

图1-31　"选择颜色"对话框

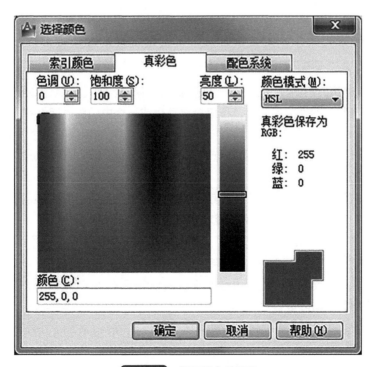

图1-32　"真彩色"选项卡

3）图层管理　设置当前图层：在"图层特性管理器"对话框中，选择一个图层，单击上方的 ✔ 按钮，则可将此图层设置为当前图层。也可单击"图层"工具条的"图层控制"列表框，从下拉列表中选择一个图层，即将其置为当前图层。如果要将某个图元所在的图层置为当前，要先单击选中这个图元，然后单击图层工具栏上的 参。

① 删除图层：在"图层特性管理器"对话框中，选择需要删除的图层，然后单击"删除图层"按钮 ✖ ，这个图层就被删除。

② 特性过滤：要在众多的图层中查找具有某个特性的图层，可以通过"图层过滤器特性"来完成。首先单击"图层特性管理器"对话框中的 纷，程序会弹出"图层过滤器特性"对话框（图1-33），在"过滤器名称"文本框中输入一个有意义的过滤器名，在"过滤器定义"中选择图层特性，单击确定，这样就创建了一个过滤器。在需要查找符合这些特性的图层时，在"图层特性管理器"中直接单击这个过滤器名即可。

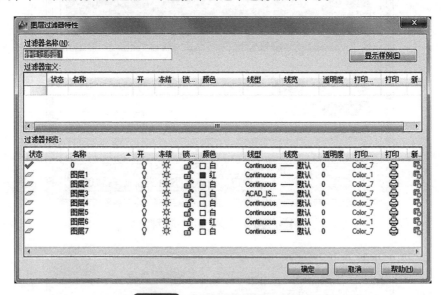

图1-33　"图层过滤器特性"对话框

要使用某一群组的图层，可以通过"组过滤器"完成。创建"组过滤器"时，首先单击"图层特性管理器"对话框中的 📇，程序会自动生成一个中"组过滤器x"的过滤器，这时可以直接输入一个有意义的名称，以方便使用。更名后，拖动图层到这个过滤器上，就把这个图层加入到了这个过滤器。以后再要查找这些图层时，直接单击这个组过滤器即可过滤出这些图层。

使用特性过滤器或组过滤器后，把其中的任一层置为当前，则过滤掉的层将不在"图层"工具栏中的"图层控制"列表框中显示，只显示过滤出来的图层。

4）图层更改　在绘制图层的过程中，有时需要把一个对象移动到另一图层上，其实质是更改图形对象的特性之一：图层。操作方法有2种。

① 图层管理：选择对象→图层工具栏中将目标图层置为当前→绘图区快捷菜单中选择"全部不选"或者在空白区进行选择。

② 对象特性：选中对象后，执行对象特性命令。

执行命令方式有以下几种。

Ⅰ.菜单方式："修改"→"特性"。

Ⅱ. 命令行方式：Propertys（pr）。

Ⅲ. 工具栏方式："标准工具栏"的  。

Ⅳ. 快捷键方式：Ctrl+1。

执行命令后均可打开对象"特性"对话框（图1-34），在对话框中单击图层，单击列表框，然后选择要移动的目标图层，回车或在任意其他地方单击，也可完成对象的移层。

（4）选项设置

选项是对程序管理的控制项，包括"文件""显示""打开和保存""打印和发布""系统""用户系统配置""绘图""三维建模""选择集""配置"等内容。

选项设置是通过"选项"对话框来完成的。打开对话框的方式有以下几种。

① 菜单方式："工具"→"选项"。

② 命令行方式：Options（op）。

③ 快捷菜单方式：工作区快捷菜单→"选项"。

④ 辅助工具栏快捷菜单方式："设置"→"选项"。

图1-34　对象"特性"对话框

命令执行后均会打开"选项"对话框（图1-35）。要对不同选项设置时，先要选中相应的选项卡，然后勾选对应的项，或者输入相应的参数。

图1-35　"选项"对话框

1）"显示"选项卡 "窗口元素"中"显示工具提示"复选项可以使光标悬停在工具按钮上时显示提示信息。对初学者具有很好的帮助作用，但对熟练使用者往往影响作业。

"在工具提示中显示快捷键"复选项可以使提示工具栏提示信息中包括快捷键。"显示扩展的工具提示"复选项可以使提示工具栏提示信息中包含更多的提示。"延迟的秒数"文本框中的数字可以定义扩展信息在提示信息几秒后显示。

"显示鼠标悬停工具提示"复选项可以使绘图区内鼠标悬停时辅助工具的提示信息显示出来。

"颜色…"按键可以弹出"图形窗口颜色"对话框（图1-36），对绘图环境的颜色进行个性设置。颜色设置时，首先通过"上下文"列表框选择对什么环境的颜色进行设置；然后通过"界面元素"列表框选择这个环境的一个元素；最后在"颜色"列表框内为其定义颜色。可以定义的"二维模型空间"或"图纸/布局"的颜色主要是统一背景颜色、十字光标颜色、栅格线颜色、追踪矢量颜色、捕捉标记颜色、辅助工具提示颜色等。

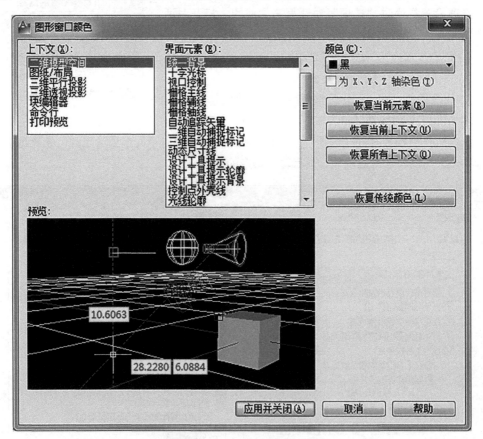

图1-36 "图形窗口颜色"对话框

"字体…"按钮，可以弹出"命令行窗口字体"对话框（图1-37），在对话框中对命令行中使用的文字字体进行定义。

① 显示精度。通过显示精度区的参数设置可以提高或减小显示精度。精度越高，显示越逼真，占用计算机的资源就越多，计算机的效率就越低。

② 显示性能。通过显示性能的选项指定，可以让计算机按指定方式显示图像。如：仅"显示文字边框"被选中时，图形中的文字均以边框的形式显示而不显示文字，从而可以提高计算机的性能，但图形的可读性差。

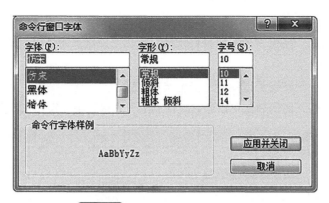

图1-37 "命令行窗口字体"对话框

③ 十字光标大小。用于指定绘图区中十字光标显示大小。设置时，只需拖动滑块或在文本框中输入一个数，则光标会按屏幕而不是绘图区的百分之几的大小显示。

2）"打开与保存"选项卡 "打开与保存"选项卡中（图1-38）"文件保存"是指按什么方式进行保存。"另存为"是指在执行"保存"命令时，图形文档按什么格式保存。如：选中为2000/LT2000图形（*.dwg），则保存时程序默认按这种方式保存，即2000版本的程序可以打开此文件。要选择保存的方式，可以单击列表框，进行选取。

图1-38 "打开与保存"选项卡

"增量保存百分比"可以设置在增量设置数值以下时按增量方式保存，否则按完全方式保存。增量方式保存时速度快，但图形文件大；完全方式保存时速度慢，但图形文件较小。因此在磁盘空间不大时可以设置较小的数以节约磁盘空间，同时保存时相对较快，不影响作业。

　　"文件安全措施"主要是为保证文件安全进行的设置。"自动保存"被选中时程序将自动按"保存间隔分钟数"所设定的时间进行保存,这样出现意外时丢失的工作最多不超过所设置数值内的时间所做的工作。

　　"安全选项(D)…"按钮可以弹出"安全选项"对话框(图1-39)。通过对话框可以设置打开文件的密码;输入密码后还可以通过对话框上"高级选项"按钮来选择加密方式。

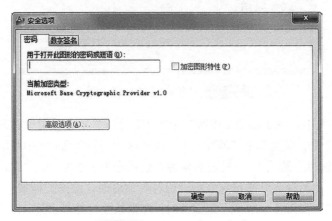

图1-39　"安全选项"对话框

　　"文件打开"可以设置文件菜单内文件列表的数量。最多为9,要设置为多少,直接在文本框中输入即可。在"标题中显示完整路径"复选项是指打开文件后,在标题栏中是否显示完整路径,选中为是。

　　3)"用户系统配置"选项卡　"用户系统配置"选项卡(图1-40)集成了控制优化工作方式的选项。

图1-40　"用户系统配置"选项卡

①"Windows标准操作"。用以定义控制单击、双击和单击鼠标右键的操作。

②"插入比例"。用以定义在单位设置为无单位时，源和目标图形按什么单位进行匹配。

③"字段"。用以定义字段的显示背景和如何更新。选中"显示字段的背景"，则字段背景为灰色。单击"字段更新设置"可以定义字段的自动更新方式。

④"坐标数据的优先级"。控制在命令行中输入的坐标是否替代运行的对象捕捉。选中三个单选项中的任意一个，则这种方式坐标输入就具有最高的等级。

⑤"放弃/重做"。用以定义在放弃/重做时，如何对待缩放、平移和图层特性的更改操作。

选中合并"缩放"和"平移"命令项时，将多个连续的缩放和平移命令编组为单个动作来进行放弃和重做操作。但从菜单启动的平移和缩放命令未合并，并始终保持独立操作。选中"合并图层特性更改"项时，将从图层特性管理器所做的图层特性更改编组为一步操作。

4）"绘图"选项卡　在"绘图"选项卡（图1-41）上进行自动捕捉和自动追踪的定义。

图1-41　"绘图"选项卡

① 自动捕捉设置

Ⅰ."标记"：控制自动捕捉标记的显示。该标记是当十字光标移到捕捉点上时显示的几何符号。不同的点具有不同的符号，以区分捕捉到的点是什么点。

Ⅱ."磁吸"：打开或关闭自动捕捉磁吸。磁吸是指十字光标自动移动并锁定到最近的捕捉点上。

Ⅲ."显示自动捕捉提示"：控制自动捕捉工具提示的显示。提示是光标右下方的一个标签，用来描述捕捉到的对象。

Ⅳ."显示自动捕捉靶框"：控制自动捕捉靶框的显示。靶框是捕捉对象时出现在十字光标内部的方框。

Ⅴ."颜色…"：控制自动捕捉的显示颜色。通过对话框来完成。即图1-36所示的对话框，其中二维自动捕捉标记、设计工具提示、设计工具提示轮廓几项定义的就是捕捉过程中使用的颜色。

②自动捕捉标记大小。设置自动捕捉标记的显示尺寸。设置时通过拖动滚动条来完成。

③对象捕捉选项。即对对象捕捉时怎么捕捉进行设置。

Ⅰ."忽略图案填充对象"：指在打开对象捕捉时，对象捕捉忽略填充图案。

Ⅱ."使用当前标高替换Z值"：指定对象捕捉时忽略对象捕捉位置的Z值，并使用为当前UCS设置的标高的Z值。

Ⅲ."对动态UCS忽略Z轴负向的对象捕捉"：指定使用动态UCS期间对象捕捉忽略具有负Z值的几何体。

④AutoTrack设置

Ⅰ."显示极轴追踪矢量"：当极轴追踪打开时，将沿指定角度显示一个矢量。即使用极轴追踪时，可以沿角度绘制线，以方便观察。

Ⅱ."显示全屏追踪矢量"：控制追踪矢量的显示。追踪矢量是辅助用户按特定角度或与其他对象特定关系绘制对象的构造线。如果选择此选项，对齐矢量将显示为无限长的线。

Ⅲ."显示自动追踪工具提示"：控制自动追踪工具提示和正交工具提示的显示。工具提示是显示追踪坐标的标签。

⑤对齐点获取。即控制在图形中显示对齐矢量的方法。

Ⅰ."自动"：当靶框移到对象捕捉上时，自动显示追踪矢量。

Ⅱ."用Shift键获取"：当按Shift键并将靶框移到对象捕捉上时，将显示追踪矢量。

⑥靶框大小。设置自动捕捉靶框的显示尺寸。如果选择"显示自动捕捉靶框"，则当捕捉到对象时靶框显示在十字光标的中心。靶框的大小确定磁吸将靶框锁定到捕捉点之前，光标应到达与捕捉点适合距离的位置，即磁吸的范围。取值范围为1~50个像素。

5)"选择集"选项卡　"选择集"选项卡（图1-42），用以设置选择时的参数或方式。

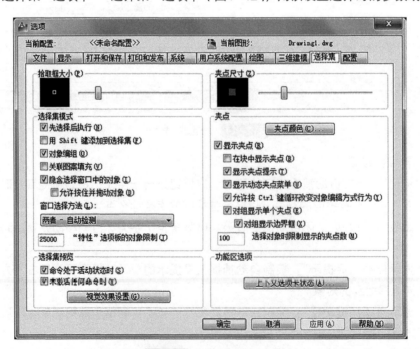

图1-42　"选择集"选项卡

① 拾取框大小。拖动滑块指定拾取框的大小。拾取框是程序进入选择状态时光标的形状。

② 选择集模式。即选择集的操作方式。

Ⅰ."先选择后执行"：允许在启动命令之前选择对象。

Ⅱ."用Shift键添加到选择集"：按Shift键，可以向选择集中添加对象或从选择集中删除对象。

Ⅲ."对象编组"：选择编组中的一个对象就选择了编组中的所有对象。即选择对象时把一个编组当作一个对象对待。

Ⅳ."关联图案填充"：选择图案填充时，会选中包括填充的边界对象。

Ⅴ."隐含选择窗口中的对象"：在对象外选择了一点时，初始化选择窗口中的图形。从左向右绘制选择窗口将选择完全处于窗口边界内的对象。从右向左绘制选择窗口将选择处于窗口边界内和与边界相交的对象。

Ⅵ."允许按住并拖动对象"：允许按住并拖动形成窗口以选择对象。

③ 选择集预览。预览是当拾取框光标滚动过对象时，亮显图形对象。在这里定义什么情况下预览。

Ⅰ."命令处于活动状态时"：仅当某个命令处于活动状态并显示"选择对象"提示时，才会显示选择预览。

Ⅱ."未激活任何命令时"：即使未激活任何命令，也可显示选择预览。

④ 夹点尺寸。通过拖动滑动块可以定义对象夹点的显示大小。

⑤ 夹点。对夹点进行设置。不同状态的夹点可以定义不同的显示颜色，这样方便使用夹点。

Ⅰ."显示夹点"：选择对象时在对象上显示夹点。通过选择夹点和使用快捷菜单，可以用夹点来编辑对象。在图形中显示夹点会明显降低性能，清除此选项可优化性能。

Ⅱ."在块中显示夹点"：选中块后在块中显示夹点。如果选择此选项，将显示块中每个对象的所有夹点。

Ⅲ."显示夹点提示"：当光标悬停在支持夹点提示的自定义对象的夹点上时，显示夹点的特定提示。

Ⅳ."选择对象时限制显示的夹点数"：当初始选择集包括多于指定数目的对象时，抑制夹点的显示。有效值的范围为1~32767。默认设置是100。

Ⅴ."允许按Ctrl键循环改变对象编辑方式行为"：选中多功能夹点命令后可以使用Ctrl键来循环对多功能夹点的命令。类似于夹点编辑时，选中夹点命令后，使用空格或回车循环命令。

（5）对象颜色、线型、线宽特性

在绘制图形时，默认情况下图元特性都是随层，即和图层的特性相匹配。如果要使图元具有不同于图层的颜色、线型、线宽等特性，就要在绘制图形前设定，或者在绘制图形后对图元特性进行更改。

1）对象颜色设定　　对象颜色设置的方法有以下几种。

① 菜单方式："格式"→"颜色"。

② 工具栏方式："对象特性"工具条（图1-43）→"颜色控制"列表框。

③ 命令行方式：Color（col）。

执行命令后，均会打开"选择颜色"对话框（图1-31）。可以通过3个选项卡为将要绘制的图形对象设定要使用的颜色。方法同图层颜色的设定。

图1-43　"对象特性"工具条

2）对象线型设定　对象线型设置的方法有以下几种。

① 菜单方式："格式"→"线型"。

② 工具栏方式："对象特性"→"线型控制"列表框。

③ 命令行方式：Linetype（lt）

执行命令后均会打开"线型管理器"对话框（图1-44）。可以通过对话框为要绘制的图形对象设定要使用的线型。

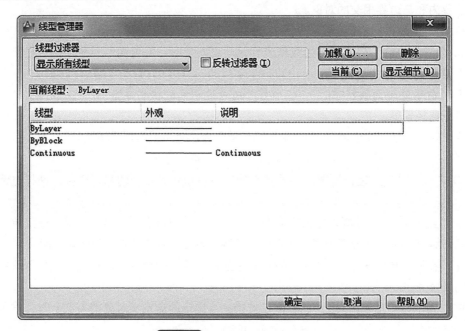

图1-44　"线型管理器"对话框

④ "线型过滤器"：从已加载的线型中过滤出线型，可以按"显示所有线型"、"显示所有使用的线型"和"显示所有依赖于外部参照的线型"3种方式过滤。进行过滤时，单击列表框，单击要过滤的方式。要反向过滤时，需复选"反转过滤器"。过滤出的线型会在当前线型列表框中显示。要使用哪种线型，在当前线型列表框中单击选中，然后单击"当前"按钮。要从加载的线型中删除加载，需在选中后单击"删除"按钮。如果在加载的线型中没有要使用的线型，可以单击"加载（L）…"按钮，从弹出的"加载或重载线型"对话框中加载，加载方法和图层操作相同。要显示选中线型的详细信息，需单击"显示细节"，则在当前线型列表框的下方显示这个线型的详细信息。

3）对象线宽设定　对象线宽设置的方法有以下几种。

① 菜单方式："格式"→"线宽"。

② 工具栏方式："对象特性"→"线宽控制"列表框。

③ 命令行方式：Lweight（lw）。

执行命令后均会打开"线宽设置"对话框（图1-45）。可以通过对话框为要绘制的图形对象设定要使用的线宽。

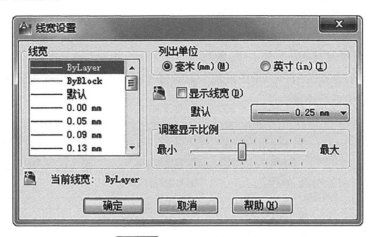

图1-45 "线宽设置"对话框

"线宽"列表框列出了可以使用的线宽，其中ByLayer是随层，即使用层定义的线宽；ByBlock是随块，即使用图块定义的线宽；默认是使用对话框右侧"默认"设置的值；值为0的线宽是指定打印设备上可打印的最细线进行打印，在模型空间中则以一个像素的宽度显示。"列出单位"是选择线宽使用的单位，有毫米、英寸两个单选项。"显示线宽"复选项是指在模型空间和图纸空间中显示线时是否按设置的线宽进行显示。当指定线宽宽度越宽并设置为"显示线宽"时，重生成则需要时间越长，从而影响作业，这时可以去掉"显示线宽"复选项以改善机器性能。"显示线宽"复选与否并不影响打印。"调整显示比例"用以控制模型空间内显示线宽的宽度。设置完毕，单击确定，确认设置。

1.2.3 AutoCAD辅助绘图工具

为了实现用鼠标快速精确定位，以完成精确绘图的目的，AutoCAD提供了栅格显示、捕捉、正交、极轴追踪、对象捕捉和对象捕捉追踪等辅助绘图工具。这些工具均在状态栏里有一个工具按钮（图1-46），这些工具按钮就是这些工具的开关，用于打开或关闭这些工具，以方便使用和设置。

图1-46 辅助工具按键

（1）栅格

栅格是在绘图时在绘图区内出现的网格点或网格线。有了栅格点线，使图更直观，更容易定位鼠标到某一特定位置，因而提高作图速度。

1）打开或关闭栅格的方式

① 菜单方式："工具"→"绘图设置"→"栅格和捕捉"选项卡→启用栅格。

② 命令行方式：Grid→ON。

③ 工具按钮：▦ 。

④ 辅助工具栏快捷菜单方式："设置"→"启用栅格"。

⑤ 功能键：F7。

2）要更改栅格的显示方式，进行栅格设置 方式有以下几种。

① 菜单方式："工具" → "绘图设置"。

② 命令行方式：Dsettings（ds）。

③ 辅助工具栏快捷菜单方式："设置"。

执行命令后程序均会打开"草图设置"对话框（图1-47），可以在对话框中，选择"捕捉和栅格"选项卡进行设置。

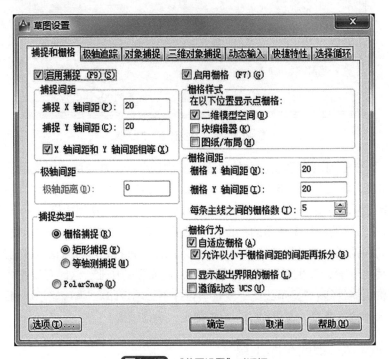

图1-47 "草图设置"对话框

Ⅰ."栅格样式"：用于设置栅格显示的样式。默认为线型。

"在以下位置显示点栅格"：将以点方式在下面位置显示栅格，如"二维模型空间""块编辑器""图纸/布局"。选中复选项，这个位置将以点方式显示栅格。

Ⅱ."栅格间距"：用于栅格的间距设置。

"栅格X轴间距"：在后面的文本框中输入在X轴方向上显示栅格距离。

"栅格Y轴间距"：在后面的文本框中输入在Y轴方向上显示栅格距离。

如果选中了"X轴间距和Y间距相同"时，则Y轴自动输入了X轴间距数，而无需再次输入。

Ⅲ."栅格行为"：在视图缩放时栅格显示的方式。

"自适应栅格"：视图缩放时，控制栅格密度。

"允许以小于栅格间距的间距再拆分"：视图放大时，生成更多间距更小的栅格。

"显示超出界线的栅格"：图形界限外也显示栅格。

"遵循动态UCS"：更改栅格平面以跟随动态UCS的XY平面。

（2）捕捉

捕捉分为栅格捕捉和极轴捕捉两种形式，都是在绘图时按捕捉设定的方式定位鼠标到某些特定位置，因而捕捉可以大幅度提高作图速度。因为这种绘图方式会限制鼠标的使用，使鼠标不能输入其他点，所以绘图时要根据需要随时打开或关闭捕捉。但这种限制仅适用于光标输入，不限制键盘输入。

　　1）打开或关闭捕捉的方式

　　① 菜单方式："工具"→"草图设置"→"捕捉和栅格"选项卡→启用栅格。

　　② 命令行方式：Snap（sn）→ON。

　　③ 工具按钮：▦ 。

　　④ 辅助工具栏快捷菜单方式："设置"→"启用捕捉"。

　　⑤ 功能键：F9。

　　2）更改捕捉的方式，进行捕捉设置　方式有以下几种。

　　① 菜单方式："工具"→"草图设置"。

　　② 命令行方式：Dsettings（ds）。

　　③ 辅助工具栏快捷菜单方式："设置"。

　　执行命令后，程序均会打开"草图设置"对话框（图1-47）。可以在对话框中，选择"捕捉和栅格"选项卡进行设置。

　　Ⅰ."捕捉类型"。设置捕捉样式和捕捉类型。捕捉类型分为栅格捕捉和极轴捕捉。栅格捕捉是指光标将沿垂直或水平栅格点进行捕捉的方式。极轴捕捉是指如果打开了"捕捉"模式并在极轴追踪打开的情况下捕捉点，这时光标将沿"极轴追踪"选项卡上设置的极轴对齐角度进行捕捉。要选择类型时从下面的单选项中选中即可。

　　Ⅱ."捕捉间距"。用于栅格捕捉间距进行设置。

　　"捕捉X轴间距"：在X轴上的捕捉步长。要设置捕捉距离，需在后面的文本框中输入。

　　"捕捉Y轴间距"：在Y轴上的捕捉步长。要设置捕捉距离，需在后面的文本框中输入。

　　"X轴间距和Y间距相同"：是指捕捉步长在X轴和Y轴上相同。选中复选项后，在X轴上输入了捕捉间距后，Y轴无需再进行输入。

　　Ⅲ."极轴间距"。设置极轴捕捉增量距离。需设置极轴捕捉增量距离时，在后面的文本框中直接输入。如果该值为0，则极轴捕捉距离采用"捕捉X轴间距"的值。"极轴距离"设置必须与极轴追踪和对象捕捉追踪结合使用。如果两个追踪功能都未启用，则"极轴距离"设置无效。

　　（3）极轴追踪

　　追踪就是追查踪迹，AutoCAD在绘图时，利用辅助工具可追踪到某个特定位置的点，其追踪方式是在某个方向上显示虚线以方便绘图。极轴追踪是按极轴方式追踪到某个特点的点，极轴追踪的方向是相对于上一段或UCS的角度方向。因此方便绘图，可以提高绘图速度。

　　1）打开或关闭捕捉的方式

　　① 菜单方式："工具"→"草图设置"→"极轴追踪"选项卡→"启用极轴追踪"。

　　② 工具按钮：◢ 。

　　③ 辅助工具栏快捷菜单方式："设置"→"启用极轴追踪"。

　　④ 功能键：F10。

　　2）更改极轴追踪的方式，进行极轴追踪设置　方式有以下几种。

　　① 菜单方式："工具"→"草图设置"。

　　② 命令行方式：Dsettings（ds）。

　　③ 辅助工具栏快捷菜单方式："设置"。

执行命令后，程序均会打开"草图设置"对话框。可以在对话框中，选择"极轴追踪"选项卡（图1-48）进行设置。

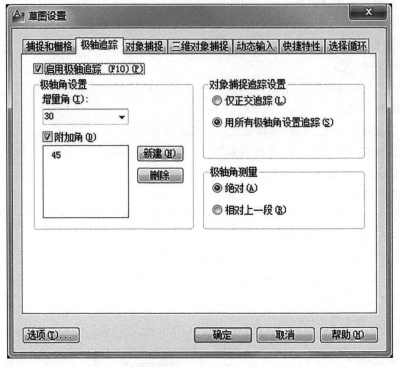

图1-48　"极轴追踪"选项卡

Ⅰ."启用极轴追踪"：打开或关闭极轴追踪。

Ⅱ."极轴角设置"：设置极轴追踪时要追踪的极轴角度。

Ⅲ."增量角"：用于设置极轴捕捉和追踪的基本角。绘图时可以捕捉和追踪到基本角倍数方向上的特定点。要设置增量角，可以在下拉列表框中选择或直接输入一个数。

Ⅳ."附加角"：用于设置极轴捕捉和追踪除基本角以外要捕捉和追踪的角度。绘图时可以捕捉和追踪到附加角方向上的特定点。附加角是一个绝对角，不是增量角。要设置附加角，可以单击"新建"，然后输入附加角的度数。设置附加角时可以设置几个。要删除已经创建的附加角，可以在"附加角"列表框中选中要删除的附加角，然后单击"删除"。

Ⅴ."对象捕捉追踪设置"：设置对象捕捉追踪选项。

Ⅵ."仅正交追踪"：当"对象捕捉追踪"打开时，仅显示正交方向（水平/垂直）上对象捕捉追踪的路径。

Ⅶ."用所有极轴角设置追踪"：将极轴追踪设置应用于"对象捕捉追踪"，包括基本角及其倍数和附加角。使用对象捕捉追踪时，光标将从获取的对象捕捉点起沿极轴追踪角度进行追踪。

Ⅷ."极轴角测量"：用于设置极轴追踪角度的基准。

Ⅸ."绝对"：根据当前用户坐标系（UCS）确定极轴追踪角度。

Ⅹ."相对上一段"：根据上一个绘制线段而非X轴确定极轴追踪角度。

采用正交绘图时极轴追踪将不能使用。打开极轴追踪应关闭"正交"。

（4）正交

正交绘图，将限制光标只能在平行于X轴或Y轴的方向上移动，以便于精确快速绘图。创建或移动对象时，使用"正交"模式将光标限制在水平或垂直轴上。移动光标时，不管水平轴和垂直轴哪个离光标最近，拖引线将沿着该轴移动。打开"正交"模式时，使用直接距离输入方法可以创建指定长度的正交线或将对象移动指定的距离。如果已打开等轴测捕捉，则在确定水平方向和垂直方向时该设置较UCS具有优先级。

正交绘图，只限制光标移动，而不限制键盘输入。

打开或关闭正交的方式如下。

① 命令行方式：ORTHO。

② 工具按钮： 。

③ 功能键：F8。

（5）对象捕捉

对象捕捉是捕捉到对象上的特殊点。打开对象捕捉后，当光标移动到对象点附近时就会捕捉到对象上的这个点，并在点的位置显示对应的符号。当选择多个选项后，选定距离靶框中心最近的点。如果有多个点靠近靶框，这时按Tab键可以在对象上的这些点之间循环。

1）对象捕捉　可以捕捉的点有以下几种。

① 端点；线段、圆或圆弧等对象的端点。

② 中点；线段或圆弧等对象的中点。

③ 圆心；圆或圆弧的圆心。

④ 节点；节点对象，如捕捉点、等分点或等距点。

⑤ 象限点；圆或圆弧等对象的象限点。象限点，即圆或圆弧上的四分点（0°、90°、180°、270°位置）。

⑥ 交点；线段、圆弧或圆等对象之间的交点。

⑦ 延长线；直线或圆弧的延长线上的点。

⑧ 插入点；图块、图形、文本和属性等的插入点。

⑨ 垂足；在绘制垂直的几何关系时，对象上的垂足。

⑩ 切点；在绘制相切的几何关系时，图元与圆或圆弧的切点。

⑪ 最近点；离拾取点最近的线段、圆或圆弧等对象上的点。

⑫ 外观交点；即虚交点，也就是在视图平面上相交的点，可能不存在。

⑬ 平行线；与参照对象平行的线上的点。平行是特殊的对象。当提示用户指定矢量的第2个点时，首先将光标移动到另一个对象的直线段上，直到出现平行的符号；然后移动光标到平行位置附近，就会出现一条虚线，同时在参照线上出现平行符号，这时沿线移动光标即可获得第2个点。

2）打开或关闭对象捕捉的方式　有以下几种。

① 菜单方式："工具"→"草图设置"→"对象捕捉"选项卡→"启用对象捕捉"。

② 工具按钮： 。

③ 辅助工具栏快捷菜单方式："启用"。

④ 功能键：F3。

3）更改捕捉的方式，进行捕捉设置　方式有以下几种。

① 菜单方式："工具"→"草图设置"。

② 命令行方式：Dsettings（ds）。

③ 命令行方式：OSnap（os）。

④ 工具条方式：对象捕捉工具条上的按钮 **🔒** 。

执行命令后，程序均会打开"草图设置"对话框。可以在对话框中，选择"对象捕捉"选项卡（图1-49）进行设置。

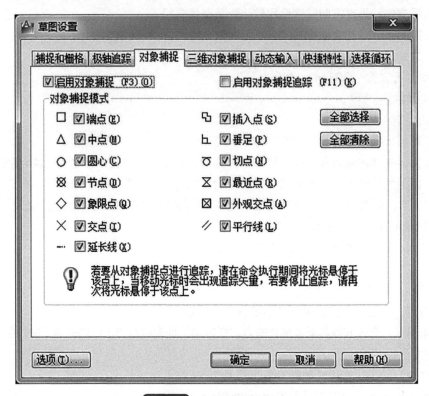

图1-49　"对象捕捉"选项卡

要捕捉什么类型的对象点，需单击名字前面的复选框以选中这个类型。选中后当程序捕捉到这个点时会在相应位置显示复选框前的图形符号。若要删除选中的类型，需要再次单击复选框，以去除选中符号。若要全部选中，可以单击右侧的"全部选择"；若要全部去除选中的类型，可以单击右侧的"全部清除"。

这种捕捉方式叫作永久捕捉方式，设置完毕始终在起作用。永久捕捉方式是最常用的方式，但也是优先级最低的捕捉方式。AutoCAD同时提供了更高级别的捕捉方式：命令行方式和对象捕捉工具条方式。

命令行方式是指在需要输入点时，在命令行中输入捕捉点的命令名。各种点的命令名分别是：端点End、中点Mid、圆心Cen、节点Nod、象限点Qua、交点Int、延长线Ext、插入点Ins、垂足Per、切点Tan、最近点Nea、外观交点App、平行Par、捕捉自Fro（捕捉自某一对象点外特定位置的点。首先指定临时点然后指定偏移量来输入点）、临时追踪点Tt（对象追踪时临时需要的点）。

对象捕捉工具条（图1-50）方式是指单击对象捕捉工具条上的相应按钮以捕捉相应的点。这种方式捕捉的点和命令行方式是对应的，是优先捕捉的另外一种输入方式。

图1-50　对象捕捉工具条

上篇 基础篇

当命令行方式或对象捕捉工具条方式启动捕捉后，对象捕捉卡上设置的其他点将不能被捕捉。

要启用"对象捕捉追踪"，需选中"启用对象捕捉追踪"复选项。

捕捉工具条上能捕捉的对象点依次是：临时追踪点、捕捉自、端点、中点、交点、外观交点、延长、圆心、象限点、切点、垂足、平行、插入点、节点、最近点。

例如，要通过圆心画一条线段的平行线，具体做法是：命令行内输入L，回车，移动光标到圆心附近，出现圆心符号时，单击；移动光标到直线上，命令行内输入par，回车，线段上出现平行符号；移动光标到平行位置附近，当光标处出现虚线时，即获得了平行，可以在平行线上移动光标并单击拾取点，就绘出了平行线。如图1-51所示。

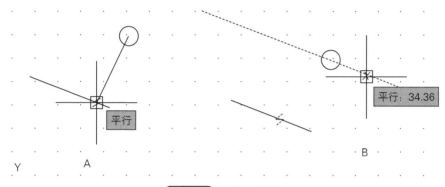

图1-51 平行点的捕捉

（6）对象捕捉追踪

对象捕捉追踪是指捕捉到对象点后悬停，程序会对这个点进行追踪。要使用对象捕捉追踪，必须打开一个或多个对象捕捉。

如要从一个矩形的中心画一个圆：按F3、F8、F11，依次打开对象捕捉、正交和对象捕捉追踪，在命令行中输入C，移动光标到矩形的边上，捕捉到中点悬停，再移动光标到矩形的临近边上，捕捉到中点悬停，然后移动光标到中心附近，就会追踪到交点（图1-52），单击拾取这个点，输入半径50，就完成了半径为50的圆的绘制（图1-53）。

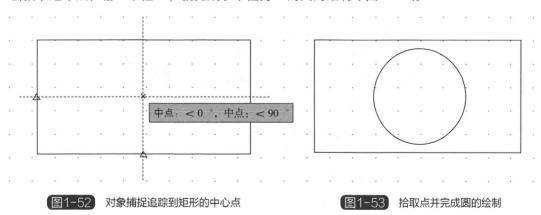

图1-52 对象捕捉追踪到矩形的中心点   图1-53 拾取点并完成圆的绘制

（7）动态输入

"动态输入"是在光标附近提供了一个命令界面，以帮助用户专注于绘图区域。

启用"动态输入"时，工具栏提示将在光标附近显示信息，该信息会随着光标移动而动态更新。当某条命令为活动时，工具栏提示框将为用户提供输入的位置。

在输入框中输入值并按Tab键后，该框将显示一个锁定图标，并且光标会受用户输入值的约束。随后可以在第二个输入框中输入值。如果第一个框的值需要修改，可以按Tab键进行切换。如果用户在第一个框中输入值，然后按Enter键，则第二个输入字段将被忽略，且该值将被视为直接距离。这种方式和命令行中参数输入的行为不同。所以习惯命令行输入的人打开动态输入后可能不适应，会导致绘图速度下降。

完成命令或使用夹点所需的动作与命令行中的动作类似。区别是用户的注意力可以保持在光标附近。

动态输入不会取代命令窗口。用户可以隐藏命令窗口以增加绘图屏幕区域，但是在有些操作中还是需要显示命令窗口。按F2键可根据需要隐藏和显示命令提示和错误消息。另外，也可以浮动命令窗口，并使用"自动隐藏"功能来展开或卷起该窗口。

1）打开或关闭动态输入的方式　有以下几种。

① 菜单方式："工具"→"草图设置"→"动态输入"选项卡→"启用指针输入"。

② 工具按钮：▣。

③ 辅助工具栏快捷菜单方式："启用"。

④ 功能键：F12。

2）更改动态输入的方式，进行动态输入设置　方式有以下几种。

① 菜单方式："工具"→"草图设置"。

② 工具条方式：▣。

③ 辅助工具栏快捷菜单方式："设置"。

运行命令后，打开"草图设置"对话框，在"动态输入"选项卡（图1-54）中进行设置。"动态输入"有指针输入、标注输入和动态提示3个组件。要更改任意一个组件的设置时，需单击那个组件的"设置"按钮，通过对话框进行设置。

图1-54　"动态输入"选项卡

Ⅰ．"指针输入"。当启用指针输入且有命令在执行时，十字光标附近的工具栏提示框中显示为坐标。可以在工具栏提示中输入坐标值，而不用在命令行中输入。对于第二个点和后续点的默认为相对极坐标（对于RECTANG命令，为相对笛卡尔坐标），不需要输入@符号。如果需要使用绝对坐标，要使用"#"前缀。指针输入的工具栏提示框何时可见，可以在"可见性"中设置，有3种可见方式："输入坐标数据时""命令需要一个点时""始终可见"。要采用何种方式，单击选中。

Ⅱ．"标注输入"。启用标注输入时，当命令提示输入第二点时，工具栏提示将标注的方式显示距离和角度值。在工具栏提示中的值将随着光标移动而改变。按Tab键可以在不同的输入框中切换，以输入或更改值。标注输入可用于圆弧、圆、椭圆、直线和多段线。

Ⅲ．"动态提示"。启用动态提示时，提示会显示在光标附近的工具栏提示框中。用户可以在工具栏提示框（而不是在命令行）中输入响应。按键盘上的"下箭头"键可以查看和选择选项。按"上箭头"键可以显示最近的输入。动态提示有两个复选项："在十字光标附近显示命令提示和命令输入"和"随命令提示显示更多信息"。"随命令提示显示更多信息"用于控制是否显示使用Shift和Ctrl键进行夹点操作的提示；要显示，单击勾选这个选项。

（8）查询

AutoCAD提供了丰富的查询功能，使工作者能够迅速查询已经绘制的图形的相关信息，如距离、半径、面积、体积、角度、面域特性、点的坐标等信息，对绘图设计有很大帮助。

1）查询距离　利用距离查询功能，可以获得图形中任意两点之间的空间距离。启动距离查询命令的方式有以下几种。

① 菜单方式："工具"→"查询"→"距离"。

② 工具条方式："查询"工具条上的按钮 ▤ 。

③ 命令行方式：Distance（di）。

启动命令后，程序提示如下

指定第一点：指定距离的起点。

指定第二点：指定距离的端点。

确定查询距离的两点后，系统会在命令窗口的历史记录中给出如下信息：

距离＝　　；XY平面中倾角＝　　；与XY下面的夹角＝　　；X增量＝　　；Y增量＝　　；Z增量＝　　。

2）查询　利用查询功能，可以获得图形的距离、半径、面积、体积、角度。启动查询命令的方式如下。

① 命令行内执行命令：Measuregeom(mea)。

② 启动命令后，可以连续多次查询，程序提示：输入选项［距离(D)/半径(R)/角度(A)/面积(AR)/体积(V)］<距离>。

要查询距离直接回车，要查询半径输入r，要查询角度输入a，要查询面积输入ar，要查询体积输入v，回车确认。查询完毕要退出程序，输入x回车或按Esc键。

3）查询面积和周长　利用面积和周长查询功能，可以获得图形中几个点包围的面积或者某个对象包围的面积和周长。启动面积和周长查询命令的方式有以下几种。

① 菜单方式："工具"→"查询"→"面积"。

② 工具条方式："查询"工具条上的 ▱ 。

③ 命令行方式：Area（aa）。

启动命令后，程序提示：

指定第一个角点或［对象(O)/增加面积(A)/减少面积(S)］<对象(O)>：（指定一个点）；

指定下一个点或［圆弧(A)/长度(L)/放弃(U)］：（指定第2点）。

确定所有的点以后，回车，系统会在命令窗口的历史记录中给出如下信息：区域=　；周长=　。

查询面积和周长命令，也可以查询对象包围的面积和周长（对象方式），要查询对象面积和周长时，出现命令提示后直接回车，根据提示选择对象，可以查询的对象有圆、椭圆、样条曲线、多段线、多边形、面域和实体的面积；也可以查询几个区域的面积和（增加面积方式），要查询面积和时，需输入a，回车；还可以查询几个区域的面积差（减少面积方式），要查询面积差时，需输入s，回车。

4）查询点　利用查询点功能，可以获得图形中某个点坐标。启动点查询命令的方式有以下几种。

① 菜单方式："工具"→"查询"→"点坐标"。

② 工具条方式："查询"工具条上的 ⌨ 。

③ 命令行方式：Id。

启动命令后，程序提示：

Id指定点：（输入一个点）。

系统会在命令窗口的历史记录中给出如下信息：

指定点：$x=$　；$y=$　；$z=$　。

5）查询面域　面域是利用region或者boundary命令形成的一个图形对象，这个图形对象是由闭合的图元或环创建的二维区域。利用查询面域功能，可以获得图形中某个面域的面积、质心等特性。启动面域查询命令的方式有以下几种。

① 菜单方式："工具"→"查询"→"面域"。

② 工具条方式："查询"工具条上的 ⌨ 。

③ 命令行方式：Massprop。

启动命令后，程序提示：

选择对象：（选择一个面域）；

是否将分析结果写入文件？［是(Y)/否(N)］<否>。

系统会在命令窗口的历史记录中给出如下信息：

------------------面域------------------

面积：

周长：

边界框：　　　　　　X：　　--

　　　　　　　　　　Y：　　--

质心：　　　　　　　X：

　　　　　　　　　　Y：

惯性矩：　　　　　　X：

　　　　　　　　　　Y：

惯性积：　　　　　　XY：

旋转半径：　　　　　X：

$$Y:$$

主力矩与质心的X-Y方向：

$$I:\quad 沿[\quad - \quad]$$
$$J:\quad 沿[\qquad]$$

（9）视图的基本操作

视图就是观察到的图形，它也包含了视口、坐标系等信息。在绘图过程中不改变图元的大小、位置，只改变视图显示方式的操作，我们称之为视图控制。在绘图过程中，视图控制可以方便绘图者查看细节或全局的情况。如果是放大或缩小视图显示，我们称之为视图缩放。如果是移动图形到窗口中方便绘图者观察和绘图，我们称之为视图平移。视图缩放和视图平移是视图的基本操作。

1）视图缩放　视图缩放只能改变视图显示的大小，不能改变图形对象的真实尺寸。通过改变显示区域和图形对象的大小，用户可以更准确、更详细地绘图。视图缩放经常透明执行。

启动命令的方式如下。

① 菜单方式："视图"→"缩放"。

② 工具条方式："标准"工具条上的 ⬚。

③ 命令行方式：Zoom（z）。

通过菜单和工具条的级联菜单（图1-55、图1-56）可以直接启动某种缩放方式的命令，而命令行的方式需要指定一种方式。两者执行方式虽然不同，但操作的命令是对应的。

图1-55　缩放的级联菜单

图1-56　工具条的级联菜单

执行z命令后，在命令行内出现提示信息：指定窗口的角点，输入比例因子(nX或nXP)，或者；[全部(A)/中心(C)/动态(D)/范围(E)/上一个(P)/比例(S)/窗口(W)/对象(O)] <实时>。

在默认方式下，程序可以判断是否输入了窗口或者比例。如果是窗口，则按窗口方式放大；如果输入了比例，则按比例方式放大。如果需要其他方式，要输入方式后面括号内的字母，并回车确认；如果要实时放大，直接回车。

Ⅰ．"实时"。在该模式下，光标变为放大镜符号。此时按住鼠标左键向上拖动光标将放大整个图形；向下拖动光标将缩小整个图形；释放鼠标按键后停止缩放，在松开拾取键后将光标移动到图形的另一个位置，然后按住拾取键便可从该位置继续缩放显示。也可以上下滚动鼠标滚轮进行缩放，滚动滚轮时以光标位置为中心进行缩放。按Esc或Enter键退出实时缩放。实时缩放以窗口高度的1/2距离表示缩放比例为100%。在窗口的中点按住拾取键并垂直移动到窗口顶部则放大100%。在窗口的中点按住拾取键并垂直向下移动到窗口底部则缩小100%。若将光标置于窗口底部，按住拾取键并垂直向上移动到窗口顶部则放大比例为200%。当达到放大极限时光标的加号消失，这表示不能再放大；当达到缩小极限时光标的减号消失，这表示不能再缩小。

Ⅱ．"全部"。在该模式下，显示当前视口中的整个图形。在平面视图中，缩放为图形界限或当前范围两者中较大的区域；在三维视图中，Zoom的"全部"选项与"范围"选项等价。即使图形超出了图形界限也能显示所有对象。

Ⅲ．"圆心"。在该模式下，以指定的中心点为中心和以默认值与输入值的比例为放大比例值进行缩放。输入值较小时为放大，输入值较大时为缩小。输入值时还可以采用两点方式输入，放大比例值是以默认值与两点的距离之比为放大比例进行缩放。

Ⅳ．"动态"。使视图框包围的图形充满视口。视图框相当于视口，可以改变它的大小或位置，用以套住图形。被套住的图形将充满整个视口。

Ⅴ．"范围"。将所绘制图形在屏幕上以最大化显示。

Ⅵ．"上一个"。恢复视图的前一次显示情况，最多可恢复此前的10个视图。

Ⅶ．"比例"。按输入比例缩放图形。n表示对图形放大n倍，如果n大于1，则放大图形n倍，如果n小于1，则缩小图形n倍；nx表示对当前图形放大n倍；若输入的值为nXP，则表示在图纸空间缩放图形。

Ⅷ．"窗口"。按照用户指定的窗口范围对图形进行缩放。

Ⅸ．"实时"。使用定点设备缩放图形。

Ⅹ．"对象"。缩放以便尽可能大地显示一个或多个选定的对象并使其位于绘图区域的中心。

不同缩放方式的操作如下。

Ⅰ．默认。执行z命令后，指定第1点，指定第2点（也可拖动光标从第1点到第2点形成窗口）；或者输入放大倍数，回车确认。

Ⅱ．"实时"。执行z命令后，回车，上下拖动光标（或滚动滚轮），回车确认。

Ⅲ．"全部"。执行z命令后，输入a，回车。

Ⅳ．"圆心"。执行z命令后，输入c，回车，指定中心点，输入比例，回车。

Ⅴ．"动态"。执行z命令后，输入d，回车，移动光标，单击，移动光标，单击，……回车。

Ⅵ．"范围"。执行z命令后，输入e，回车。

Ⅶ．"上一个"。执行z命令后，输入p，回车。

Ⅷ."比例"。执行z命令后，输入s，回车，输入比例，回车。

Ⅸ."窗口"。执行z命令后，输入w，回车，指定第1点，指定第2点。

Ⅹ."实时"。执行z命令后，回车，拖动光标，回车。

Ⅺ."对象"。执行z命令后，选择对象，回车。

2）视图平移　用户使用视图平移命令，在保持视图的显示比例不变的情况下，可以重新定位图形，以便查看图形的其他部分。

启动命令的方式如下。

① 菜单方式："视图"→"平移"。

② 工具条方式："标准"工具条上的 ✋ 。

③ 命令行方式：Pan（p）。

通过命令行和工具条的方式可以直接启动实时平移命令，而级联菜单（图1-57）需要指定一种方式。这些可以指定的方式包括"实时""定点""左""右""上""下"。

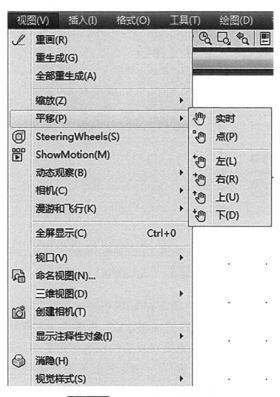

图1-57　视图平移的级联菜单

Ⅰ."实时"。光标形状变为手形。按住鼠标上的拾取键可以锁定光标于相对视口坐标系的当前位置，此时可以拖动图形进行移动。释放拾取键，平移将停止。可以释放拾取键，将光标移动到图形的其他位置，然后按拾取键，接着从该位置平移显示。要随时结束平移命令，按Enter键或Esc键。

Ⅱ."定点"。指定一个点作为平移的基准点，再指定一个点。用第2点相对于第1点的矢量作为平移的方向和距离进行平移。指定第2点时也可以用光标当前的方位作为移动的方向，然后用键盘输入移动距离的方法进行平移。

"左""右""上""下"：按左、右、上、下的方向移动1个步长。

3）命名视图　命名视图是指将某一视图的状态，如画面中点、观察方向、缩放比例因子、透视图和UCS，以某个名称保存起来。在需要时将其恢复成为当前显示，为用户提供一种快捷的操作和访问图形的方法。

执行"命令视图"命令的方法如下。

① 菜单方式：'视图'→'命名视图'。

②"视图"工具条方式："视图"按钮 ![]。

③ 命令行方式：View（V）。

执行命令后均会打开"视图管理器"对话框（图1-58），通过对话框可以对视图进行管理。可以进行的管理有：使用某一命名的视图、命名视图、删除视图、修改视图的边界、更新图层。

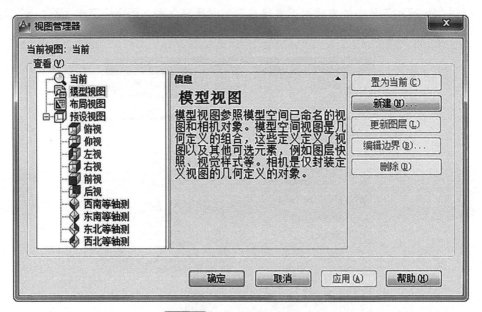

图1-58　"视图管理器"对话框

单击"新建(N)…"按键，弹出"新建视图/快照特性"对话框（图1-59），通过这个对话框可以命名视图。命名视图时要先在"视图名称"中输入一个有意义的名称，然后在"边界"中为要命名的视图定义边界，如果要对当前视图进行命名，则选中"当前显示"；如果要重新指定一个区域，则选中"定义窗口"，然后在绘图区，通过光标指定一个矩形区域作为边界；如果刚定义的边界不合适，可以再次使用光标进行指定，直到合适；回车确认返回对话框。在保存视图之前，对要保存的视图进行设置。其中"将图层快照与视图一起保存"，是指在新命名视图中保存当前图层的可见性的设置；"UCS"，用于指定要与新视图一起保存的坐标系；"活动截面"，用于指定使用这个视图时应用的活动截面；"视觉样式"，用于指定要与视图一起保存的视觉样式。设置完毕，单击确定，就完成了一个新视图的命名。新命名的视图就会在"视图管理器"的"查看"列表中列出。要使用已命名的视图，先选中命名的视图，然后单击"置为当前"。如果要使用系统命名的视图，在"预设视图"下选择要使用的视图，单击"置为当前"；要删除已命名的视图，先选中命名的视图，然后单击，"删除"；要修改视图的边界，先选中命名的视图，然后单击"编辑边界"，重新指定边界；要更新视图的图层，先选中命名的视图，然后单击"更新图层"。

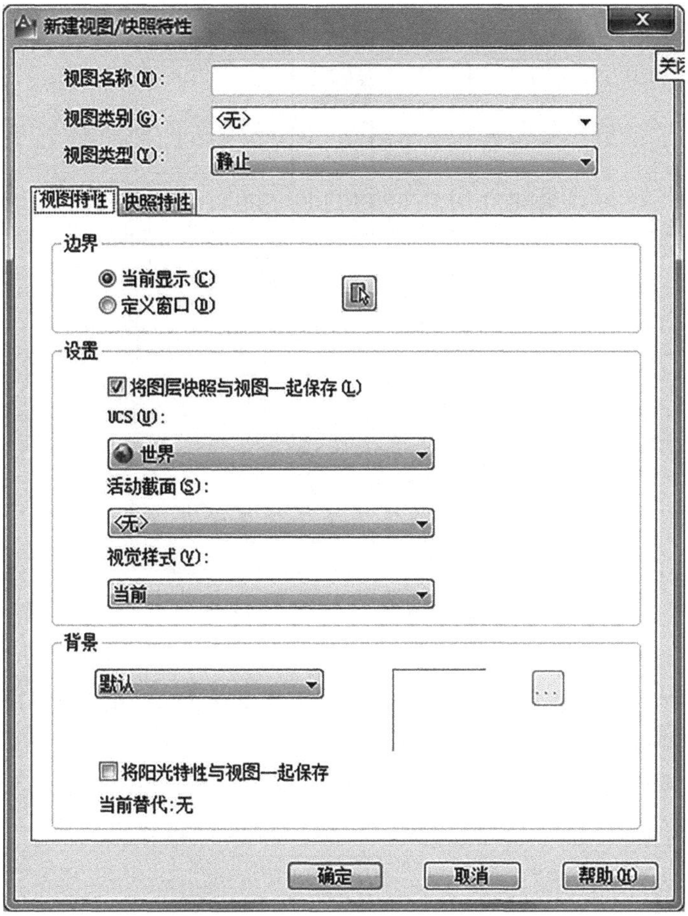

图1-59   "新建视图/快照特性"对话框

1.3 二维园林图形绘制

1.3.1 二维图元的绘制

二维图元即二维图形的基本单元，所有二维图形都是由二维图元构成的。二维图元包括点、直线、射线、构造线、多线、多段线、样条曲线、圆、圆弧、椭圆、椭圆弧、矩形、正多边形、修订云线、手绘线等。

（1）点的绘制

要使用点，首先要定义点样式。所谓点样式就是点的显示方式。

定义点样式的方式如下。

① 菜单方式："格式"→"点样式"。

② 命令行方式：Ddptype。

执行命令后均会打开"点样式"对话框（图1-60），通过对话框可以对点样式进行设置。

对话框的上部列出了20种点样式，要使用哪一种点样式，需单击那种点样式的图案。"点大小"用于指定点的显示大小，指定时需在文本框内输入所需的数字。"相对于屏幕设置大小"是指点的大小按屏幕的百分之几进行显示。"按绝对单位设置大小"是指点的大小按

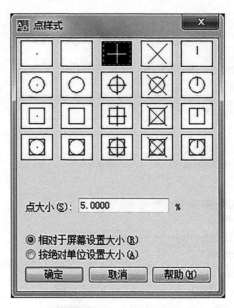

图1-60　"点样式"对话框

几个单位进行显示。选定单选项后，单击确定，完成点样式的设置。这样所有的点，包括原来绘制的点和将要绘制的点，均按这个样式进行显示。

要绘制点，需启动点绘制命令。但绘制单点、多点、等分点的命令是不同的。

要绘制单点，需启动单点绘制命令。启动单点绘制命令的方法如下。

① 菜单方式："绘图"→"点"→"单点"。

② 命令行方式：Point（po）。

执行命令后，根据提示输入点的坐标，就完成了单点的绘制。

要绘制多点，需启动多点绘制命令。启动多点绘制命令的方法如下。

① 菜单方式："绘图"→"点"→"多点"。

② 绘图工具条方式："点"按钮 ▪ 。

执行命令后，根据提示依次输入点的坐标，一次可以完成多个点的绘制。要结束该命令，按Esc键。

要绘制等分点，需启动定数等分或定距等分命令。

定数等分命令是在对象的长度或周长方向上，按用户指定的数目等分对象，并在等分点处放置点或块。可等分的对象包括直线、圆、圆弧、椭圆、椭圆弧、多段线和样条曲线。

启动定数等分命令的方法如下。

① 菜单方式："绘图"→"点"→"定数等分"。

② 命令行方式：Divide（div）。

执行命令后，命令行提示"选择要定数等分的对象："，这时光标变为拾取框，移动光标到要等分的对象上，当图形对象亮显时，单击拾取对象，此时命令行提示"输入线段数目或［块(B)］："，输入要等分的段数（不是插入的点数，而是点数加一），即在要等分的位置上插入了多个点。此多个点，将被放入上一个选择集。

定距等分命令是在对象的长度或周长方向上，按用户指定的距离等分对象，并在等分点处放置点或块。可等分的对象包括直线、圆、圆弧、椭圆、椭圆弧、多段线和样条曲线。

启动定距等分命令的方法如下。

① 菜单方式："绘图"→"点"→"定距等分"。

② 命令行方式：Measure（me）。

执行命令后，命令行提示"选择要定距等分的对象："，这时光标变为拾取框，移动光标到要等分的对象上，当图形对象亮显时，单击拾取对象，此时命令行提示"指定线段长度或［块(B)］："，输入要等分的距离，即在要等分的位置上插入了多个点。此多个点，将被放入上一个选择集。

定距等分命令绘制点对象时，将沿选定对象按指定间隔放置点对象，并从最靠近对象拾取点的端点处开始放置。若是闭合多段线，则定距等分从它们的初始顶点（绘制的第一个点）处开始。圆的定距等分从设置为当前捕捉旋转角（由snapang定义的参数）的自圆心的角度开始，如果捕捉旋转角为零，则从圆心右侧的象限点开始逆时针定距等分圆。如果对象总长不能被所选长度整除，则最后绘制的点到对象端点的距离不等于指定的长度。

（2）直线的绘制

AutoCAD所绘制的直线是由两点定义的直线段。执行一次直线命令可以绘制n条直线段，每一条直线段就是一个独立的图形对象，可以单独进行编辑。

启动"直线"命令的方法如下。

① 菜单方式："绘图"→"直线"。

②"绘图"工具条方式："直线"按钮 ✏ 。

③ 命令行方式：Line（l）。

执行命令后，命令行提示"指定第一点："，使用输入点的方法输入第一点的坐标，命令行提示"指定下一点或［放弃(U)］："，使用输入点的方法输入第二点的坐标，如果要回撤一步操作（不是放弃命令的执行），输入U，回车确认。如果要继续画直线，则依提示输入第三点、第四点……。如果要首尾相连，则要输入C，回车结束命令。输入多点后如果要直接结束命令，可以回车，或者敲空格键，或按Esc键，或右键选择确认。

（3）射线的绘制

AutoCAD所绘制的射线是由指定点和通过点两点定义的线。线向第二点的方向无限延伸。执行一次射线命令可以绘制n条以第一点为起点的射线，每一条射线是一个独立的图形对象，可以单独进行编辑。由于无限延伸，因此射线通常用作辅助线。但射线经打断、修剪操作可以形成直线段。

启动"射线"命令的方法如下。

① 菜单方式："绘图"→"射线"。

② 命令行方式：Ray。

执行命令后，命令行提示"指定起点："；输入第一点的坐标，命令行提示"指定通过点："；输入第二点的坐标，命令行提示"指定通过点："；继续指定通过点。若要结束命令，可以回车，或者敲空格键，或按Esc键，或右键确认。

（4）构造线的绘制

构造线是由第一个指定点为通过点，第二个点确定方向的双向无限延伸的线。执行一次构造线命令可以绘制n条以第一点为通过点的构造线，每一条构造线是一个独立的图形对象，可以单独进行编辑。由于双向无限延伸，因此构造线通常用作辅助线。但构造线经打断、修剪可以形成射线或者直线段。

启动"构造线"命令的方法如下。

① 菜单方式:"绘图"→"构造线"。

②"绘图"工具条方式:"构造线"按钮 ✐。

③ 命令行方式:XLine（xl）。

执行命令后,命令行提示"指定点或［水平(H)/垂直(V)/角度(A)/二等分(B)/偏移(O)］:";输入第一点的坐标,命令行提示"指定通过点:";输入第二点的坐标,命令行提示"指定通过点:";指定通过点,……。若要结束命令,可以回车,或者敲空格键,或按Esc键,或右键确认。

AutoCAD还可以绘制水平构造线、垂直构造线、按指定角度倾斜的构造线。和直线平行的构造线以及二等分角度线位置上的构造线。

绘制水平构造线:执行命令xl后,命令行提示"指定点或［水平(H)/垂直(V)/角度(A)/二等分(B)/偏移(O)］:";输入h回车,命令行提示"指定通过点:";输入点坐标,绘制第一条水平构造线,命令行提示"指定通过点:";输入点坐标,绘制第二条水平构造线,……。若要结束命令,可以回车,或者敲空格键,或按Esc键,或右键确认。

绘制垂直构造线:执行命令xl后,命令行提示"指定点或［水平(H)/垂直(V)/角度(A)/二等分(B)/偏移(O)］:";输入v回车,命令行提示"指定通过点:";输入点坐标,绘制第一条垂直构造线,命令行提示"指定通过点:";输入点坐标,绘制第二条垂直构造线,……。若要结束命令,可以回车,或者敲空格键,或按Esc键,或右键确认。

绘制一定倾斜角度的构造线:执行命令后,命令行提示"指定点或［水平(H)/垂直(V)/角度(A)/二等分(B)/偏移(O)］:";输入a回车,命令行提示"输入构造线的角度(0)或［参照(R)］:";直接回车则绘制水平构造线,如果指定点,则命令行提示"指定第二点:";输入第二点,命令行提示"指定通过点:";输入点,则绘制了第一条倾斜的构造线,命令行提示"指定通过点:";输入点,则绘制了第二条倾斜的构造线……。如果要输入的角度不是基于X轴,而是基于某个直线段,则在命令行提示"输入构造线的角度(0)或［参照(R)］:"时,输入r回车,则提示"选择直线对象:";拾取对象,再输入角度,那么程序将以直线为基准,绘制倾斜的构造线。若要结束命令,可以回车,或者敲空格键,或按Esc键,或右键确认。

绘制和直线平行的构造线:执行命令后,命令行提示"指定点或［水平(H)/垂直(V)/角度(A)/二等分(B)/偏移(O)］:";输入o回车,命令行提示"指定偏移距离或［通过(T)］<>:";输入偏移的距离,命令行提示"选择直线对象:";拾取直线或可以形成直线段的对象的直线部分,命令行提示"指定向哪侧偏移:";输入点,则绘制了第一条平行于直线的构造线,命令行提示"选择直线对象:";拾取直线或可以分解为直线段的对象的直线部分,命令行提示"指定通过点:";输入点,则绘制了第二条平行于对象的构造线,……。如果要按通过方式绘制和直线平行的构造线,则在命令行提示"指定偏移距离或［通过(T)］<>:"时,输入t回车,命令行提示"选择直线对象:";拾取直线或可以形成直线段的对象的直线部分,命令行提示"指定通过点:";输入点,则完成了构造线的绘制……。若要结束命令,可以回车,或者敲空格键,或按Esc键,或右键确认。

绘制在二等分角度线的位置上的构造线:执行命令后,命令行提示"指定点或［水平(H)/垂直(V)/角度(A)/二等分(B)/偏移(O)］:";输入b回车,命令行提示"指定角的顶点:";输入点,命令行提示"指定角的起点:";输入点,命令行提示"指定角的端点:";输入点,则绘制了第一条等分角的构造线,命令行提示"指定角的端点:";输入点,则绘制了

第二条等分角的构造线……。若要结束命令，可以回车，或者敲空格键，或按Esc键，或右键确认。

（5）多线的绘制

多线是由多条直线段构成的一个图元。由于这个图元是由多个元素构成的，因此在使用这个图元之前必须首先定义多线样式。所谓多线样式就是定义了基本元素、封口、填充、连接等多线要素的多线格式。对多线样式的定义是通过多线样式管理器来完成的。

启动多线样式管理器命令的方法如下。

① 菜单方式："格式"→"多线样式（M）…"。

② 命令行方式：Mlstyle。

执行命令后，弹出"多线样式"管理器对话框（图1-61），多线样式的管理均是通过这个框来完成。

图1-61 "多线样式"管理器对话框

"样式（s）"列表框列出了当前文件中已经定义了的多线样式，单击选中一个样式，这个样式的说明会显示在"说明"文本框内，外观会显示在"预览"框内。要使用一个样式，首先要选中这个样式，然后单击"置为当前（U）"按钮。要重命名一个样式，首先要选中这个样式，然后单击"重命名（R）"按钮。要删除一个已有的样式，首先要选中这个样式，然后单击"删除（D）"按钮。要保存一个样式，首先要选中这个样式，然后单击"保存（A）…"按钮。在弹出的"保存多线样式"对话框中，指定保存的路径和名称，就可以对已有的多线样式以文件方式保存，并在其他文件中使用。要使用一个保存的多线样式，首先单击"加载（L）…"按钮。在弹出的"加载多线样式"对话框中，找到并选中这个文件，单击确定，就可以把这个多线样式加载到当前文件中。

要新建一个多线样式，单击"新建（N）…"按钮，弹出"创建新的多线样式"对话框（图1-62），在"新样式名（N）"中输入将要创建的多线样式名，单击"基础样式（S）"列表框，选择一个已有的样式作为基础样式，单击"继续"，在弹出的"新建多线样式："对话框（图1-63）中，对基础样式稍做更改就可方便地创建一个新的多线样式。

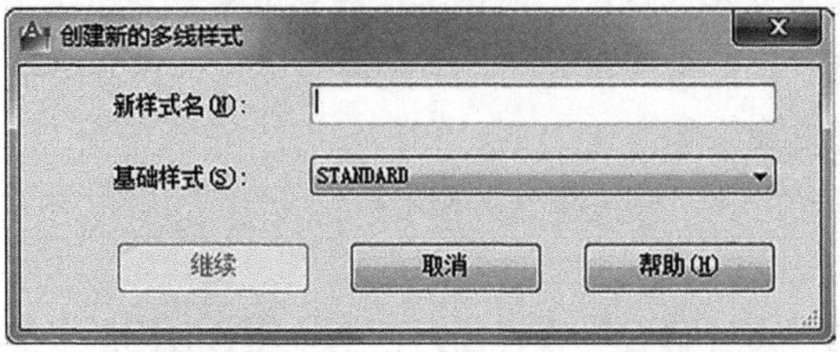

图1-62 "创建新的多线样式"对话框

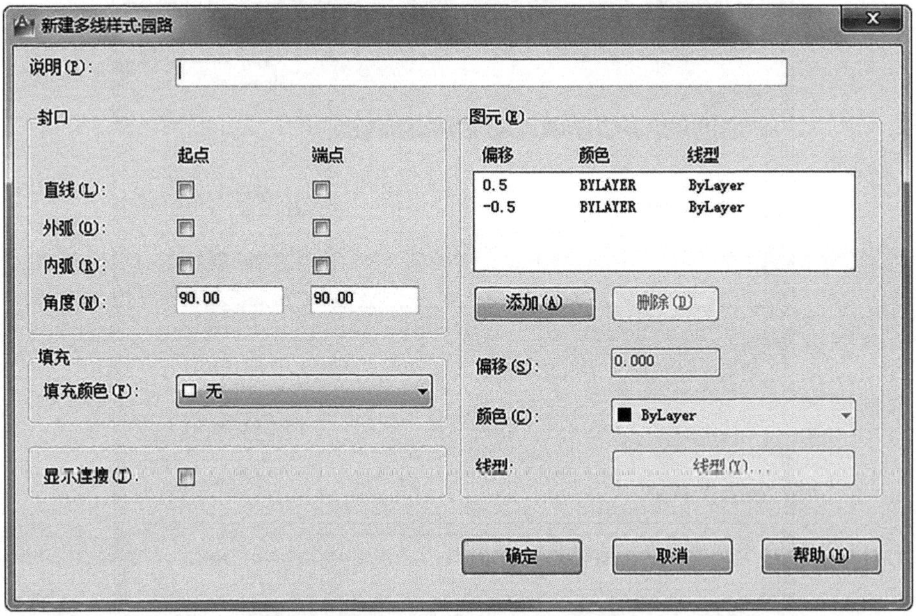

图1-63 "新建多线样式："对话框

"新建多线样式："对话框中，"封口"是指多线的两端如何处理。封口时对起点和端点分别进行定义，处理的方式有直线、外弧、内弧和倾斜角度几种。要使用哪种处理方式，就要选中相应的复选项；要设定起点和端点的倾斜角度，可以在相应的文本框中直接输入。"填充"是指多线内采用什么颜色填充，即背景色。要使用某种颜色，需单击右侧的列表框，选中这种颜色。"显示连接（J）"是指多线显示不显示连接线，如果需要，选中复选项。"图元"是指多线的构成元素，多线中的每一条线就是一个元素。要增加元素，需单击"添加"按钮，然后在"偏移"文本框中输入偏移量，在"颜色"列表框中指定颜色，在"线型"文本框中指定线型。要删除一个元素，首先要选中元素，然后单击"删除"。要修改某个元素的特性，首先要选中这个元素，然后在下面特性项目中对这个元素的特性进行修改。操作完毕，单击确定，完成新建多线样式的定义。

要修改某个多线样式，首先要在"多线样式"管理器中选中这个样式，然后单击"修改（M）…"，弹出"修改多线样式"对话框，修改多线样式和新建多线样式的操作完全相同。

多线样式若已经使用则不允许修改、删除和重命名。

定义了多线样式就可以使用它进行多线的绘制。启动多线绘制命令的方法如下。

① 菜单方式："绘图"→"多线"。

② 命令行方式：Mline（ml）。

执行命令后，命令窗口提示如下。

① "当前设置"：对正=上，比例=20.00，样式=STANDARD。

② "指定起点或［对正(J)/比例(S)/样式(ST)］："，输入点。

③ 命令行提示："指定下一点："，输入点。

④ 命令行提示："指定下一点或［放弃(U)］："，继续绘制，输入点，要放弃一步操作，输入u。

⑤ 命令行提示："指定下一点或［闭合(C)/放弃(U)］："，继续绘制，输入点；要放弃一步操作，输入u；要首尾相连，输入c；要结束命令，可以回车，或者敲空格键，或按Esc键，或右键确认。

启动一次多线命令，不论图形多复杂，绘制的都是一个图元。

多线绘制是在一定设置下进行的操作，这些设置包括对正、比例、样式。对正就是对齐，是指多线如何向输入的点对齐。对正方式有上、下、无。上是指多线最上端的线和输入的点对齐；下是指多线最下端的线和输入的点对齐；无是指多线的正中间和输入的点对齐（图1-64）。要更改对正方式，在命令提示"指定起点或［对正(J)/比例(S)/样式(ST)］："时，输入j回车，选择上对正，输入t；选择下对正，输入b；选择无对正，输入z，回车确认。比例是指图元偏移量在使用时按多少倍使用（图1-65），要更改比例，在命令提示"指定起点或［对正(J)/比例(S)/样式(ST)］："时，输入s回车，输入比例值，回车确认。样式设置用于指定当前样式。要使用其他样式，在命令提示"指定起点或［对正(J)/比例(S)/样式(ST)］："时，输入st回车，输入样式名，回车确认；如果忘记了样式名称，可以输入"?"（半角的符号），回车，程序会在文本窗口中列出可以使用的样式名称以供选择。

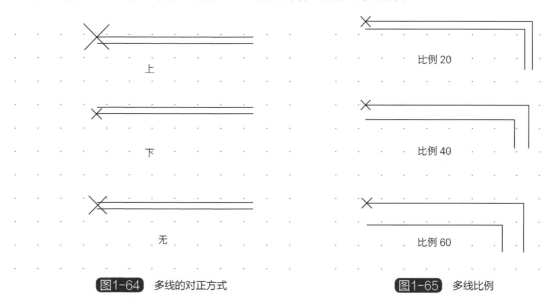

图1-64 多线的对正方式   图1-65 多线比例

（6）多段线的绘制

多段线是由直线段、弧或两者相互连接的序列线段组成的。每个线段在绘制前都可以定义其自己的线宽，线宽的定义是由定义起点的线宽和端点的线宽来完成的。一个多段线是一个图元。

启动多段线命令绘制多段线的方法如下。

① 菜单方式："绘图"→"多段线"。

②"绘图"工具条方式："多段线"按钮 🔾 。

③ 命令行方式：PLine (pl)。

启动命令后，命令行提示"指定起点："，输入点；命令行提示"指定下一个点或［圆弧(A)/半宽(H)/长度(L)/放弃(U)/宽度(W)］："，输入点，则绘制了第一个直线段，命令行提示"指定下一个点或［圆弧(A)/半宽(H)/长度(L)/放弃(U)/宽度(W)］："，输入点，则绘制了第二个直线段，命令行提示"指定下一点或［圆弧(A)/闭合(C)/半宽(H)/长度(L)/放弃(U)/宽度(W)］："，……。若要放弃一步操作，输入u回车，若要首尾相连，输入c回车结束命令。

若要指定线宽，可以选择半宽或宽度。半宽是指线的一半宽度，宽度是指线的宽度。要定义半宽时输入h回车，输入起点的半宽，再输入端点的半宽。要定义宽度时输入w回车，输入起点的宽度，再输入端点的宽度。定义完成，则可以按定义的线宽绘制下一个线段。

绘制直线段时可以通过指定长度的方式绘制，但绘制的直线段是在上一段的方向上延伸。操作时，输入l回车，输入线段长度，回车确认。

若要绘制圆弧，则在命令行提示"指定下一个点或［圆弧(A)/半宽(H)/长度(L)/放弃(U)/宽度(W)］："时，输入a，回车确认，命令行提示"指定圆弧的端点或［角度(A)/圆心(CE)/闭合(CL)/方向(D)/半宽(H)/直线(L)/半径(R)/第二个点(S)/放弃(U)/宽度(W)］："，输入点，则绘制了与上一段相切的弧。

绘制圆弧时同样可以通过定义线宽来绘制具有线宽的一段弧。操作同直线段。

圆弧还可以通过指定角度、圆心、方向、半径、第二点等方式来进行绘制。角度方式是指定圆心角和端点（或圆心，或半径）绘制一段的圆弧；圆心方式是指定圆心并指定圆弧端点（或圆弧角度，或圆弧弦长）绘弧；方向方式是指定圆弧的切线方向和圆弧的端点绘弧；半径方式是指定圆弧半径和圆弧的端点（或圆心角）绘弧；第二点方式是指定第二点和端点绘弧。

Ⅰ. 角度方式：在命令行提示"指定圆弧的端点或［角度(A)/圆心(CE)/闭合(CL)/方向(D)/半宽(H)/直线(L)/半径(R)/第二个点(S)/放弃(U)/宽度(W)］："时，输入a，回车，命令行提示"指定包含角："，输入角度，命令行提示"指定圆弧的端点或［圆心(CE)/半径(R)］："，输入点，完成一段弧的绘制。如果输入的圆心角为负，则为反向的弧。

Ⅱ. 圆心方式：在命令行提示"指定圆弧的端点或［角度(A)/圆心(CE)/闭合(CL)/方向(D)/半宽(H)/直线(L)/半径(R)/第二个点(S)/放弃(U)/宽度(W)］："时，输入ce，回车，命令行提示"指定圆弧的圆心："，输入点，命令行提示"指定圆弧的端点或［角度(A)/长度(L)］："，输入点，完成一段弧的绘制。

方向方式：在命令行提示"指定圆弧的端点或［角度(A)/圆心(CE)/闭合(CL)/方向(D)/半宽(H)/直线(L)/半径(R)/第二个点(S)/放弃(U)/宽度(W)］："时，输入d，回车，命令行提示"指定圆弧的起点切向："，输入点，命令行提示"指定圆弧的端点："，输入点，完成一段弧的绘制。

Ⅲ. 半径方式：在命令行提示"指定圆弧的端点或［角度(A)/圆心(CE)/闭合(CL)/方向(D)/半宽(H)/直线(L)/半径(R)/第二个点(S)/放弃(U)/宽度(W)］："时，输入r，回车，命令行提示"指定圆弧的半径："，输入半径值，命令行提示"指定圆弧的端点或［角度(A)］："，输入点，完成一段弧的绘制。

　　Ⅳ. 第二点方式：在命令行提示"指定圆弧的端点或 [角度(A)/圆心(CE)/闭合(CL)/方向(D)/半宽(H)/直线(L)/半径(R)/第二个点(S)/放弃(U)/宽度(W)]："时，输入s，回车，命令行提示"指定圆弧上的第二个点："，输入点，命令行提示"指定圆弧的端点："，输入点，完成一段弧的绘制。

　　（7）样条曲线的绘制

　　样条曲线是经过或接近一系列给定点的光滑曲线。启动样条曲线命令绘制样条曲线的方法如下。

　　① 菜单方式："绘图"→"样条曲线"。

　　②"绘图"工具条方式："样条曲线"按钮 ～ 。

　　③ 命令行方式：Spline (spl)。

　　绘制样条曲线时，可以指定样条曲线的控制方式。样条曲线的控制方式有两种：拟合点、通过点。默认情况下，拟合点与样条曲线重合，而控制点定义控制框。控制框提供了一种便捷的方法，用来设置样条曲线的形状。修改控制方式的方法如下。

　　启动命令后，在命令行提示"指定第一个点或 [方式(M)/阶数(D)/对象(O)]："，输入m，命令行提示"输入样条曲线创建方式 [拟合(F)/控制点(CV)] <CV>："，选择拟合，输入f；选择控制点，输入cv，然后进行绘制样条曲线。

　　在控制点方式下，命令行提示"指定第一个点或 [方式(M)/阶数(D)/对象(O)]："，输入点，命令行提示"输入下一个点或 [放弃(U)]："输入点，命令行提示"输入下一个点或 [闭合(C)/放弃(U)]："输入点，……。不再输入点时，回车结束命令。

　　在拟合方式下，命令行提示"指定第一个点或 [方式(M)/节点(K)/对象(O)]："，输入点，命令行提示"输入下一个点或 [起点切向(T)/公差(L)]："，输入点，命令行提示"输入下一个点或 [端点相切(T)/公差(L)/放弃(U)]："，输入点，……。不再输入点时，回车结束命令。注意，要更改起点切向，需在第一点后进行更改，要更改端点切向，需在输入最后一个点后进行更改。所谓的切向就是以输入点和起点或端点的连线作为切线的方向，以控制如何平滑曲线。

　　拟合方式下，绘制样条曲线的过程中可以随时设置拟合公差。所谓拟合公差是指在平滑曲线时允许的最大偏离量。更改拟合公差后，所有控制点都服从这个新公差。

　　修改公差的操作方法：在命令提示行提示"输入下一个点或 [起点切向(T)/公差(L)]："时，输入l，回车，命令行提示"指定拟合公差<0.0000>："，输入值，则完成了拟合公差的修改。

　　样条曲线也可以由多段线转换形成。操作方法是：在命令行提示"指定第一个点或 [方式(M)/阶数(D)/对象(O)(I)："或者"指定第一个点或 [方式(M)/节点(K)/对象(O)]："时，输入o，回车确认，命令行提示"选择对象："，拾取多段线，回车确认，多段线被转变为样条曲线。

　　（8）圆的绘制

　　绘制圆，需要几个参数，提供的参数不同，绘制圆的步骤就不同。启动绘制圆的命令的方法如下。

　　① 菜单方式："绘图"→"圆"。

　　②"绘图"工具条方式："圆"按钮 ◉ 。

　　③ 命令行方式：Circle (c)。

　　菜单方式可以在二级菜单中直接选取某种方式绘制圆，其他两种方式需先选择绘制圆的方法。

执行c命令后，命令行提示"指定圆的圆心或［三点(3P)/两点(2P)/切点、切点、半径(T)］："，输入点作为圆心，命令行提示"指定圆的半径或［直径(D)］<>："，输入半径值，命令结束。也可以指定直径来绘制圆，如果需要输入直径，在命令提示"指定圆的半径或［直径(D)］<>："时，输入d，然后输入直径值。

除了指定圆心绘制圆，还可以按三点方式、两点方式、切点切点半径方式进行圆的绘制。三点方式是指定圆上三个点的方式；两点方式是指定直径上两个端点的方式；切点切点半径方式是指定相切的两个对象，然后指定直径的方式。

三点方式：在命令行提示"指定圆的圆心或［三点(3P)/两点(2P)/切点、切点、半径(T)］："时，输入3p回车，命令行提示"指定圆上的第一个点："，输入点，命令行提示"指定圆上的第二个点："，输入点，命令行提示"指定圆上的第三个点："，输入点，完成圆的绘制。

两点方式：在命令行提示"指定圆的圆心或［三点(3P)/两点(2P)/切点、切点、半径(T)］："时，输入2p回车，命令行提示"指定圆直径的第一个端点："，输入点，命令行提示"指定圆直径的第二个端点："，输入点，圆绘制完成。

切点切点半径方式：在命令行提示"指定圆的圆心或［三点(3P)/两点(2P)/切点、切点、半径(T)］："时，输入t回车，命令行提示"指定对象与圆的第一个切点："，拾取相切对象上要绘制圆一侧的点，命令行提示"指定对象与圆的第一个切点："，拾取相切对象上要绘制圆一侧的点，命令行提示"指定圆的半径<>："，输入半径值，完成圆的绘制。

另外在菜单中还可以按相切、相切、相切的方式绘制圆。操作方法如下。

"绘图"→"圆"→"相切、相切、相切"，执行命令后，命令行提示"指定圆上的第一个点：_tan到"，拾取相切对象上要绘圆一侧的一个点，命令行提示"指定圆上的第二个点：_tan到"，拾取相切对象上要绘圆一侧的一个点，命令行提示"指定圆上的第三个点：_tan到"，拾取相切对象上要绘圆一侧的一个点，完成圆的绘制。

（9）圆弧的绘制

圆弧的绘制和圆相似，只不过需要更多的参数。因此绘制圆弧的方式更多。

启动绘制圆弧命令的方法如下。

① 菜单方式："绘图"→"圆弧"。

② "绘图"工具条方式："圆弧"按钮 。

③ 命令行方式：Arc（a）。

菜单方式可以在二级菜单中直接选取某种方式绘制圆弧，其他两种方式需随时选择绘制圆弧的方法。默认方式是三点绘制圆弧。

执行a命令后，命令行提示"指定圆弧的起点或［圆心(C)］："，输入点，命令行提示"指定圆弧的第二个点或［圆心(C)/端点(E)］："，输入点，命令行提示"指定圆弧的端点："，输入点，命令结束。指定圆弧的起点后，可以选择圆心或端点参数进行操作。

选择圆心的操作方法：在命令行提示"指定圆弧的第二个点或［圆心(C)/端点(E)］："时，输入c回车，命令行提示"指定圆弧的圆心："，输入点，命令行提示"指定圆弧的端点或［角度(A)/弦长(L)］："，输入端点，完成弧的绘制。也可以使用角度或弦长来控制圆弧的端点。如果使用"角度"，命令行提示"指定圆弧的端点或［角度(A)/弦长(L)］："时，输入a回车，命令行提示"指定包含角："，输入角度值，完成圆弧的绘制。如果使用"弦长"，命令行提示"指定圆弧的端点或［角度(A)/弦长(L)］："时，输入l回车，命令行提示"指定弦长："，输入弦长值，完成圆弧的绘制。

选择端点的操作方法：在命令行提示"指定圆弧的第二个点或［圆心(C)/端点(E)］："，输入e回车，命令行提示"指定圆弧的端点："，输入点，命令行提示"指定圆弧的圆心或［角度(A)/方向(D)/半径(R)］："，输入点作为圆心，则以圆心到起点为半径、以圆心和端点连线为终点线完成弧的绘制。也可以使用"角度""方向"或"半径"来控制圆弧的绘制。如果使用"角度"，在命令行提示"指定圆弧的圆心或［角度(A)/方向(D)/半径(R)］："时，输入a回车，命令行提示"指定包含角："，输入角度值，完成圆弧的绘制。如果使用"方向"，在命令行提示"指定圆弧的圆心或［角度(A)/方向(D)/半径(R)］："时，输入d回车，命令行提示"指定圆弧的起点切向："，输入点，以点与起点的连线作为切线完成圆弧的绘制。如果使用"半径"，在命令行提示"指定圆弧的圆心或［角度(A)/方向(D)/半径(R)］："时，输入r回车，命令行提示"指定圆弧的半径："，输入半径值，完成圆弧的绘制。

绘制圆弧也可以先指定圆心，在命令提示"指定圆弧的起点或［圆心(C)］："时，输入c，命令行提示"指定圆弧的起点："，输入点，命令行提示"指定圆弧的端点或［角度(A)/弦长(L)］："，输入点，命令结束。也可以使用"角度"或"弦长"来控制圆弧的端点。如果使用"角度"，命令行提示"指定圆弧的端点或［角度(A)/弦长(L)］："时，输入a回车，命令行提示"指定包含角："，输入角度值，完成圆弧的绘制。如果使用"弦长"，命令行提示"指定圆弧的端点或［角度(A)/弦长(L)］："时，输入l回车，命令行提示"指定弦长："，输入弦长值，完成圆弧的绘制。

在执行a命令后，命令行提示"指定圆弧的起点或［圆心(C)］："时，直接回车，则以最后绘制的直线或圆弧的端点作为起点，并立即提示指定新圆弧的端点。这将创建一条与最后绘制的直线、圆弧或多段线相切的圆弧。这种操作和菜单方式的"绘图"→"圆弧"→"继续"完全相同。

（10）椭圆的绘制

启动绘制椭圆命令的方法如下。

① 菜单方式："绘图"→"椭圆"。

② "绘图"工具条方式："椭圆"按钮 ⬤ 。

③ 命令行方式：Ellipse（el）。

启动命令后，命令行提示"指定椭圆的轴端点或［圆弧(A)/中心点(C)］："，输入点，命令行提示"指定轴的另一个端点："，输入点，命令行提示"指定另一条半轴长度或［旋转(R)］："，输入半轴长，命令结束。在指定另一半轴长度时，也可以指定第三点，以第三点到中心的距离作为另一半轴的长度。或者执行"旋转"方式，在命令行提示"指定另一条半轴长度或［旋转(R)］："时，输入r回车，命令行提示"指定绕长轴旋转的角度："，输入角度，程序将按长轴旋转一定度数后在长轴上的投影长度作为短轴的长度绘制椭圆。

绘制椭圆，还可以先指定中心点进行绘制。在命令行提示"指定椭圆的轴端点或［圆弧(A)/中心点(C)］："时，输入c回车，命令行提示"指定椭圆的中心点："，输入点作为椭圆的中心点，命令行提示"指定轴的端点："，输入点作为第一条轴的端点，命令行提示"指定另一条半轴长度或［旋转(R)］："，输入点或长度或通过旋转的方式指定另一轴的长度。

（11）椭圆弧的绘制

启动绘制椭圆弧命令的方法如下。

① 菜单方式："绘图"→"椭圆"→"圆弧"。

② "绘图"工具条方式："椭圆弧"按钮 。

③ 命令行方式：Ellipse（el）。

在命令行启动el命令后，命令行提示"指定椭圆的轴端点或［圆弧(A)/中心点(C)］："，输入a回车，之后和前两种方式相同。此时，命令行提示"指定椭圆弧的轴端点或［中心点(C)］："，输入点，命令行提示"指定轴的另一个端点："，输入点，命令行提示"指定另一条半轴长度或［旋转(R)］："，输入半轴长度，到此时就是在绘制一个椭圆，命令行提示"指定起点角度或［参数(P)］："，输入点，以这个点与中心点的连线作为椭圆弧的起始位置，或者输入角度，以长轴旋转这个角度处为椭圆弧的起点，命令行提示"指定端点角度或［参数(P)/包含角度(I)］："，输入点，以这个点与中心点的连线作为椭圆弧的结束位置，或者输入角度，以长轴旋转这个角度处作为椭圆弧的端点绘制椭圆弧。这时也可以指定包含角，在命令行提示"指定端点角度或［参数(P)/包含角度(I)］："时，输入i回车，命令行提示"指定圆弧的包含角度<>："，输入角度，程序将以起点到端点的圆心角为包含角绘制椭圆。

（12）矩形的绘制

启动绘制矩形命令的方法如下。

① 菜单方式："绘图"→"矩形"。

② "绘图"工具条方式："矩形"按钮 。

③ 命令行方式：Rectang（rec）。

启动命令后，命令行提示"指定第一个角点或［倒角(C)/标高(E)/圆角(F)/厚度(T)/宽度(W)］："，输入点，命令行提示"指定另一个角点或［面积(A)/尺寸(D)/旋转(R)］："，输入点，完成矩形绘制。

矩形还可以以面积、尺寸、旋转的方式绘制。

Ⅰ.面积方式：在命令行提示"指定另一个角点或［面积(A)/尺寸(D)/旋转(R)］："时，输入a回车，命令行提示"输入以当前单位计算的矩形面积<>："，输入面积，命令行提示"计算矩形标注时依据［长度(L)/宽度(W)］<长度>："，如果输入长度，回车，命令行提示"输入矩形长度<>："，输入长度值，完成矩形绘制。如果要输入宽度，在命令行提示"计算矩形标注时依据［长度(L)/宽度(W)］<长度>："，如果输入w回车，命令行提示"输入矩形宽度<>："，输入宽度值，完成矩形绘制。

Ⅱ.尺寸方式：在命令行提示"指定另一个角点或［面积(A)/尺寸(D)/旋转(R)］："时，输入d回车，命令行提示"指定矩形的长度<>："，输入长度值，命令行提示"指定矩形的宽度<>："，输入宽度值，完成矩形绘制。

Ⅲ.旋转方式：在命令行提示"指定另一个角点或［面积(A)/尺寸(D)/旋转(R)］："时，输入r回车，命令行提示"指定旋转角度或［拾取点(P)］<>："，输入角度值，或者拾取点（输入p回车），以拾取的第一点和第二点与X轴的夹角为角度值进行矩形绘制。命令行提示"指定另一个角点或［面积(A)/尺寸(D)/旋转(R)］："，输入点，则绘制了一个倾斜了"旋转角"度数的矩形。

在绘制矩形时还可以定制参数：倒角、标高、圆角、厚度、宽度。倒角、圆角是指矩形角的过渡方式，倒角是以直线过渡；圆角是以圆弧过渡。标度是指矩形在Z轴上的高度，厚度是指矩形在Z轴上从起点到终点的长度。宽度是指使用线的宽度。

Ⅰ.倒角：在命令行提示"指定第一个角点或［倒角(C)/标高(E)/圆角(F)/厚度(T)/宽度(W)］："时，输入c回车，命令行提示"指定矩形的第一个倒角距离<>："，输入值，命令行提示"指定矩形的第二个倒角距离<>:",输入值,则完成了倒角的设置。矩形拐点处在顺时针方向上依次把第一倒角处和第二倒角处用直线相连(图1-66)。

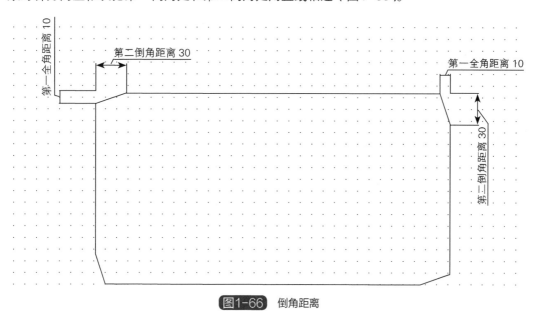

图1-66 倒角距离

Ⅱ. 圆角:在命令行提示"指定第一个角点或［倒角(C)/标高(E)/圆角(F)/厚度(T)/宽度(W)］:"时,输入f回车,命令行提示"指定矩形的圆角半径<>:",输入半径值,矩形角点处将以这个半径的圆与矩形的两个边相切的方法过渡(图1-67)。

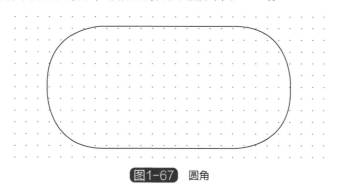

图1-67 圆角

Ⅲ. 宽度:在命令行提示"指定第一个角点或［倒角(C)/标高(E)/圆角(F)/厚度(T)/宽度(W)］:"时,输入w回车,命令行提示"指定矩形的线宽<0.0000>:",输入线宽值,矩形将以宽度为输入值的线宽进行绘制(图1-68)。

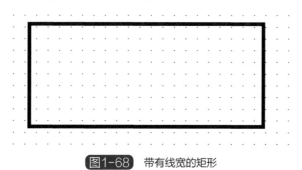

图1-68 带有线宽的矩形

Ⅳ. 标高或厚度：均为三维绘图的参数。在命令行提示"指定第一个角点或［倒角(C)/标高(E)/圆角(F)/厚度(T)/宽度(W)］："时，选择e或t回车，输入相应的值，即完成标高或厚度的定义。

矩形的参数设置完成，在下一次修改之前将作为当前值使用。

（13）正多边形的绘制

启动绘制正多边形命令的方法如下。

① 菜单方式："绘图"→"多边形"。

②"绘图"工具条方式："多边形"按钮 ⬠ 。

③ 命令行方式：Polygon（pol）。

启动命令后，命令行提示"输入边数<4>："，输入边数，命令行提示"指定正多边形的中心点或［边(E)］："，输入点，命令行提示"输入选项［内接于圆(I)/外切于圆(C)］<I>："，回车，按内接于圆的方式（图1-69）绘制，命令行提示"指定圆的半径："，输入值，绘制完成。

如果要按外切于圆的方式绘制，在命令行提示"输入选项［内接于圆(I)/外切于圆(C)］<I>："时，输入c回车，按命令提示完成正多边形的绘制。

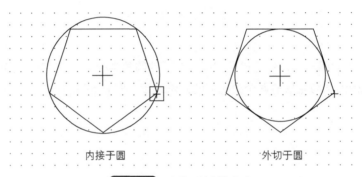

内接于圆　　　　外切于圆

图1-69 多边形绘制的方式

正多边形还可以按指定边的方式绘制，在命令行提示"指定正多边形的中心点或［边(E)］："时，输入e，命令行提示"指定边的第一个端点："，输入点，命令行提示"指定边的第二个端点："，输入点，程序将按逆时针方向完成其余各边的绘制。

（14）修订云线的绘制

修订云线是多段线，它由连续的圆弧组成，形状上似云，可以由线、圆、椭圆、多段线、样条曲线修订而来，故名修订云线。常用于绘制乔木和灌木。

启动绘制修订云线命令的方法如下。

① 菜单方式："绘图"→"修订云线"。

②"绘图"工具条方式："修订云线"按钮 ⚄ 。

③ 命令行方式：Revcloud。

启动命令后，命令行提示"指定起点或［弧长(A)/对象(O)/样式(S)］<对象>："，输入点，命令行提示"沿云线路径引导十字光标…"，移动光标，直到闭合。程序自动结束命令。也可以随时回车或右键停止绘制修订云线，回车后命令行提示"反转方向［是(Y)/否(N)］<否>："，输入y回车，弧的方向反转。输入n回车，弧的方向不反转。

修订云线也可以由闭合的线段形成，在命令行提示"指定起点或［弧长(A)/对象(O)/样式(S)〕<对象>："时，回车，命令行提示"选择对象："，拾取对象，命令行提示"反转方向〔是(Y)/否(N)〕<否>："，输入y回车，弧的方向反转。输入n回车，弧的方向不反转。

在绘制修订云线时，弧长和样式可以自由设定。

弧长是弧的长度，定义弧长就是定义允许的最大和最小的弧长值。定义弧长值时，弧长的最大值不能超过最小值的3倍。在命令行提示"指定起点或〔弧长(A)/对象(O)/样式(S)〕<对象>："时，输入a回车，命令行提示"指定最小弧长<>："，输入值，命令行提示"指定最大弧长<>："，输入值，设置完毕。在绘制修订云线时，移动光标的过程中，要更改圆弧的大小，可以沿着路径单击拾取点，从而使上一点到拾取点画弧，强制改变弧的大小。也可以在绘制完成后，选择并移动夹点，从而改变弧的大小。

修订云线的样式（图1-70）是指修订样式的显示式样，有"普通"和"手绘"两种。如果选择"手绘"，修订云线看起来像是用画笔绘制的。操作方法是，在命令行提示"指定起点或〔弧长(A)/对象(O)/样式(S)〕<对象>："时，输入s回车，命令行提示"选择圆弧样式〔普通(N)/手绘(C)〕<普通>："，选择普通，输入n，选择手绘，输入c，回车，样式设置完毕。

图1-70 修订云线的样式

在执行修订云线命令之前，要确保能够看到使用此命令时所绘轮廓的整个区域。修订云线命令不支持透明和实时的平移与缩放。

（15）手绘线的绘制

在绘制轮廓线、签名等不规则线段或图形时，在不需要精确绘制时，可以采用手绘线绘制图形对象。这个对象可以是直线段、多段线和样条曲线。

启动命令的方法如下。

命令行方式：Sketch。

命令启动后，命令行提示"徒手画或〔类型(T)/增量(I)/公差(L)〕："，单击或回车，从当前光标位置沿绘图的方向移动光标，程序会按已经设置的增量和类型记录所绘线段。绘图过程中，单击终点时暂停手绘线的绘制，从而使用户可以在屏幕上移动光标而不绘图。单击新起点，从新的光标位置重新开始绘制手绘线。手绘线绘制时不接受键盘的坐标输入。手绘线没有记录的线段和记录的线段呈现不同的颜色。只在结束命令时手绘线才会写盘，这时手绘线的颜色才会随层。要结束命令需要回车确认。

要更改类型、增量、公差的设置，需要在命令行提示"徒手画或〔类型(T)/增量(I)/公差(L)〕："时，进行操作。

① 更改类型：输入t回车，命令行提示"输入草图类型〔直线(L)/多段线(P)/样条曲线(S)〕<直线>："，输入l，手绘线形成直线对象；输入p，手绘线形成多段线对象；输入s，

手绘线形成多段线对象。手绘线一次形成多个对象。对于直线类型，记录一次形成一个直线对象；对于多段线、样条曲线单击一次终点形成一个对象。

② 更改增量：输入i回车，命令行提示"指定草图增量<>："，输入值，回车完成设置。

③ 更改公差：输入I回车，命令行提示"指定样条曲线拟合公差<>："，输入值，回车完成设置。

1.3.2 图案填充

图案填充是用亮显某个区域或标识某种材质（例如钢或混凝土）的线和点组成的标准图案对某区域进行填充而形成的图形对象。因此可以采用实体填充或颜色渐变填充。

1）启动图案填充命令的方法

① 菜单方式："绘图"→"图案填充"。

②"绘图"工具条方式："图案填充"按钮 📰 。

③ 命令行方式：Hatch（h）。

命令启动后，弹出"图案填充和渐变色"对话框（图1-71），必须对对话框中的参数进行设置才可进行填充图案。

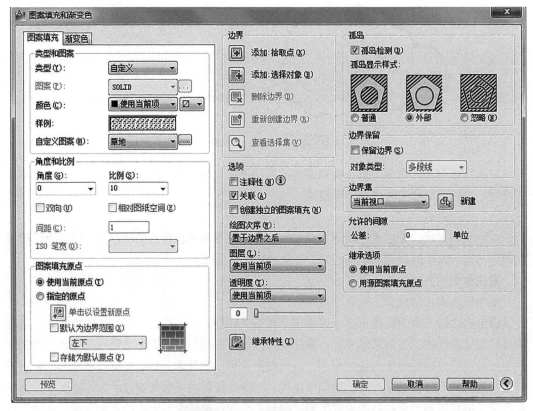

图1-71　"图案填充和渐变色"对话框

2）图案填充选项卡　其是填充图案时所需设置的参数的集合。

①"类型和图案"：是对类型和图案的定义。

"类型"：包括预定义、自定义、用户定义3种类型。预定义是程序预先定义好的图案类型，预定义的图案是在acad.pat和acadiso.pat文件中定义。用户定义是以指定间距和角度，使用当前线型的填充图案类型。自定义是用户定义在支持路径［"选项"对话框（图1-71）→"文件"选项卡→"支持文件搜索路径"］下"*.pat"文件中的图案。要使用哪个类型的图案，单击"类型"右侧列表框的下拉箭头，选中这个类型。

　　"图案"：是预定义、用户定义的图案。要使用哪个图案，单击"图案"列表框，选中这个图案的名称。或者，单击"图案"列表框右侧的 按钮，弹出"填充图案选项板"对话框（图1-72），在对话框内选中要用的图案，单击确定，返回"图案填充和渐变色"对话框。

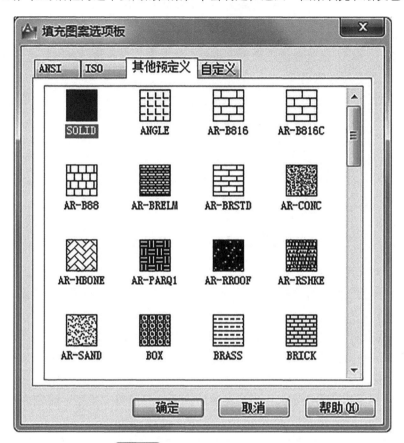

图1-72　"填充图案选项板"对话框

　　"颜色"：填充图案时要使用的背景颜色。要指定颜色，需单击"颜色"列表框，选中要使用的颜色。或者，单击"颜色"列表框右侧的 按钮，选择要使用的颜色。

　　"样例"：显示了当前图案的形状。双击图案，可以打开"填充图案选项板"对话框，对选中的图案进行改选。

　　"自定义图案"：在"类型"指定为"自定义"时，"自定义图案"用于指定自定义的图案，使用时，单击"自定义图案"列表框，选中要使用的自定义图案名称。或者，单击"自定义图案"列表框右侧 按钮，打开"填充图案选项板"对话框，在对话框中，单击要使用的自定义的图案文件，单击确定，完成图案选择。

　　②"角度和比例"：用于设定填充的图案的角度和比例。

　　"角度"：是指填充图案在填充时倾斜的角度，角度不同效果也不同（图1-73）。要输入角度，可以单击"角度"右侧的图文框直接输入一个值，也可以单击"角度"图文框选择一个预设值。

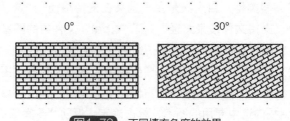

图1-73 不同填充角度的效果

"比例"：图案定义值在填充图案时使用的倍率。通过调整比例大小，可以调整填充图案的疏密度（图1-74）。放大或缩小预定义或自定义图案。只有将"类型"设定为"预定义"或"自定义"，此选项才可用。

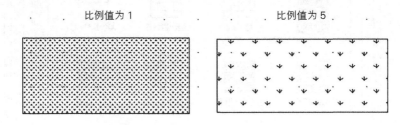

图1-74 不同比例值图案的疏密不同

"双向"：对于用户定义的图案，绘制与原始直线成90°角的另一组直线，从而构成交叉线。只有将"类型"设定为"用户定义"此选项才可用，需要双向填充用户定义的图案时选中这个复选项。

"相对图纸空间"：在图纸空间缩放填充图案时使用上面定义的比例。使用此选项可以按适合于命名布局的比例显示填充图案。该选项仅适用于命名布局。要使用相对图纸空间的方式，选中这个复选项。

"间距"：用于指定用户定义图案中的直线间距。只有将"类型"设定为"用户定义"，此选项才可用。

"ISO笔宽"：设置笔的宽度值，用于缩放ISO预定义图案。只有将"类型"设定为"预定义"，并将"图案"设定为一种可用的ISO图案，此选项才可用。要更改ISO笔宽，单击右侧的列表框选择预设的笔宽。

③"图案填充原点"：控制填充图案生成的起始位置。默认情况下，所有图案填充原点都对应于当前UCS的原点。某些填充图案（例如砖块图案）需要与图案填充边界上的一点对齐，这时就需要将填充原点对齐到边界点上。

"使用当前原点"：使用存储在HPORIGIN系统变量中的图案填充原点。

"指定的原点"：使用下面选项指定的新图案填充原点。

"单击以设置新原点"：直接指定新的图案填充原点。单击按钮以设置原点。

"默认为边界范围"：根据图案填充对象边界的矩形范围计算新原点。可以选择该范围的4个角点及其中心。复选这个选项后，可以在下方的列表框中选择要使用的左下或右下、右上、左上、正中选项。

"存储为默认原点"：将新的图案填充原点的值存储在HPORIGIN系统变量中。复选这个复些选项后，上面设置的原点将存储为当前原点。

④"边界":用于指定图案填充的边界。

"添加:拾取点":采用拾取点的方式定义填充边界。指定边界时,单击"添加:拾取点"按钮,进入绘图空间,在每个要填充的区域内拾取一点,回车确认,返回对话框。

"添加:选择对象":采用选择对象的方式定义填充边界。指定边界时,单击"添加:选择对象"按钮,进入绘图空间,拾取每个要填充的对象,回车确认,返回对话框。

"删除边界":从定义的边界内删除一部分作为边界的对象。操作时单击"删除边界"按钮,进入绘图空间,拾取每个要删除作为边界的对象,回车确认,返回对话框。

"重新创建边界":围绕选定的图案填充或填充对象创建多段线或面域,并使其与图案填充对象相关联。

"查看选择集":用于查看已选择的选择集。单击"查看选择集"按钮,进入绘图空间,已选中的对象反相显示。回车返回"图案填充和渐变色"对话框。

⑤"选项":用于指定填充图案后形成的图案填充的设置。

"注释性":指定图案填充为注释性。此特性会自动完成缩放注释过程,从而使注释能够以正确的大小在图纸上打印或显示。若要使图案填充为注释性,选中这个复选项。

"关联":指定图案填充为关联性图案填充,即图案填充和边界对象关联。关联的图案填充在用户修改其边界对象时会自动更新。若使用关联性图案填充,选中这个复选项。

"创建独立的图案填充":用于指定形成的图案填充是一个对象还是几个对象。当指定的边界为几个单独的闭合边界时,如果要创建单个图案填充对象,复选这个选项。

"绘图次序":为图案填充指定绘图次序。图案填充可以放在所有其他对象之后、所有其他对象之前、图案填充边界之后、图案填充边界之前或不指定次序。在指定次序时,单击下方列表框,选中所需的选项。

"图层":为新图案填充指定放置的图层,以替代当前图层。选择"使用当前值"可使用当前图层。为新图案填充指定图层时,单击下方列表框,选中所需的图层。

"透明度":设定新图案填充的透明度,替代当前对象的透明度。选择"使用当前值"可使用当前对象的透明度设置。指定透明度时,可以在文本框中直接输入值,也可以使用滑动块指定透明度值。

⑥"孤岛":用于指定在最外层边界内图案填充边界的算法。

算法有3种:普通、外部、忽略。要使用哪种算法,需选中相应的复选项。

"孤岛检测":控制是否检测内部闭合边界(称为孤岛)。若需检测内部孤岛,选中这个复选项。

"普通":从外部边界向内填充。如果遇到内部孤岛,填充将暂停,直到遇到孤岛中的另一个孤岛。

"外部":从外部边界向内填充。此选项仅填充指定的区域,不会影响内部孤岛。

"忽略":忽略所有内部的对象,填充图案时将整个边界内部全部填充。

⑦"边界保留":用于指定是否创建封闭图案填充的边界对象。

"保留边界":创建封闭每个图案填充对象的边界对象。若需要创建,选中这个复选项。

"对象类型":用于指定创建的边界对象的类型。边界对象可以是多段线,也可以是面域。指定类型时,单击"对象类型"列表框,选择多段线或面域。

⑧"边界集":用于定义从指定点定义边界时要分析的对象集。当使用"选择对象"定义边界时,选定的边界集无效。默认情况下,使用"添加:拾取点"选项来定义边界时,程

序将分析当前视口范围内的所有对象。通过重定义边界集，可以在定义边界时忽略某些对象，而不必隐藏或删除这些对象。对于大图形，重定义边界集也可以加快生成边界的速度，因为程序要检查的对象较少。指定边界集时，单击列表框右侧的"新建"按钮，进入绘图空间，选择对象，确认选择，返回对话框。

⑨"允许的间隙"：设定将对象用作图案填充边界时可以忽略的最大间隙。默认值为0，此值指定对象必须封闭区域而没有间隙。设置时，在"允许的间隙"文本框中输入一个数（从0到5000），以此值作为边界搜索时可以忽略的最大间隙。任何小于或等于指定值的间隙都将被忽略，并将边界视为封闭。

⑩"继承选项"：控制当用户使用"继承特性"选项创建图案填充时是否继承图案填充原点。

"使用当前原点"：使用当前图案填充原点的设置。要使用当前原点，单选这个选项。

"用源图案填充原点"：使用源图案填充的图案填充原点。要使用源的原点，单选这个选项。

⑪"继承特性"：使用选定的图案填充的特性（图案、比例、角度）对指定的边界进行图案填充。在选定要继承其特性的图案填充对象之后回车确认，或者在绘图区域中单击鼠标右键，使用快捷菜单中的选项，可以在"选择对象"和"拾取内部点"之间切换以方便指定填充边界。

设置完毕，单击预览，预览填充效果，有不满意的地方，在绘图区域中单击或按Esc键返回到对话框，修改相应的设置。没有问题时，单击鼠标右键或按Enter键接受图案填充。

对边界内的区域进行填充时，除了使用图案、实体外，还可以使用颜色进行填充。使用颜色进行填充，先要对"渐变色"选项卡（图1-75）进行设置。

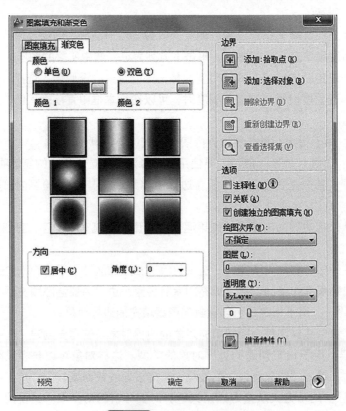

图1-75　"渐变色"选项卡

⑫ "颜色"：用于设置填充的颜色。

使用单色时，选中"单色"单选项；使用双色时，选中"双色"单选项。使用什么颜色，可以双击列表框，从弹出的对话框中选择颜色。

渐变列表列出了9种渐变方式，要使用任何一种单击选中。

"方向"：用于指定渐变色的角度以及其是否对称。

"居中"：指定对称渐变色配置。如果没有选定此选项，渐变填充将朝左上方渐变，创建光源在对象左边的图案。选中这个选项，则从中心向外渐变。

"角度"：用于设置颜色渐变的角度。此角度是相对于当前UCS的角度。此设置与指定给图案填充的角度互不影响。

完成设置，单击预览，符合要求时单击鼠标右键或按Enter键接受颜色填充。

1.3.3 表格绘制

在园林制图中经常需要使用表格，AutoCAD为使用表格提供了强大的制表功能，从而可以方便快捷地绘制表格。要绘制表格，首先要定制表格样式，然后执行表格命令插入表格，最后向表格中加入数据。

（1）定制表格样式

表格样式就是定义了表格方向、单元边距以及表的表题、表头、数据等单元属性的表格格式。表格样式的创建、修改、删除、置为当前等操作都是通过"表格样式"对话框来完成的。

启动"表格样式"对话框的方法如下。

① 菜单方式："格式"→"表格样式"。

② "样式"工具条方式："表格样式"按钮 ▦ 。

③ 命令行方式：Tablestyle（ts）。

命令启动后，弹出"表格样式"对话框（图1-76），在对话框中，"列出（L）："列表框是用来指定"样式"列表框中要列出哪些样式，可以列出"所有样式"和"正在使用的样式"。"所有样式"是指本文档中所创建的所有样式，包括使用的和未使用的。"正在使用的样式"是文档中已经使用的样式，而非当前样式。要指定列出哪些样式，单击下方"列出（L）："列表框，选择要列出哪些样式。"样式（S）："列表框列出了指定的样式，以供选择，选择表格样式时，单击"样式"列表框中这个样式的名字就可以选中。选中的样式，会在预览框中展示其样貌。要使用某个样式，首先选中，然后单击"置为当前（U）"按钮。要修改某个样式，首先选中，然后单击"修改（M）…"按钮。如果这个样式已经使用，样式被修改后，所有使用这个样式的表格都会被修改。如果某个样式没有使用过，选中它，可以删除，但已经使用的样式不允许删除。要修改某个样式的名字，选中这个样式，右单击，在快捷菜单中选择"重命名"，当名字亮显时输入名字即可。或者选中这个样式，单击名字，名字亮显时输入名字。要根据某个样式来创建一个新的样式，首先要选中这个样式，单击"新建（N）…"按钮，弹出"创建新的表格样式"对话框（图1-77），在对话框中输入要创建的样式的名字，单击"继续"，然后在弹出的"新建表格样式："对话框（图1-78）中定制表格样式。

"起始表格"：用于指定一个表格，从而使用这个表格所使用的样式作为基础样式来设置此表格样式。要指定一个表格，单击"选择起始表格"按钮 ▦ ，返回绘图空间，拾取表

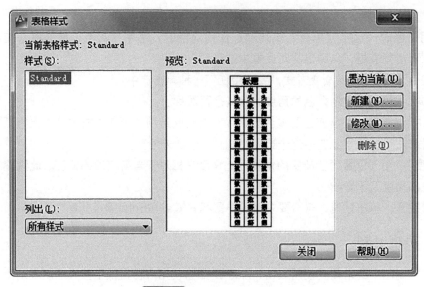

图1-76 "表格样式"对话框

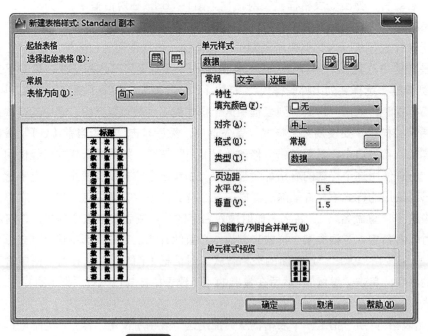

图1-77 "创建新的表格样式"对话框

图1-78 "新建表格样式："对话框

格，回到"新建表格样式："对话框，选中的表格会在下方的文本框中展示。若要删除选中的表格，单击"删除表格"按钮 🖳 ，将不使用这个表格的表格样式作为基础样式。

"常规"：用以定义表格的方向。表格方向有向下、向上两种方式。向下是指表头在上而数据在下，向上是指表头在下而数据在上。要选择表格方向，单击列表框，选择表头方向。

"单元样式"：用以指定表格基本单元的格式。表格单元有表题单元、表头单元、数据单元。定义单元样式时，要对这三个部分分别进行定义。要定义表格的哪种单元，需要单击"单元"下方的列表框进行选中。选中后，就可以对其文字、边框、常规等属性进行定义。也可以在此创建其他的单元样式以备创建或修改表格时使用。要创建新的单元样式，单击"单元样式"列表框右侧的"创建新单元样式"按钮 🖹 ，弹出"创建新单元样式"对话框，输入名字，单击"继续"，返回"新建表格样式"对话框，在对话框中，对其文字、边框、常规等属性进行定义即可。要删除已创建的单元样式，单击"单元样式"列表框右侧的"管理单元样式"按钮 🖹 ，弹出"管理单元样式"对话框，选中名字，单击"删除"，单击"确定"，返回"新建表格样式"对话框。

表格单元属性定义时，首先要单击选中相应的选项卡，然后进行相应的设置。

"常规"选项卡（图1-79）如下。

图1-79 "常规"选项卡

"特性"：用于定义单元的常规特性。

"填充颜色"：用于指定单元的背景色。选择颜色时单击右侧的列表框。

"对齐"：用于设置表格单元中文字的对正方式。文字相对于单元的左边框和右边框进行居中对正、左对正或右对正。文字相对于单元的顶部边框和底部边框进行居中对齐、上对齐或下对齐。共有9种组合可供选择。选择时单击右侧的列表框，选中对齐方式。

"格式"：用于为表格中的"数据""列标题"或"标题"设置数据类型和格式。设置时，单击右侧按钮，弹出"表格单元格式"对话框，从中可以设置单元数据的类型和格式。

"类型"：将单元样式指定为标签或数据。选择时单击右侧的列表框，从下拉列表中选择这个单元是标签还是数据。

"页边距"：用以设置单元边框和单元内容之间的间距。单元边距设置应用于表格中的所有单元。

"水平"：设置单元中的文字或块与左右单元边框之间的距离。设置时直接在右侧的文本框中输入。

"垂直"：设置单元中的文字或块与上下单元边框之间的距离。设置时直接在右侧的文本框中输入。

"创建行/列时合并单元"：将使用当前单元样式创建的所有行或列合并为一个单元。可以使用此选项在表格的顶部创建标题行。要合并单元，选中这个复选项。

"文字"选项卡（图1-80）：用于定义单元文字的属性。

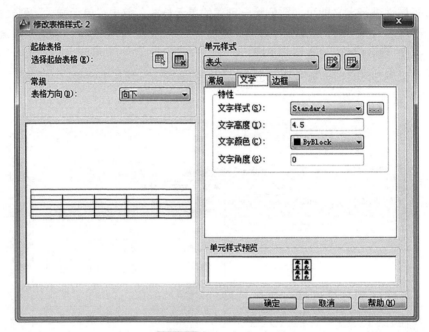

图1-80 "文字"选项卡

"文字样式"：用于指定单元文字使用的文字样式。设置时，单击右侧的列表框，选择已创建的文字样式。如果没有合适的文字样式，可以单击列表框右侧的按钮，弹出"文字样式"对话框，在对话框中可以定制合适的文字样式，单击确定，单元文字样式设置完毕。

"文字高度"：用于设置单元文字高度。如果文字样式中设置了高度，此设置不可用。设置时在右侧的列表框中输入文字高度值。

"文字颜色"：用以指定单元文字的颜色。设置时单击右侧的列表框，选择颜色。

"文字角度"：用于设置整个单元文字块的倾斜角度，而不是文字的倾斜角度。设置时直接在文本框中输入角度值。

"边框"选项卡（图1-81）：用于单元边框的设置。

"线宽"：用于设置边框的线宽。设置时单击右侧的列表框，单击选中相应的线宽，边框将使用这个线宽。

"线型"：用于设置边框的线型。设置时单击右侧的列表框，单击选中相应的线型，边框将使用这个线型。

图1-81　"边框"选项卡

"颜色"：用于设置边框的颜色。设置时单击右侧的列表框，单击选中相应的颜色，边框将使用这个颜色。

"双线"：设置单元边框使用双线。要设置为双线，选中这个复选项。

"间距"：确定使用双线时的间距。设置时直接在右侧的文本框中输入值。

边框形式按钮：用于设置单元边框的形式。边框形式共有8种，依次为所在边框、外边框、内边框、下边框、左边框、上边框、右边框、无边框。要设置哪种形式的边框，单击相应的按钮。

设置完成的表格单元，将在"单元样式预览"文本框中展示。所有表格单元设置完毕，单击确定，表格样式设置完毕。要使用这种样式，必须在"表格样式"对话框中置为当前，或者在"格式"工具条上选中这个样式。

（2）绘制表格

绘制表格时，首先建立一个表格专用图层，然后在"表格样式"对话框中将要使用的表格样式置为当前，或者在"格式"工具条上，选中这个样式，最后执行命令，创建表格。

启动创建表格命令的方法如下。

① 菜单方式："绘图" → "表格…"。

② "绘图"工具条方式："表格"按钮 ⊞ 。

③ 命令行方式：Table（tb）。

执行命令后，弹出"插入表格"对话框（图1-82），在对话框中设置表格参数，完成表格绘制。

"表格样式"：用于指定将要创建的表格所要使用的表格样式。指定时单击下拉列表框，选中已有的未置为当前的样式。如果没有合适的样式，可以单击列表框右侧的按钮，弹出"表格样式"对话框，创建合适的样式。

"插入选项"：用于指定表格数据来源。

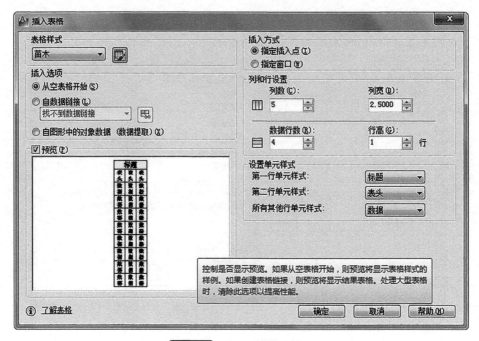

图1-82　"插入表格"对话框

"从空表格开始"：创建可以手动填充数据的空表格。要建空表格，选中这个单选项。

"自数据链接"：使用外部Excel表格的数据创建表格。要使用外部Excel数据，选中这个单选项，从下面的列表框中选中已创建的数据链接，或者单击列表框右侧的按钮，弹出"选择数据链接"对话框，单击"创建新的Excel数据链接"，在弹出的"输入数据链接名称"对话框中输入名称，回车确认，从弹出的"新建Excel数据链接"对话框中，单击"选择Excel文件"列表框右侧的按钮，选中Excel文件，从"链接选项"中设置链接的范围，返回"选择数据链接"对话框，单击确定，就可以使用外部Excel表格的数据创建表格。

使用Excel表格，这种操作太复杂，可以打开Excel表格，选中数据，单击复制，返回到绘图窗口，执行"编辑"→"选择性粘贴…"，在弹出的对话框中选择"AutoCAD图元"，单击确定，指定插入点，即可完成使用外部Excel表格的数据创建表格。

"自图形中的对象数据（数据提取）"：从自身图形中提取数据，以创建表格。这种方式会打开数据提取向导，从文件中提取数据。要采用这种方式，选中这个单选项。

"插入方式"：用于指定插入表格时，是采用指定插入点的方式，还是采用指定表格插入范围的方式。要采用指定插入点的方式，选中"指定插入点"单选项；要采用指定表格插入范围的方式，选中"指定窗口"单选项。

"列和行设置"：用于指定插入行数、行高、列数、列宽。设置时单击文本框，直接输入，也可以点击右侧的箭头增加或减小数值。

"设置单元样式"：用于设置表格的不同单元分别使用什么单元样式。要设置时，单击右侧的下拉列表框选中相应的样式即可。"第一行单元样式"是指按表的方向开始创建的第一行（可能是最上，也可能是最下）要使用什么单元样式。"第二行单元样式"是指按表的方向开始创建的第二行要使用什么单元样式。"所有其他行单元样式"是指除第一、第二行以外的单元采用什么单元样式。

设置完毕，单击确定，按指定方式创建表格。

（3）向表格中加入数据

加入表格单元的数据可以是文字和块。

创建表格后，第一个单元亮显，这时可以开始输入文字。单元的行高会加大以适应输入文字的行数。要移动到下一个单元，按Tab键，或使用箭头键向左、向右、向上和向下移动。通过在选定单元内双击，可以快速编辑单元文字或开始输入文字以替换单元的当前内容。

如果要在单元中插入块，可以通过表格工具栏（图1-83）或快捷菜单（图1-84）完成。在表格单元中插入块时，块可以自动适应单元的大小，也可以调整单元以适应块的大小。一个表格单元中可以插入多个块。如果在一个表格单元中有多个块，可以使用"管理单元内容"对话框自定义单元内容的显示方式。要使用"管理单元内容"对话框，选中单元，右单击，选择"管理内容"，即可调出"管理单元内容"对话框。

在单元内，可以用箭头键移动光标。使用表格工具栏和快捷菜单在单元中设置文字的格式、输入文字或对文字进行其他修改。

图1-83　表格工具栏

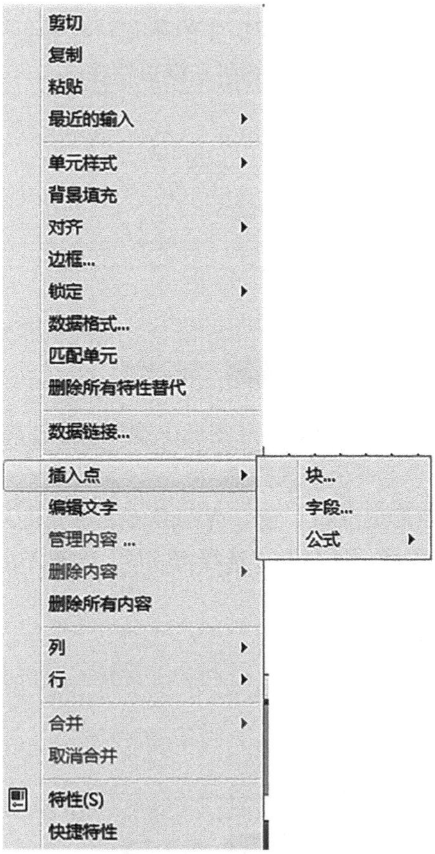

剪切
复制
粘贴
最近的输入　▶

单元样式　▶
背景填充
对齐　▶
边框...
锁定　▶
数据格式...
匹配单元
删除所有特性替代

数据链接...

插入点　▶　　块...
　　　　　　　字段...
编辑文字　　公式　▶
管理内容 ...
删除内容　▶
删除所有内容

列　▶
行　▶

合并　▶
取消合并

特性(S)
快捷特性

图1-84　表格单元的快捷菜单

1.4　二维园林图形编辑

二维图形的编辑操作可以完善绘制的图形对象，使绘制的图形更合理、精确，同时使绘图更高效。二维图形的编辑不应理解为仅仅是图形的修修改改，而应是图形绘制的一部分。通过编辑可以快速形成相近或相似的图形，或者通过编辑可以批量作业，从而提高作业效率。

1.4.1　对象选择

无论先选择还是后选择，对象选择总是对象编辑的前提。而AutoCAD提供了很多对象选择的方式，每种选择方式都有自己的特点和适合的绘图环境，合理利用选择方式是提高工作效率的关键。对象选择的操作与选择的环境有关（选择的环境设置见1.2.2部分"选择集"选项卡），如果在"选择集"选项卡中，选中了"先选择后执行"，在十字光标状态下就可以选择。否则只有在AutoCAD提示对象选择时，光标才会变成拾取框，这时才可以采用任何一种对象选择方式选择对象。无论哪种方式，冻结状态图层上的对象都不能被选中，锁定状态图层上的对象可以预览，但依然不能被选中。

对象选择方式如下。

① 单选（si）：单击拾取。移动光标到对象上，当对象亮显时单击拾取对象，对象即被选中。

② 窗口（w）：指定两点形成窗口，窗口中的所有对象都会被选中，与窗口相交的对象和窗口外部的对象都不能被选中。如图1-85所示窗口选择。

图1-85　窗口选择

③ 上一个（p）：选择最近的选择集。从图形中删除对象时将不能使用"上一个"。如果在两个空间中切换也将忽略"上一个"选择集。

④ 窗交（c）：指定两点形成窗口，窗口内部或与之相交的所有对象都会被选中。窗交显示的方框为虚线或高亮度方框，这与窗口选择框不同。如图1-86所示窗交选择。

图1-86　窗交选择

⑤ 框选（box）：指定两点形成窗口，如果形成窗口的点是从右至左指定的，则框选与窗交等效，即窗口内部和与之相交的所有对象都会被选中。如果窗口的点是从左至右指定的，则框选与窗口等效，即窗口内部的所有对象都会被选中，而相交的对象都不能被选中。

⑥ 全部（all）：选择模型空间或当前布局中除冻结图层或锁定图层上的对象之外的所有对象。

⑦ 栏选（f）：指定一系列的点形成选择栏，与选择栏相交的所有对象都会被选中，被选择栏包围的对象不能被选中（图1-87）。选择栏可以自我交叉。

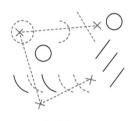

图1-87 栏选

⑧ 圈围(wp)：指定点形成多边形，多边形圈围的对象全部被选中，但相交的对象不能被选中。该多边形可以为任意形状，但不能与自身相交或相切，所以该多边形在任何时候都是闭合的。如图1-88所示圈围。

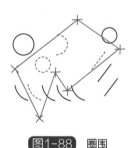

图1-88 圈围

⑨ 圈交（cp）：指定点形成多边形，多边形内部和与之相交的所有对象。该多边形可以为任意形状，但不能与自身相交或相切，所以该多边形在任何时候都是闭合的。如图1-89所示圈交。

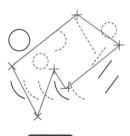

图1-89 圈交

⑩ 添加（a）：切换到添加模式。添加模式可以使用任何对象选择方法将选定对象添加到选择集。

⑪ 删除（r）：切换到删除模式。删除模式可以使用任何对象选择方法从当前选择集中删除对象。删除模式的替换模式是在选择单个对象时按下Shift键。

⑫ 多个（m）：在对象选择过程中连续多次单独选择对象而形成选择集，但选择时不亮显它们。这样会加速复杂对象的选择。

⑬ 上一个（l）：选择最近创建的对象。对象必须在当前空间（模型空间或图纸空间）中，并且一定不要将对象的图层设定为冻结或关闭状态。

⑭ 放弃（u）：放弃最近添加到选择集中的对象。

⑮ 编组（g）：指定编组，编组中的全部对象都会被选中。这种方式首先要对对象进行编组。

对象编组时，执行Group(g)命令，命令行提示"选择对象或［名称(N)/说明(D)］："，输入n回车；命令行提示"输入编组名或［?］："，输入名称（不能超过31个字符，不能使用空格）；命令行提示"选择对象或［名称(N)/说明(D)］："，使用任意一种方法选择对象，回车确认，编组创建完成。

要管理编组，在命令行内执行-g，命令行提示"［?/排序(O)/添加(A)/删除(R)/分解(E)/重命名(REN)/可选(S)/创建(C)］<创建>："，要对创建的所有编组进行列表，输入"?"；要对创建的编组中的对象重新排序，输入o；要向编组中添加对象，输入a；要删除编组中的对象，输入r；要分解创建的编组，输入e；要对编组重命名，输入ren；要改变编组的属性（包含可选、不可选。可选，选中一个对象即选中编组；不可选，选中组中的一个对象时不能选中编组），输入s。然后根据提示完成编组管理。如果要创建编组，这时直接回车。

⑯ 子对象（su）：用户可以逐个选择原始对象，这些对象是复合实体的一部分或三维实体上的顶点、边和面。可以选择这些子对象的其中之一，也可以创建多个子对象的选择集。选择集可以包含多种类型的子对象。在三维选择时按住Ctrl键操作与选择"子对象"选项相同。

⑰ 对象（o）：结束选择子对象的功能，使用户可以使用对象选择方法。

⑱ 循环选择：选择相邻或重叠的对象通常是很困难的。当对象相邻时，单击一个尽可能接近要选择的对象的点，从弹出的列表框中单击要选择的对象，就可以选定对象。

⑲ 默认模式：系统默认的选择方式是单选或框选。

"选项"设置为用Shift键向选择集中添加时，添加（a）模式将不能使用。两者不是替代关系，"Shift键"选项，不但可以向选择集中添加，还可以从选择集中删除对象。

1.4.2　修改对象

（1）删除

删除是将图形对象物理删除。

执行命令的方法如下。

① 菜单方式："修改"→"删除"。

② "修改"工具条方式："删除"按钮 。

③ 命令行方式：Erase（e）。

执行命令后，命令行提示"选择对象："，采用合适的方法选择对象，右击或回车确认。

④ 快捷菜单方式：选择要删除的对象，在绘图区域中单击鼠标右键，单击"删除"。

上篇 基础篇

（2）复制

复制是在当前图形内复制单个或多个对象，这个复制区分于编辑菜单的复制命令，它不能用于文件间的数据传递，不使用Windows的粘贴板。复制形成的对象其图层、线型、线宽、颜色等特性和源对象相同。

执行命令的方法如下。

① 菜单方式："修改"→"复制"。

②"修改"工具条方式："复制"按钮   。

③ 命令行方式：Copy（co）。

④ 快捷菜单方式：选择要复制的对象，在绘图区域中单击鼠标右键，单击"复制选择"。

执行命令后，命令行提示"选择对象："，采用合适的方法选择对象，回车确认，命令行提示"指定基点或 [位移(D)/模式(O)]<位移>："，指定一个点作为基点，命令行提示"指定第二个点或 [阵列(A)] <使用第一个点作为位移>："，指定点，以第二点相对于第一点的矢量作为复制对象的矢量复制对象，命令行提示"指定第二个点或 [阵列(A)] <使用第一个点作为位移>："，指定点，以这个点作为第二点，用第二点相对于第一点的矢量作为复制对象的矢量复制对象……

在默认方式下也可以更改复制模式，复制模式有两种：单个、多个。要更改复制模式，在命令行提示"指定基点或 [位移(D)/模式(O)]<位移>："时，输入o回车，命令行提示"输入复制模式选项 [单个(S)/多个(M)] <多个>："，要复制单个，输入s，要复制多个，回车确认。

复制也可以使用位移方式。在命令行提示"指定基点或 [位移(D)/模式(O)] <位移>："时回车，命令行提示"指定位移<0,0,0>："，指定点，以这个点相对于默认参数的矢量作为复制对象的依据进行复制对象并结束命令。

复制也可以使用阵列方式。在命令行提示"指定第二个点或 [阵列(A)] <使用第一个点作为位移>："时，输入a回车，命令行提示"输入要进行阵列的项目数："，输入一个数（复制的对象数比输入数要少一个）回车，命令行提示"指定第二个点或 [布满(F)]："，指定点，以这个点作为第二点，以第二点相对于第一点的矢量作为与上一个对象的矢量复制对象，阵列结束，返回默认方式。阵列复制也可以按布满方式进行。在命令行提示"指定第二个点或 [布满(F)]："时，输入f回车，命令行提示"指定第二个点或 [阵列(A)]："，指定点，以这个点作为第二点，以第二点相对于第一点的矢量作为整个阵列复制的矢量复制对象，在这个矢量范围内均匀分布复制对象。阵列结束，返回默认方式。

（3）镜像

镜像是创建对象的镜像副本。如果图形具有对称特性，则可以使用镜像操作快速完成对象的绘制。在默认情况下，镜像文字时，不更改文字的方向。如果确定要反转文字，可将MIRRTEXT系统变量设定为1。

执行镜像命令的方法如下。

① 菜单方式："修改"→"镜像"。

②"修改"工具条方式："镜像"按钮   。

③ 命令行方式：Mirror（mi）。

执行命令后，命令行提示"选择对象："，采用合适的方法选择对象，回车确认，命令行提示"指定镜像线的第一点："，指定点，命令行提示"指定镜像线的第二点："，指定点，以这两个点作为镜像线进行镜像，命令行提示"要删除源对象吗?［是(Y)/否(N)］<N>："，如果不删除源对象，直接回车；如果要删除源对象，则输入y，回车确认。

（4）偏移

偏移是创建与对象平行的新对象，包括同心圆、平行线、平行曲线。可以用指定距离或通过一个点的方式偏移对象形成与源对象平行的新对象。

执行命令的方法如下。

① 菜单方式："修改"→"偏移"。

②"修改"工具条方式："偏移"按钮 ⬚ 。

③ 命令行方式：Offset（o）。

执行命令后，命令行提示"指定偏移距离或［通过(T)/删除(E)/图层(L)］<>："，输入一个数，或者指定两个点作为参数，命令行提示"选择要偏移的对象，或［退出(E)/放弃(U)］<退出>："，选择对象，命令行提示"指定要偏移的那一侧上的点，或［退出(E)/多个(M)/放弃(U)］<退出>："，指定点，命令行提示"选择要偏移的对象，或［退出(E)/放弃(U)］<退出>："，……，命令以这次设置的偏移量进行多次偏移对象。如果要对一个对象连续向一个方向多次偏移，也可以在命令行提示"指定要偏移的那一侧上的点，或［退出(E)/多个(M)/放弃(U)］<退出>："时，输入m，回车确认，命令行提示"指定要偏移的那一侧上的点，或［退出(E)/放弃(U)］<下一个对象>："，指定点，偏移一次，命令行再次提示"指定要偏移的那一侧上的点，或［退出(E)/放弃(U)］<下一个对象>："指定点，……，可以一次进行多次偏移。要结束多次偏移方式，在命令行提示"指定要偏移的那一侧上的点，或［退出(E)/放弃(U)］<下一个对象>："时，输入e回车，退出o命令。如果在创建偏移对象时要删除源对象，需在命令行提示"指定偏移距离或［通过(T)/删除(E)/图层(L)］<>："时，输入e回车，命令行提示"要在偏移后删除源对象吗?［是(Y)/否(N)］<否>："时，输入y确认，命令将按删除方式作为默认方式进行操作。

如果要按通过方式进行偏移对象，在命令行提示"指定偏移距离或［通过(T)/删除(E)/图层(L)］<>："时，输入t回车，命令行提示"选择要偏移的对象，或［退出(E)/放弃(U)］<退出>："，选择对象，命令行提示"指定通过点或［退出(E)/多个(M)/放弃(U)］<退出>："，指定点，完成一次偏移。命令行提示"指定通过点或［退出(E)/多个(M)/放弃(U)］<退出>："，……。要结束o命令，可以按Esc键、空格键、回车、或右键确认。

如果要将偏移形成的对象置于当前图层，而不是源图层，在命令行提示"指定偏移距离或［通过(T)/删除(E)/图层(L)］<>："时，输入l，回车，命令行提示"输入偏移对象的图层选项［当前(C)/源(S)］<源>："，输入c回车确认。

（5）阵列

用户可以按矩形、环形或路径方式进行阵列对象副本。阵列的结果可以是一个对象，也可以是多个对象。如果创建关联阵列，则结果为一个动态块；如果创建的阵列不关联，则每一个副本为一个对象。

执行命令的方法如下。

① 菜单方式："修改"→"阵列"。

②"修改"工具条方式："阵列"按钮 ⬚ 。

③ 命令行方式：Array（ar）。

在阵列命令执行的三种方法中，第一、第二种可以直接选择阵列方式；第三种方法需在命令执行中选择阵列方式。

执行ar命令后，命令行提示"选择对象："，选择对象，命令行提示"输入阵列类型 [矩形(R)/路径(PA)/极轴(PO)] <矩形>："，矩形阵列，直接回车；环形阵列，输入po；路径阵列，输入pa。

选择矩形阵列后，命令行提示"为项目数指定对角点或 [基点(B)/角度(A)/计数(C)] <计数>："，指定点（以指定点和源对象关键点形成阵列示意，阵列的行数和列数即为将要阵列对象的行数、列数），命令行提示"指定对角点以间隔项目或 [间距(S)] <间距>："，指定点（以指定点和源对象的关键点在行列方向上的矢量形成阵列，此阵列的行距、列距就是要阵列对象的行距、列距），命令行提示"按Enter键接受或 [关联(AS)/基点(B)/行(R)/列(C)/层(L)/退出(X)] <退出>："，回车确认，完成阵列。如果要为阵列指定基点和角度，要在命令行提示"为项目数指定对角点或 [基点(B)/角度(A)/计数(C)] <计数>："时进行操作。要指定阵列的基点，输入b回车，命令行提示"指定基点或 [关键点(K)<质心>："，指定点（以此点作为阵列对象的关键点，阵列对象的位置方式并不发生变化），或者选择K，指定源对象的关键点作为阵列对象的关键点。如果要指定整个阵列的旋转角度，输入a回车，命令行提示"指定行轴角度<0>："，移动光标拾取点（以此点和源对象的关键点的连线与X轴的夹角作为旋转角度），然后根据提示完成对象的阵列。

矩形阵列也可以采用计数方式为阵列指定参数，在命令行提示"为项目数指定对角点或 [基点(B)/角度(A)/计数(C)] <计数>："时，回车，命令行提示"输入行数或 [表达式(E)] <>："，输入数，命令行提示"输入列数或 [表达式(E)] <>："，输入数，命令行提示"指定对角点以间隔项目或 [间距(S)] <间距>："，指定点（指定行距、列距），或者直接回车，根据提示输入行距、列距。命令行提示"按Enter键接受或 [关联(AS)/基点(B)/行(R)/列(C)/层(L)/退出(X)] <退出>："，回车结束命令。其中，关联用于指定创建的阵列对象关联与否，关联即一个块，不关联即形成多个单个对象；基点是为阵列指定新基点；行是为阵列指定行数、行间距和标高；列是为阵列指定列数、列间距；层是为阵列指定Z轴上的层数和层间距。退出是退出阵列命令。

选择环形阵列后，命令行提示"指定阵列的中心点或 [基点(B)/旋转轴(A)]："，输入点，命令行提示"输入项目数或 [项目间角度(A)/表达式(E)] <4>："，输入阵列的个数（包含源的个数），命令行提示"指定填充角度(+=逆时针、-=顺时针)或 [表达式(EX)] <360>："，输入整个项目的圆心角，命令行提示"按Enter键接受或 [关联(AS)/基点(B)/项目(I)/项目间角度(A)/填充角度(F)/行(ROW)/层(L)/旋转项目(ROT)/退出(X)]"，回车确认，完成环形阵列。如果是创建关联的阵列，在默认情况下，关联阵列的基点为源的基点，如果要更改基点，在命令行提示"指定阵列的中心点或 [基点(B)/旋转轴(A)]："时，输入b回车，按命令提示完成阵列。在默认状态下创建阵列是以中心点为轴的通过点、Z轴方向为旋转轴的方向进行复制对象，如果要重新指定旋转轴，在命令行提示"指定阵列的中心点或 [基点(B)/旋转轴(A)]："时，输入a回车，命令行提示"指定旋转轴上的第一个点："，输入点，命令行提示"指定旋转轴上的第二个点："，输入点，程序以两点的连线作为旋转轴复制对象。环形阵列也可以以输入上下两个项目间角度的方式来确定整个项目角度，如果要先输入项目间角度，在命令行提示"输入项目数或 [项目间角度(A)/表达式(E)] <4>："时，输入a回车，指定项目间角度，然后指定项目数。在最后确认前，环形阵列还可以重新指定阵列方式（关联与否）、基点、项目数、项目角度、填充角度、行数、列数和整个阵列的旋转角度。在命令行提示"按Enter键接受或［关联(AS)/基点(B)/项目(I)/项目间角度(A)/填充角度(F)/行(ROW)/层(L)/旋转项目(ROT)/退出(X)］"时，选择相应的命令进行更改。

选择路径阵列后，命令行提示"选择路径曲线："，选择一个对象（可以是直线、多段线、三维多段线、样条曲线、螺旋、圆弧、圆或椭圆）作为路径，命令行提示"输入沿路径的项目数或［方向(O)/表达式(E)］<方向>："，输入项目数，命令行提示"指定沿路径的项目之间的距离或［定数等分(D)/总距离(T)/表达式(E)］<沿路径平均定数等分(D)>："，输入距离，命令行提示"按Enter键接受或［关联(AS)/基点(B)/项目(I)/行(R)/层(L)/对齐项目(A)/Z方向(Z)/退出(X)］<退出>："，回车，则按路径方向和设定的项目之间的距离复制所需数量的对象（对象不与路径对齐）。回车确认，结束命令。如果要对齐到路径上，在命令行提示"输入沿路径的项数或［方向(O)/表达式(E)］<方向>："时，输入o回车，命令行提示"指定基点或［关键点(K)］<路径曲线的终点>："，输入点（这个点将对齐到路径的起点），命令行提示"指定与路径一致的方向或［两点(2P)/法线(NOR)］<当前>："，输入点（以这个点与第一点连线的方向对齐到路径的方向），然后根据命令提示，就可以把对象与路径对齐。输入项目间距离时，如果输入的距离与项目数的乘积大于路径的长度，命令行提示"n个项目无法使用当前间距布满路径。是否调整间距以使项目布满路径？［是(Y)/否(N)］<是>："，回车，则程序自动调整项目间距，以便在路径上能够放置项目，如果输入n，则程序会提示重新输入项目间距。在指定项目间距时，还可以按"定数等分"或"总距离"的方式输入，定数等分是指在路径长度上按输入的项目数进行等分；总距离是指路径方向上总距离内均匀复制项目数的项目。要按定数等分方式操作，在命令行提示"指定沿路径的项目之间的距离或［定数等分(D)/总距离(T)/表达式(E)］<沿路径平均定数等分(D)>："时，直接回车。要按总距离的方式操作，在命令行提示"指定沿路径的项目之间的距离或［定数等分(D)/总距离(T)/表达式(E)］<沿路径平均定数等分(D)>："时，输入t，然后按命令提示完成阵列。在确认阵列项目时，除了可以更改关联与否、基点、项目数、行数、层数外，还可以更改对齐项目方式和项目的Z方向是否保持不变。要更改对齐项目方式时，在命令行提示"按Enter键接受或［关联(AS)/基点(B)/项目(I)/行(R)/层(L)/对齐项目(A)/Z方向(Z)/退出(X)］<退出>："时，输入a，命令行提示"是否将阵列项目与路径对齐？［是(Y)/否(N)］<否>："，输入y为对齐到路径上，输入n为不对齐到路径上。如果要更改项目的Z方向，则在上述命令提示时，输入z，命令行提示"是否对阵列中的所有项目保持Z方向？［是(Y)/否(N)］<是>："，如果保持不变，直接回车；如果要随路径更改Z方向，则输入n。

（6）移动

将所选取的对象移动到其他位置。移动对象仅仅是位置平移，而不改变对象的大小和方向。要精确地移动对象，就要精确输入点，如输入点坐标、选择夹点或对象捕捉。

执行命令的方法如下。

① 菜单方式："修改"→"移动"。

②"修改"工具条方式："移动"按钮 ✛ 。

③ 命令行方式：Move（m）。

执行命令后，命令行提示"选择对象："，选择对象，回车确认，命令行提示"指定基点或［位移(D)］<位移>："，输入点，命令行提示"指定第二个点或<使用第一个点作为位移>："，输入点，以第二点与第一点的相对矢量移动对象。

也可以按指定位移的方式进行对象移动。在命令行提示"指定基点或［位移(D)］<位移

>："时，回车，命令行提示"指定位移<0.00,0.00,0.00>："，输入点，以输入点和"0,0,0"点的相对矢量作为对象位移矢量进行对象移动。

（7）旋转

将选定的对象绕指定的基点旋转一定角度。

执行命令的方法如下。

① 菜单方式："修改"→"旋转"。

② "修改"工具条方式："旋转"按钮 。

③ 命令行方式：Rotate（ro）。

执行命令后，命令行提示"选择对象："，选择对象，回车确认，命令行提示"指定基点："，输入点，命令行提示"指定旋转角度，或［复制(C)/参照(R)］<0>："，输入角度值（也可以输入点，以此点与基点的连线和X轴的夹角作为旋转角），完成对象旋转。如果要保留源对象，则要在命令行提示"指定旋转角度，或［复制(C)/参照(R)］<0>："时，输入c，然后按命令提示完成对象旋转。旋转对象时也可以按指定参照角的方式进行旋转，在命令行提示"指定旋转角度，或［复制(C)/参照(R)］<0>："时，输入r，命令行提示"指定参照角<0>："，输入角度，命令行提示"指定新角度或［点(P)］<>："，输入角度，程序会以第二个角度相对于第一个角度的变化值作为旋转量进行旋转对象。

在输入角度时，除了直接输入角度值外，也可以使用输入点以输入角度值的方法进行输入。

（8）缩放

按给定的基点和比例值放大或缩小选定的对象。基点将作为缩放操作的中心，并保持不变。比例因子大于1时将放大对象，比例因子介于0和1之间时将缩小对象。如果将SCALE命令用于注释性对象，对象的位置将相对于缩放操作的基点进行缩放，但对象的尺寸不会更改。

执行命令的方法如下。

① 菜单方式："修改"→"缩放"。

② "修改"工具条方式："缩放"按钮 。

③ 命令行方式：Scale（sc）。

执行命令后，命令行提示"选择对象："，选择对象，回车确认，命令行提示"指定基点："，输入点，命令行提示"指定比例因子或［复制(C)/参照(R)］："，输入值，程序将按输入值作为倍数进行缩放。缩放时也可以按参照方式进行缩放，在命令行提示"指定比例因子或［复制(C)/参照(R)］："时，输入r回车，命令行提示"指定参照长度<1.00>："，输入长度值，命令行提示"指定新的长度或［点(P)］<1.00>："，输入长度值，程序将以第二个值与第一个长度值的比例对对象进行缩放。指定长度时可以通过输入点的方式指定。如果缩放时保留源对象不删除，在命令行提示"指定比例因子或［复制(C)/参照(R)］："时，输入c回车，按提示进行缩放，缩放会形成新对象，但源对象保持不变。

（9）拉伸

移动以交叉窗口或交叉多边形选择的对象夹点，对象的其他夹点保持不变。如果全部选择，则全部移动，即对象移动，并不改变形状。如果仅选择对象上的部分夹点，那么对象将发生形变。所以不能拉伸圆、椭圆和块。

执行命令的方法如下。

① 菜单方式："修改"→"拉伸"。

② "修改"工具条方式："拉伸"按钮 。

③ 命令行方式：Stretch（s）。

执行命令后，命令行提示"选择对象："，选择对象，回车确认，命令行提示"指定基点或［位移(D)］<位移>："，输入点，命令行提示"指定第二个点或<使用第一个点作为位移>："，输入点，则以第二点相对于第一点的矢量对选中的对象夹点进行移动。拉伸也可以通过指定位移的方式进行，在命令行提示"指定基点或［位移(D)］<位移>："时，回车，命令行提示"指定位移<0.00,0.00,0.00>："，输入点，以输入点相对于坐标原点的矢量对选中的夹点进行移动。

（10）修剪

剪去边界到拾取点一侧的对象部分。这个命令的操作是先选择边界，再选择对象。

执行命令的方法如下。

① 菜单方式："修改"→"修剪"。

② "修改"工具条方式："修剪"按钮 。

③ 命令行方式：Trim（tr）。

执行命令后，命令行提示"选择对象或<全部选择>："，选择对象（边界对象），回车确认，命令行提示"［栏选(F)/窗交(C)/投影(P)/边(E)/删除(R)/放弃(U)］："，单击拾取，拾取点一侧的对象将被修剪掉。命令行提示"［栏选(F)/窗交(C)/投影(P)/边(E)/删除(R)/放弃(U)］："，……。

或者采用栏选、窗交方式进行选择。若要采用栏选选择，在命令行提示"［栏选(F)/窗交(C)/投影(P)/边(E)/删除(R)/放弃(U)］："时，输入f回车，进行栏选，栏选交叉点一侧的对象部分被修剪。若要采用窗交选择，在命令行提示"［栏选(F)/窗交(C)/投影(P)/边(E)/删除(R)/放弃(U)］："时，输入c回车，进行窗交选择，将沿着矩形窗交窗口从第一个点以顺时针方向选择遇到的对象点作为修剪点进行修剪。所以窗交方式对对象的修剪将与选择窗口的形成有关。

还可以按不同的投影方式进行修剪。在命令行提示"［栏选(F)/窗交(C)/投影(P)/边(E)/删除(R)/放弃(U)］："时，输入p，回车，命令行提示"输入投影选项［无(N)/UCS(U)/视图(V)］<UCS>："，输入n，则为无投影方式（该方式只修剪与三维空间中的剪切边相交的对象）；输入u，则为UCS方式（在当前用户坐标系XY平面上的投影中将仅修剪不与三维空间中的剪切边相交的对象）；输入v，则为视图方式（该方式只修剪与当前视图中的边界相交的对象）。

还可以按不同的边界的方式进行修剪。在命令行提示"［栏选(F)/窗交(C)/投影(P)/边(E)/删除(R)/放弃(U)］："时，输入e，回车，命令行提示"输入隐含边延伸模式［延伸(E)/不延伸(N)］<不延伸>："，输入e，那么如果延伸边界与对象相交，对象也会被修剪；直接回车，边界不直接相交则不会被修剪，只有相交才会被修剪。

修剪还提供了一种不退出命令删除对象的方式。在命令行提示"［栏选(F)/窗交(C)/投影(P)/边(E)/删除(R)/放弃(U)］："时，输入r回车，命令行提示"选择要删除的对象："，选择对象，则整个对象都会被删除，而不是删除一部分。

（11）延伸

把对象伸长到边界对象处。

执行命令的方法如下。

① 菜单方式："修改"→"延伸"。

②"修改"工具条方式："延伸"按钮 。

③ 命令行方式：Extend（ex）。

执行命令后，命令行提示"选择对象或<全部选择>："，选择对象（边界对象），命令行提示"［栏选(F)/窗交(C)/投影(P)/边(E)/放弃(U)］："，选择对象，如果距离选择对象时的控制点较近的对象的端点能够延伸到边界对象，则对象会被延伸，否则不能被延伸。

延伸命令选项与修剪命令选项意义相同。

在命令执行过程中，选择要延伸的对象时按下Shift键，则功能会转化为修剪；在修剪过程中，选择要修剪的对象时按下Shift键，则功能会转化为延伸。

（12）打断

打断可以将选定对象在两个指定点之间的部分删除，或者在一个点上断开。

执行命令的方法如下。

① 菜单方式："修改"→"打断"。

②"修改"工具条方式："打断"按钮 。

③ 命令行方式：Break（br）。

执行命令后，命令行提示"选择对象："，选择对象，命令行提示"指定第二个打断点或［第一点(F)］："，输入点，则将对象拾取点和输入点之间的对象片断删除。如果不以拾取点作为第一点，而要重新定义第一点，则要在命令行提示"指定第二个打断点或［第一点(F)］："时，输入f回车，命令行提示"指定第一个打断点："，输入点，命令行提示"指定第二个打断点："，输入点，程序将两点之间的对象部分删除。

打断时如果第二个点不在对象上，将选择对象上与该点最接近的点。因此，要打断直线、圆弧或多段线的一端，可以在要删除的一端附近指定第二个打断点。

要将对象一分为二并且不删除某个部分，输入的第一个点和第二个点应相同。通过输入"@0,0"指定第二个点即可实现此目的。

对于圆，程序将按逆时针方向删除圆上第一个打断点到第二个打断点之间的部分，从而将圆转换成圆弧。

（13）合并

合并线性和弯曲对象的端点，以便创建单个对象。

执行命令的方法如下。

① 菜单方式："修改"→"合并"。

②"修改"工具条方式："合并"按钮 。

③ 命令行方式：Join（j）。

执行命令后，命令行提示"选择源对象或要一次合并的多个对象："，选择源（要合并到那里），命令行提示"选择要合并的对象："，选择对象（所有要合并的对象），命令行提示"选择要合并的对象："，回车确认，将所选对象合并到源上。

合并产生的对象类型取决于选定的源对象类型，以及对象是否共面。构造线、射线和闭合的对象无法合并。选择的源对象可以是直线、多段线、三维多段线、圆弧、椭圆弧、螺旋或样条曲线。源是直线时，仅直线对象可以合并到源，而且直线对象必须都共线，但它们之间可以有间隙。源是多段线时，直线、多段线和圆弧可以合并到源，所有对象必须连续且共面，生成的对象是单条多段线。源是多段线时，所有线性或弯曲对象可以合并到源，这时所有对象必须是连续的，但可以不共面，产生的对象是单条三维多段线还是单条样条曲线，取决于用户连接到的线是线性对象还是弯曲的对象。源是圆弧时，只有圆弧可以合并到源，所有的圆弧对象必须具有相同半径和中心点，但是它们之间可以有间隙。合并圆弧时从源处开始按逆时针方向合并圆弧。源是椭圆弧时，仅椭圆弧可以合并到源，椭圆弧必须共面且具有相同的主轴和次轴，但是它们之间可以有间隙，从源处按逆时针方向合并椭圆弧。源是样条曲线时，所有线性或弯曲对象可以合并到源，所有对象必须是连续的，可以不共面，其结果对象是单个样条曲线。

合并也可以一次选择多个对象，而不必选择源。在命令行提示"选择源对象或要一次合并的多个对象："时，选择多个对象，回车确认，完成合并。生成的对象类型服从如下规则。

① 合并共线产生直线对象。直线的端点之间可以有间隙。

② 合并具有相同圆心和半径的共面圆弧可产生圆弧或圆对象，圆弧的端点之间可以有间隙。以逆时针方向进行加长。如果合并的圆弧形成完整的圆，则会产生圆对象。

③ 将样条曲线、椭圆圆弧或螺旋合并在一起或合并到其他对象可产生样条曲线对象。这些对象可以不共面。

④ 合并共面直线、圆弧、多段线或三维多段线可产生多段线对象。

⑤ 合并不是弯曲对象的非共面对象可产生三维多段线。

（14）倒角

在两个对象间添加直线以过渡。可以倒角的对象是直线、多段线、射线、构造线、三维实体。如果被倒角的两个对象都在同一图层，则倒角线将置于该图层，否则倒角线将置于当前图层。

执行命令的方法如下。

① 菜单方式："修改"→"倒角"。

② "修改"工具条方式："倒角"按钮 ⌀ 。

③ 命令行方式：Chamfer（cha）。

执行命令后，命令行提示"选择第一条直线或［放弃(U)/多段线(P)/距离(D)/角度(A)/修剪(T)/方式(E)/多个(M)］："，选择直线，命令行提示"选择第二条直线，或按住Shift键选择直线以应用角点或［距离(D)/角度(A)/方法(M)］："，选择直线，完成倒角。选择对象前如果要更改倒角参数和倒角方式，可以输入d更改距离倒角的参数，输入a更改角度倒角的参数，输入t选择倒角时是否对源对象进行修剪，输入e选择是以距离还是以角度方式实行倒角。如果要连续进行倒角则输入m。在选择第二直线前同样也可以更改距离参数、角度参数、倒角方法。

倒角距离是倒角线的倒角点到角点的长度。如果两个倒角距离都为0，则倒角操作将修剪或延伸这两个对象直至它们相交，但不创建倒角线。选择第二条直线时，也可以按住Shift键，这时程序会以使用0替代当前倒角距离，这时的倒角就是修剪或延伸。

如果要对整个多段线进行倒角，在命令行提示"选择第一条直线或［放弃(U)/多段线(P)/距离(D)/角度(A)/修剪(T)/方式(E)/多个(M)］："时，输入p回车，命令行提示"选择二维多段线或［距离(D)/角度(A)/方法(M)］："，选择多段线，完成倒角。

（15）圆角

在两个对象间添加弧线以过渡。可以进行圆角的对象是圆弧、圆、椭圆、椭圆弧、直线、多段线、射线、样条曲线和构造线。

执行命令的方法如下。

① 菜单方式："修改"→"圆角"。

② "修改"工具条方式："圆角"按钮 。

③ 命令行方式：Fillet（f）。

执行命令后，命令行提示"选择第一个对象或［放弃(U)/多段线(P)/半径(R)/修剪(T)/多个(M)］："，选择对象，命令行提示"选择第二个对象，或按住Shift键选择对象以应用角点或［半径(R)］："，选择第二个对象，完成圆角。在选择对象前要更改圆角的参数，可以输入r回车，命令行提示"指定圆角半径<0.00>："，输入半径值，完成更改。如果设定半径值为0，则会形成一个锐角。要形成锐角，也可以在选择第二对象时按住Shift键，这时程序会以0替代半径参数形成锐角。要更改圆角方式，输入t，选择是否修剪源对象；要更改圆角方法，输入m，则将圆角操作更改为连续圆角的方式，从而一次命令可以多次圆角，多次圆角时要结束命令可以回车或按Esc键或右键确认。

（16）分解

将复杂的图形对象分解为多个较为简单的组件对象。

执行命令的方法如下。

① 菜单方式："修改"→"分解"。

② "修改"工具条方式："分解"按钮 。

③ 命令行方式：Explode（x）。

执行命令后，命令行提示"选择对象："，选择对象，结束命令。

（17）修改多段线

使用修改多段线命令可以对多段线进行修改。可以修改的内容包括闭合(打开)、合并、宽度、编辑顶点、拟合、样条曲线、非曲线化、线型生成、反转等。闭合是指多段线的起点和终点相连。合并是指把直线、圆弧或另一条多段线合并到打开的多段线。宽度是指指定整个多段线的宽度。编辑顶点是对多段线的顶点进行编辑。拟合是指将多段线拟合成光滑曲线。样条曲线是指将多段线拟合成光滑曲线，但形成的对象仍是多段线而不是样条曲线。非曲线化是把多段线顶点之间拉直。反转是反转多段线顶点的顺序，而不是圆弧方向的反转。线型生成是线型生成开关。

执行命令的方法如下。

① 菜单方式："修改"→"对象"→"多段线"。

② 命令行方式：Pedit（pe）。

执行命令后，命令行提示"选择多段线或［多条(M)］："，选择多段线，命令行提示"输入选项［闭合(C)/合并(J)/宽度(W)/编辑顶点(E)/拟合(F)/样条曲线(S)/非曲线化(D)/线型生成(L)/反转(R)/放弃(U)］："，要闭合，输入c回车；要合并，输入j回车，这时命令行提示"选择对象"，选择可以合并的对象，回车确认；要设定整条多段线的宽度，输入w回车，这时命令行提示"指定所有线段的新宽度："，输入宽度值，确认；要拟合，输入f回车；要样条曲线化，输入s回车；要非曲线化，输入d回车；要反转，输入r回车；要放弃一步操作，输入u回车；要更改线型生成方式输入l回车，这时命令行提示"输入多段线线型生成选项［开(ON)/关(OFF)］<关>："，输入on打开，输入off关闭（打开方式是指虚线在每个顶点处从点开始画，关闭方式是按虚线的设置连续画）。

若要编辑顶点则输入e回车，命令行提示"输入顶点编辑选项，［下一个(N)/上一个(P)/打断(B)/插入(I)/移动(M)/重生成(R)/拉直(S)/切向(T)/宽度(W)/退出(X)]<N>："。下一个是移动到下一个顶点（将下一个顶点置为当前，编辑顶点都是在当前顶点处作业，当前顶点有"叉号"标识）；上一个是移动到上一个顶点；打断是在当前顶点打断成两个多段线；插入是在当前顶点的后面插入一个顶点；移动是移动当前顶点；拉直是在当前顶点到后面指定的顶点间拉直；切向是指定当前顶点的切线方向；指定当前顶点后面线段的宽度；重生成是重生成多段线。

要移动到下一个顶点，输入n回车；要移动到上一个顶点，输入p回车；要打断，输入b回车；要插入一个顶点，输入i回车，这时命令行提示"为新顶点指定位置："，输入点；要移动顶点，输入m回车，这时命令行提示"为标记顶点指定新位置："，输入点；要重生成，输入r回车；要拉直，输入s回车，这时命令行提示"输入选项［下一个(N)/上一个(P)/执行(G)/退出(X)]<N>："，移动当前顶点，命令行提示"输入选项［下一个(N)/上一个(P)/执行(G)/退出(X)]<N>："输入g回车，完成拉直；要指定顶点的切线方向，输入t回车，命令行提示"指定顶点切向<0>："，输入切向角度；要改变下一段的宽度，输入w回车，命令行提示"指定下一条线段的起点宽度<0.00>："，输入宽度值，命令行提示"指定下一条线段的端点宽度<0.00>："，输入值；要退出顶点编辑，输入x。

（18）修改样条曲线

修改样条曲线的参数或将样条拟合多段线转换为样条曲线。可能的操作有闭合、合并、编辑顶点、拟合数据、转换成多段线、反转等。闭合就是样条曲线的首尾相连；合并就是把对象合并到样条曲线；编辑顶点是对顶点进行编辑；拟合数据是修改拟合数据；转换成多段线可以把样条曲线转变为多段线；反转是反转顶点顺序。

执行命令的方法如下。

① 菜单方式："修改"→"对象"→"样条曲线"。

② 命令行方式：Splinedit（spe）。

执行命令后，命令行提示"选择样条曲线："，选择样条曲线，命令行提示"输入选项［闭合(C)/合并(J)/拟合数据(F)/编辑顶点(E)/转换为多段线(P)/反转(R)/放弃(U)/退出(X)]<退出>："，要闭合，输入c回车。要合并，输入j回车，这时命令行提示"选择要合并到源的任何开放曲线："，选择对象，回车确认；要反转顶点，输入r回车；要转化为多段线，输入p回车，命令行提示"指定精度<>："，输入值，确认。

要更改拟合数据，在命令行提示"输入选项［闭合(C)/合并(J)/拟合数据(F)/编辑顶点(E)/转换为多段线(P)/反转(R)/放弃(U)/退出(X)]<退出>："时，输入f回车，命令行提示"［添加(A)/闭合(C)/删除(D)/扭折(K)/移动(M)/清理(P)/切线(T)/公差(L)/退出(X)]<退出>："，要添加拟合点，输入a回车，这时命令行提示"在样条曲线上指定现有拟合点<退出>："，指定点，用以确定要插入的拟合点的顺序，命令行提示"指定要添加的新拟合点<退出>："，输入点，命令行提示"指定要添加的新拟合点<退出>："，……，要结束这一点后的添加时回车确认，命令行提示"在样条曲线上指定现有拟合点<退出>："，……，可以再次在曲线上添加拟合点，如果要结束添加，需再次回车，程序返回拟合数据命令等待状态。命令行提示"［添加(A)/闭合(C)/删除(D)/扭折(K)/移动(M)/清理(P)/切线(T)/公差(L)/退出(X)]<退出>："，要闭合输入c。要删除拟合点，输入d，这时命令行提示"在样条曲线上指定现有拟合点<退出>："，选择拟合点，命令行提示"在样条曲线上指定现有拟合点<退出>："，……，一次运行可以多次删除，要结束删除，回车退出。要在样条曲线上添加扭折点（扭折点是节点和拟合点，但扭折点不会保持在该点的相切或曲率连续性），输入k回车，这时命令行提示"在样条曲线上指定点<退出>："，指定点，命令行提示"在样条曲线上指定点<退出>："，指定点，……，要结束添加，回车退出扭折。要移动拟合点，输入m回车，命令行提示"指定新位置或［下一个(N)/上一个(P)/选择点(S)/退出(X)］<下一个>："，指定点（为当前拟合点指定新位置），要移动当前拟合点到下一个，输入n；要移动当前拟合点到上一个，输入p；要选择某个拟合点作为当前点，输入s；要退出拟合点的移动，输入x，回车返回拟合数据更改的命令状态；要清理（使用拟合点替代拟合数据），输入p；要更改起点和端点的切线方向，输入t,这时命令行提示"指定起点切向或［系统默认值(S)］："，输入点（以此点和起点的连线作为切线），命令行提示"指定端点切向或［系统默认值(S)］："，输入点（以此点和端点的连线作为切线）；要重新指定公差，输入l回车，这时命令行提示"输入拟合公差<1.00E-10>："，输入公差值；要退出拟合数据的更改，直接回车。

要编辑顶点，在命令行提示"输入选项［闭合(C)/合并(J)/拟合数据(F)/编辑顶点(E)/转换为多段线(P)/反转(R)/放弃(U)/退出(X)］<退出>："时，输入e回车，命令行提示"输入顶点编辑选项［添加(A)/删除(D)/提高阶数(E)/移动(M)/权值(W)/退出(X)］<退出>："，要添加顶点，输入a回车，命令行提示"在样条曲线上指定点<退出>："，输入点，……，要结束添加，回车；要删除顶点，输入d回车，这时命令行提示"指定要删除的控制点："，选择点，……，要结束删除，回车；要提高平滑阶数，输入e，命令行提示"输入新阶数<4>："，输入数（数越大越平滑）；要移动顶点，输入m，这时命令行提示"指定新位置或［下一个(N)/上一个(P)/选择点(S)/退出(X)］<下一个>："，通过上一个（N）、下一个（P）或选择点（S）把要移动的顶点变为当前顶点（红色），然后输入点作为顶点的新位置。要更改顶点的权重值，输入w回车，命令行提示"输入新权值(当前值=1.0000)或［下一个(N)/上一个(P)/选择点(S)/退出(X)］<下一个>："，通过上一个（N）、下一个（P）或选择点（S）把要改变权值的顶点变为当前顶点（红色），然后输入新值作为当前项的权重值（权值越大，样条曲线越接近控制点）。

执行spe命令后，命令行提示"选择样条曲线："，如果这时选择的是样条化的多段线，命令结束后此多段线将转化为样条曲线。

（19）修改多线

多线的修改是通过"多线编辑工具"（图1-90）对话框来完成的。

执行命令的方法如下。

① 菜单方式："修改"→"对象"→"多线"。

② 命令行方式：Mledit。

执行命令后打开"多线编辑工具"对话框，先在对话框中单击相应的工具，然后选择对象进行操作。需要注意的是对象选择有先后顺序问题，顺序不同结果不同。

"十字闭合"：在两条多线之间创建闭合的十字交点。选择的第一条线是闭合的，第二条线将全部显示。

"十字打开"：在两条多线之间创建打开的十字交点。交汇区两条线都是打开的，但只显示第二条线的所有元素。

"十字合并"：在两条多线之间创建合并的十字交点。交汇区两条线都是打开的，并且显示两条线的所有元素。因此没有选择的次序问题。

"T形闭合"：在两条多线之间创建闭合的T形交点。第一条线是闭合的，将第一条线修剪

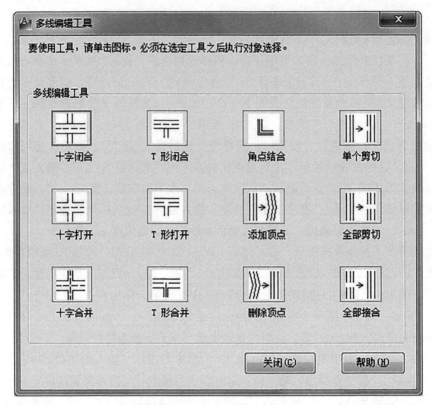

图1-90 "多线编辑工具"对话框

或延伸到与第二条线的交点处。因此要先选择T字的竖线，如果是交汇的线，选择点要在需保留的一边。

"T形打开"：在两条多线之间创建打开的T形交点，线的交汇处是打开的。将第一条线修剪或延伸到与第二条线的交点处。因此要先选择T字的竖线，如果是交汇的线，选择点要在需保留的一边。

"T形合并"：在两条多线之间创建合并的T形交点。交汇区是打开的，并且显示两条线的所有元素，第一条线将延伸或修剪到第二条线的对应位置（从外向内对应）。因此要先选择T字的竖线，如果是交汇的线，选择点要在需保留的一边。

"角点结合"：在多线之间创建结合角点。将多线修剪或延伸到它们的交点处。如果是交汇的线，选择点要在需保留的一边。

"添加顶点"：向多线上添加一个顶点。在命令行提示"选择多线："时，选择多线的点即是要添加顶点的点。执行一次命令可以添加多个顶点，既可以为一条多线也可以为多条多线添加。

"删除顶点"：删除离选择点最近的那个顶点。但可以多次选择，进行多次删除。要结束命令，回车确认。

"单个剪切"：对多线的单个元素打断。打断时以对象的选择点作为第一点，指定点作为第二点，对元素两点之间的线进行打断。

"全部剪切"：对多线的所有元素进行打断。打断时以对象的选择点作为第一点，指定点作为第二点，对多线两点之间的线全部打断。

"全部接合"：将已被剪切的多线线段重新接合起来。接合时以多线的选择点作为第一点，指定点作为第二点，对多线上两点之间的线全部接合，包括所有的单个打断和全部打断部分。

（20）修改图案填充

对填充图案和填充参数进行修改。

执行命令的方法如下。

① 菜单方式："修改"→"对象"→"图案填充"。

② 命令行方式：Hatchedit（he）。

执行命令后打开图案填充对话框（图1–71），可以更换图案和更改填充的参数。

（21）修改阵列

对阵列属性、源对象（包括使用其他对象替换现有的源对象）、关联属性等进行修改。

执行命令的方法如下。

① 菜单方式："修改"→"对象"→"阵列"。

② 命令行方式：arrayedit。

执行命令后，命令行提示"选择阵列："，选择阵列，阵列类型不同，提示也将不同。

如果选择的是矩形阵列，命令行提示"输入选项［源(S)/替换(REP)/基点(B)/行(R)/列(C)/层(L)/重置(RES)/退出(X)］<退出>："，输入s回车，命令行提示"选择阵列中的项目："，选择一个源对象，对阵列中的源对象进行在位编辑，要结束编辑，输入arrayclose，或者单击"阵列编辑"工具条上的"保存更改"按钮 ⊞ 。要替换源，输入rep回车，命令行提示"选择替换对象："，选择新的源对象，回车确认，命令行提示"选择替换对象的基点或［关键点(K)］<质心>："，指定新源对象的基点，以对齐到源对象的基点，命令行提示"选择阵列中要替换的项目或［源对象(S)］："，选择被替换的源对象，命令行提示"选择阵列中要替换的项目或［源对象(S)］："，选择被替换的源对象，……，逐个替换源，要结束替换，回车确认。要全部替换源，在命令行提示"选择阵列中要替换的项目或［源对象(S)］："时，输入s回车，完成替换并退回阵列编辑状态。要重新定义阵列的基点，输入b，命令行提示"指定基点或［关键点(K)］："，指定基点。要更改行参数，输入r，根据提示更改行数、行间距、行的标高增量。要更改列参数，输入c，根据提示更改列数、列间距。要更改层参数，输入l，根据提示更改层数、层间距。要重置源参数，输入res，阵列参数返回原状态。要结束编辑，直接回车。

如果选择的是环形阵列，命令行提示"输入选项［源(S)/替换(REP)/基点(B)/项目(I)/项目间角度(A)/填充角度(F)/行(R)/层(L)/旋转项目(ROT)/重置(RES)/退出(X)］<退出>："，其中源、替换、基点、行、层、重置等选项的内容和环形阵列相同。要更改环形阵列中的项目数，输入i，命令行提示"输入阵列中的项目数或［表达式(E)］<8>："，输入新项目数，回车确认。要更改项目间角度，输入a，命令行提示"指定项目间的角度或［表达式(EX)］<30>："，输入角度。要更改填充角度，输入f，命令行提示"指定填充角度(+=逆时针、–=顺时针)或［表达式(EX)］<90>："，输入角度。要更改项目旋转方式，输入rot，选择旋转与否。

如果选择的是路径阵列，命令行提示"输入选项［源(S)/替换(REP)/方法(M)/基点(B)/项目(I)/行(R)/层(L)/对齐项目(A)/Z方向(Z)/重置(RES)/退出(X)］<退出>："，其中源、替换、项目、行、层、重置等的意义与操作方法和上面相同。要编辑项目分割路径的方法，输入m，命令行提示"输入路径方法［定数等分(D)/定距等分(M)］<定数等分>："，要定数等分，输入d；要定距等分，输入m。基点是用于编辑项目上对齐的点，要对齐到路径的起点上，输入b，这时命令行提示"指定基点或［关键点(K)］："，输入对齐点。要更改对齐方式，输入a，这时命令行提示"是否将阵列项目与路径对齐？［是(Y)/否(N)］<是>："，输入y，项目旋转对齐到路径上；输入n，项目对齐到路径上时不旋转。

（22）修改表格

表格创建完成后，用户可以单击该表格上的任意网格线或任意一种对象选择的方式以选中该表格，然后通过移动夹点来修改该表格。表格夹点功能见图1-91。

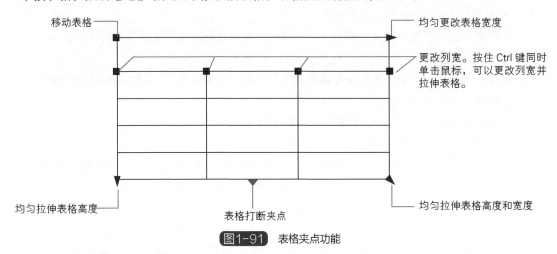

图1-91　表格夹点功能

通过列宽控制夹点更改列宽度，相邻两列的宽度同时改变，但如果按下Ctrl键，则只改变夹点前的列宽，其他列宽并不改变。

通过"打断夹点"，可以将表格拆分或者拆分的表格重新拆分或合并。拆分表格时，单击打断夹点，向上移动光标到拆分的行上单击即可完成表格拆分。要合并拆分表格时，单击打断夹点，向下移动光标，根据移动距离大小把拆分出来的部分表格再次合并到表格上，如果移动距离足够大，则拆分的表格将重新合并。表格的打断特性（图1-92）可以通过特性选项板进行修改，其中"启用"是指打断夹点的活跃状态，设定为"否"时，可以单击并拖动激活打断夹点；方向是打断形成的表的部分在源表的什么方位上安放；重复上部标签是指拆分出来的表是否重复使用表上部表题、表头等定义为标签的表的部分；重复底部标签是指拆分出来的表是否重复使用表底部一行定义为标签的表的部分；手动位置是指拆分出来的表是否支持手动移动位置，如果是将为拆分出来的部分添加一个位置控制夹点；手动高度是指拆分出来的表格是否可以再拆分，如果"是"，将为拆分出来的部分添加一个打断夹点，再拆分时将从设置高度处进行拆分；间距是指拆分后表格的间距（左右或上下）。

AutoCAD表格功能也支持单元格的修改。要修改单元格，需在表格被选时，在单元格内单击以选中它。被选中的单元格边框中央将显示夹点，夹点功能如图1-93所示。拖动填充夹点可以自动填充。拖动单元上的夹点可以使单元及其列或行更宽或更小。选中一个单元格后，双击即可以编辑该单元格文字。也可以在单元格亮显时输入文字来替换其当前内容。要选中多个单元格，在一单元格上按下左键，并在多个单元格上拖动；也可以按住Shift键单击另一个单元格，同时选中这两个单元格以及它们之间的所有单元格。

在表格被选中时，在表格内单击单元格，则将显示"表格"工具栏（图1-94），使用此工具栏，可以执行以下操作。

① 插入和删除行和列：单击相应的按钮。

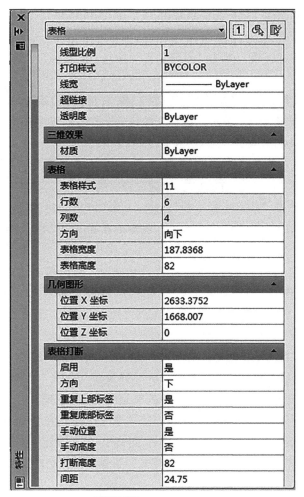

图1-92　表格打断特性

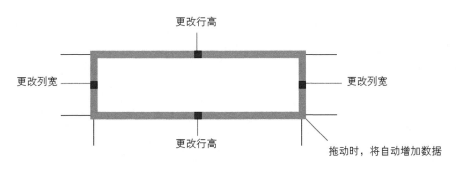

图1-93　单元格夹点功能

图1-94　"表格"工具栏

② 合并和拆分单元格：单击相应的按钮。

③ 指定单元格背景颜色：单击背景列表框选择颜色。

④ 改变单元边框的外观：单击"单元边框"按钮 ⊞，弹出"单元边框"对话框，进行操作。

⑤ 编辑数据格式和对齐：单击"对齐"按钮 ⊕ 右侧的下拉箭头，选择相应的对齐方式。

⑥ 锁定和解锁编辑单元：单击"锁定"按钮 ⊞ 右侧的下拉箭头，选择相应的锁定方式。单击解锁则锁定状态解除。

⑦ 更改数据格式：单击"数据格式"按钮 ‰ 右侧的下拉箭头，选择相应的数据格式。

⑧ 插入块：单击"插入块"按钮 ⊞，通过弹出的对话框，在选中的单元格内插入块。

⑨ 插入字段：单击"插入字段"按钮 ⊟，通过弹出的对话框，选中一个字段插入。字段可以是保存日期、打印时期、打印比例、图形对象的一个特性、公式等。

⑩ 插入公式：单击"插入公式"按钮 fx ▾，选择相应的公式，指定单元格，回车输入。

⑪ 管理单元格内的块：当一个单元内有几个块时，可以单击"管理单元"按钮 ⊟，在对话框中对单元格内的块进行管理。

⑫ 匹配单元格：使用当前单元格格式匹配到目标单元格上。首先选中单元格，单击"匹配单元"按钮 ⊞，然后单击目标单元格。

⑬ 指定单元样式：选中单元格，单击"单元样式"列表框，选中一种样式。

⑭ 创建和管理单元样式：单击"单元样式"列表框，选择"创建新单元样式…"，创建单元样式；选择"管理单元样式…"，对已有的单元样式进行管理。

⑮ 将表格链接至外部Excel数据：单击链接"单元按钮" ⊞，选择"创建新的Excel数据链接"，输入链接名称，查找链接文件，选择工作表，单击确定完成链接。

对选中的单元格双击，就可调用"文字格式"工具栏，在此对文字进行修改、编辑或更改格式。

1.4.3　夹点编辑

夹点就是图形对象的控制点。在图形对象被选中的时候，夹点就会显示出来。显示的夹点有三种状态，即显示但未选中的夹点、处于悬停状态的夹点和被选中的夹点。三种不同的状态分别以不同的颜色表示，默认状态下未选中的夹点是蓝色，悬停状态的夹点是绿色，被选中的夹点是红色。只有被选中的夹点才可以编辑。通过对夹点编辑可以修改图形对象。

要选中夹点，先选择对象，然后移动光标到夹点上单击，即可完成单个夹点的选择。如果要选择多个夹点，可在拾取第一个夹点的同时按住Shift键。

对选中的夹点可以进行的操作有拉伸、移动、旋转、比例、镜像。选中夹点后，命令行提示"指定拉伸点或 [基点(B)/复制(C)/放弃(U)/退出(X)]："，指定点，就可以对夹点进行拉伸。这时如果回车，则可以在拉伸、移动、旋转、比例、镜像的操作间循环，以方便选择适当的夹点操作方式。也可以单击右键，使用快捷菜单进行操作的快速选择。

夹点的操作都具有复制模式，在使用复制模式时源对象不会被删除。因此都会产生新的图形对象，而且可以多次产生。要使用复制模式，需在出现命令提示时，输入c，以采用复制模式。复制模式要结束命令，可以敲回车、按空格、按Esc键或右键确认。

夹点的操作默认方式是以当前点为操作基点，若要重新指定基点，需在出现命令提示时输入b，以重新指定基点。

1.4.4　对象特性修改

　　绘制的每个图形对象都具有特性。有些特性是常规特性，适用于多数对象，例如图层、颜色、线型、透明度和打印样式。有些特性是特定于某个对象的特性，例如，圆的特性包括半径和面积，直线的特性包括长度和角度。

　　大多数常规特性可以通过图层指定给对象，也可以在绘制时直接指定给对象。在绘制完成后还可以修改。修改常规特性的方法如下。

　　1）在命令行内执行命令：Chprop（ch） 命令执行后，命令行提示"输入要更改的特性［颜色(C)/图层(LA)/线型(LT)/线型比例(S)/线宽(LW)/厚度(T)/透明度(TR)/材质(M)/注释性(A)］："，输入c更改颜色，命令行提示"新颜色［真彩色(T)/配色系统(CO)］<Bylayer>："，输入颜色索引号或标准名，即可更改对象颜色；输入la更改图层，命令行提示"输入新图层名<0>："，输入目标图层名，完成图层更改；要更换线型，输入lt，命令行提示"输入新线型名<ByLayer>："，输入线型名，完成线型更改；同样，要完成线型比例、线宽、厚度、透明度、材质、注释性更改，分别输入s、lw、t、tr、m、a，根据提示完成更改。

　　2）通过对象"特性"选项板　要调用对象特性选项板可以在命令行内执行命令Properties(pr)，或者单击标准工具条上的按钮 📋，或者从修改菜单执行特性命令。命令执行后，会显示特性选项板，在特性选项板上详细列出选中对象的特性，包括常规特性，要更改某一项的值，需单击项目右侧的列表框，直接输入值或选中一个列表值。

　　3）使用源对象进行匹配　要进行匹配，可以在命令行内执行Matchprop（ma），或者单击标准工具条上的"特性匹配"按钮 📋，或者通过修改菜单执行"特性匹配"。命令执行后，命令行提示"选择源对象："，选择源，命令行提示"选择目标对象或［设置(S)］："，选择要更改特性的对象，源的特性将按设置匹配到目标上。如果要更改设置，这时可以输入s，回车确认，程序弹出"特性设置"对话框（图1-95），以设置要匹配的项目。

图1-95　"特性设置"对话框

　　①"标注"：将目标对象的标注样式和注释性特性更改为源对象的标注样式和特性。此选项仅适用于标注、引线和公差对象。

②"多段线"：将目标多段线的宽度和线型生成特性更改为源多段线的宽度和线型生成特性，但源多段线的拟合/平滑特性和标高不会传递到目标多段线。如果源多段线具有不同的宽度，则其宽度特性不会传递到目标多段线。

③"材质"：将材质更改应用到对象的材质。如果源对象没有指定材质，而目标对象有指定的材质，则将目标对象的材质删除。

④"文字"：将目标对象的文字样式和注释性特性更改为源对象的文字样式和特性。"文字"选项仅适用于单行文字和多行文字对象。

⑤"视口"：更改以下目标图纸空间视口的特性以匹配源视口的相应特性：开/关、显示锁定、标准或自定义比例、着色打印、捕捉、栅格以及UCS图标的可见性和位置。但剪裁设置和每个视口的UCS设置，图层的冻结/解冻状态不会传递到目标对象。

⑥"阴影显示"：更改阴影显示方式。对象可以投射阴影、接收阴影、投射和接收阴影或者忽略阴影。

⑦"图案填充"：将目标对象的图案填充特性（包括其注释性特性）更改为源对象的图案填充特性。要与图案填充原点相匹配，请使用Hatch或Hatchedit命令中的"继承特性"，此选项仅适用于图案填充对象。

⑧"表格"：将目标对象的表格样式更改为源对象的表格样式，此选项仅适用于表格对象。

⑨"多重引线"：将目标对象的多重引线样式和注释性特性更改为源对象的多重引线样式和特性，此选项仅适用于多重引线对象。

1.5 图块

图块是由一个或一个以上的基本图元构成的一个集合，这个集合是一个图形对象，这个对象是定义了名称、指定了基点、设置了单位、具有相关说明并被指定了使用方式的特殊对象。块一旦定义就可以多次使用。使用块产生的图形对象被删除后，块定义不会被删除，仍然可以使用块定义产生新的图形对象。因此，在园林设计中需要重复使用的图形，如树、亭、廊、小品、模纹花坛等，多数要定义成块，以方便使用。块定义一旦被修改，所有使用块定义的图形均会被修改。所以使用图块可以批量作业，从而提高作业速度。

图块分为内部块和外部块：内部块是保存在当前文件中的块，只能被当前文件使用；外部块是保存在外部文件中的块，既可以被当前文件使用也可以被其他文件使用。

1.5.1 图块定义

（1）内部块的定义
定义内部块的方法如下。
① 菜单方式："绘图"→"块"→"创建"。
② "绘图"工具条方式："创建块"按钮 🔲 。
③ 命令行方式：Block（b）。
执行命令后，程序弹出"块定义"对话框（图1-96），在对话框中完成块的定义。
"名称"：指要定义的块的名称。
"基点"：使用块时的对齐点。可以"在屏幕上指定"，也可以"拾取点"，还可以在直接指定基点的x、y、z值。"在屏幕上指定"方式是指在退出定义时在屏幕上指定基点，"拾取点"方式是指暂时关闭对话框以使用户能在当前图形中拾取插入基点。

"设置块单位"：设置块使用时的单位。

图1-96　"块定义"对话框

"对象"：构成块的图元。可以在"在屏幕上指定"，也可以"选择对象"。"在屏幕上指定"是指在退出定义时在屏幕上指定对象，"选择对象"是指关闭对话框以前用户选择图元构成图块。选择对象方法有两种：单击"选择对象"左侧的按钮 ，退出对话框，以选择对象；单击"选择对象"右侧的按钮 ，通过"快速选择"对话框来选择具有某些特性的图形对象。被选中的图形对象，要保留，选中"保留"单选项；要把选中的对象转化为块，选中"转化为块"单选项；创建块后要删除被选中的对象，选中"删除"单选项。

"方式"：块使用时的方式，包括"注释性"（创建的块是否为注释性块）、"按统一比例缩放"（指定块是否在X、Y、Z轴方向上按统一比例缩放）、"允许分解"（创建的块是否允许分解）。

定义完成上述参数，单击确定，内部块定义完成。

（2）外部块的定义

定义外部块的方法如下。

在命令行内执行命令：Wblock（w）。

命令执行后，弹出"写块"对话框（图1-97），在对话框中定义要写块的参数。

"源"：用于指定源对象。

"块"：使用内部块作为源对象。

"整个图形"：使用整个图形作为源对象。

"对象"：选择对象作为源。选择对象作为源时，需要指定基点，可以单击"拾取点"按钮暂时退出对话框，在屏幕上指定基点；也可以直接输入基点的x、y、z值。指定对象时可以单击"选择对象"左侧的按钮 ，退出对话框，以选择对象；也可以单击"选择对象"右侧的按钮 ，通过"快速选择"对话框来选择具有某些特性的图形对象。被选中的图形对象，在创建块时要保留，需选中"保留"单选项；要把选中的对象转化为块，需选中"转化为块"单选项；创建块后要删除被选中的对象，需选中"删除"单选项。

"目标"：用以定义外部块的保存参数。"文件名和路径"：用以指定具有完整路径的外部块名。"插入单位"：用以定义外部块使用时的单位。

图1-97 "写块"对话框

1.5.2 图块插入

对于已定义好的图块，AutoCAD可以随时使用。使用的主要命令有Insert、Minsert、Divide、Measure。

（1）执行Insert命令的方法

① 菜单方式："插入"→"块"。

② "绘图"工具条方式："插入块"按钮 。

③ 命令行方式：Insert（i）。

命令执行后，打开"插入"对话框（图1-98）

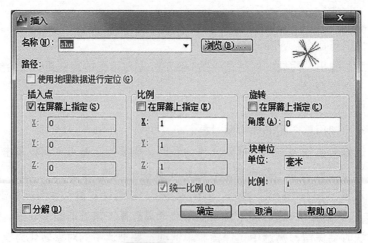

图1-98 "插入"对话框

首先，在"插入"对话框的"名称"列表框内选择已定义的内部块的名称，或单击右侧的"浏览"按钮，找到要插入的外部块。

然后，指定插入点、比例和旋转参数。如果需要使用定点设备指定插入点、比例和旋转角度，要勾选每个"在屏幕上指定"。否则，请在"插入点""比例"和"旋转"框中分别输入值。如果要将块中的对象作为单独的对象而不是单个块插入，请勾选"分解"复选项。

最后，单击"确定"，完成块的插入。

执行一次i命令，只能插入一个块。

（2）执行Minsert命令的方法

在命令行输入Minsert。

命令执行后，命令行提示"输入块名或［？］<shu>："，输入块名，命令行提示"指定插入点或［基点(B)/比例(S)/旋转(R)］："，输入点，命令行提示"指定比例因子<1>："，输入值，命令行提示"指定旋转角度<0>："，输入角度，命令行提示"输入行数(---)<1>："，输入数，命令行提示"输入列数(---)<1>："，输入数，命令行提示"输入行间距或指定单位单元(---)："，输入行距值，命令行提示"指定列间距(---)："，输入列间距，回车完成块的插入。

Minsert是以矩形阵列的方式插入块，但插入块后形成的是一个图形对象，并且不能分解。

（3）执行Divide命令的方法

① 菜单方式："绘图"→"点"→"定数等分"。

② 命令行方式：Divide（di）。

命令执行后，命令行提示"选择要定数等分的对象："，选择对象，命令行提示"输入线段数目或［块(B)］："，输入b回车，命令行提示"输入要插入的块名："，输入块名，命令行提示"是否对齐块和对象？［是(Y)/否(N)］<Y>："，要对齐对象时回车；不对齐时输入n，命令行提示"输入线段数目："，输入数。完成块的插入。

（4）执行Measure命令的方法

① 菜单方式："绘图"→"点"→"定距等分"。

② 命令行方式：Measure（me）。

命令执行后，命令行提示"选择要定距等分的对象："，选择对象，命令行提示"指定线段长度或［块(B)］："，输入b回车，命令行提示"输入要插入的块名："，输入块名，命令行提示"是否对齐块和对象？［是(Y)/否(N)］<Y>："，要对齐回车，不对齐输入n，命令行提示"指定线段长度："，输入数，完成块的插入。

注意：定距等分命令插入块时，是从靠近拾取点的对象端点处开始插入块。

插入图块还可以采用拖动方式插入外部块。这时从Windows资源管理器或任一文件夹中，将图形文件图标拖至绘图区域。释放按钮后，根据提示指定插入点、缩放比例和旋转值就可插入一个外部块。

插入的图块作为一个整体，可以使用修改命令进行编辑。

1.5.3　图块属性

属性是指从属于图块的非图形信息，它是特定的包含在块定义中的文字对象，并且在定义一个块时，属性必须预先定义而后在定义块时被选中才能为块所使用。

（1）定义属性

执行命令的方法如下。

① 菜单方式："绘图"→"块"→"定义属性"。

② 命令行方式：Attdef（att）。

命令执行后，打开"属性定义"对话框（图1-99）。在对话框中完成属性的模式、插入点、文字、属性标记、属性默认值、属性值输入时的提示信息等属性特性定义。当一个属性的模式特性被更改时将影响新属性定义的默认模式，但不会影响现有属性定义。

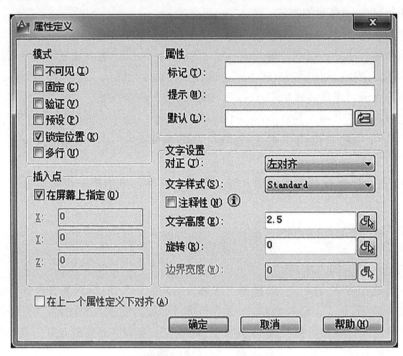

图1-99 　 "属性定义"对话框

属性"模式"是指在图形中插入块时，所设定的属性与块的关联选项。主要包括如下几项。

可见性：属性可见不可见，若要使插入的属性不可见不打印，选中"不可见"复选项，否则属性是可见的并可打印。对不可见的属性，要使之可见并可打印，可执行Attdisp命令，选择on，则所有属性均可见；选择off，则所有属性都不可见；选择n，恢复每个属性的可见性设置。只显示可见属性，不显示不可见属性。

是否是固定值：若插入块时这个属性使用一个固定值，选中"固定"复选项，否则，插入块时就需要临时输入一个属性值。

输入值时是否需要验证：若需要进行验证，选中"验证"复选项，插入块时，会提示对属性值进行验证，否则输入值就是默认值或临时输入的值。

是否为预设值：插入块时，属性值是否采用默认值。若采用默认值选中"预设"复选项，否则需要输入值。

是否锁定在块中的位置：若要锁定属性在块中的位置，选中"锁定"复选项，否则属性就可以在使用夹点的块中移动。但是，在动态块中，由于属性的位置包括在动作的选择集中，因此必须将其锁定。

是否可以是多行文字：如果属性值可以是多行，选中"多行"复选项，否则输入的属性值只能是一行。

"插入点"：也就是属性的对齐点。若要在屏幕上指定，选中"在屏幕上指定"复选项，在定义完属性参数后，单击确定，然后在屏幕上指定；若要直接指定，可以在X、Y、Z后面的文本框中直接输入插入点的坐标值。若要将属性标记直接置于之前定义的属性的下面，选中"在上一个属性定义下对齐"复选项，那么属性将会在上一个属性下面和上一个属性对齐，并且这个属性将采用上一个属性的文字设置。

"文字设置"：用以定义属性的文字格式。包括文字的对正、文字样式、文字高度和文字块的旋转角度。要指定文字的对正方式，单击"对正"右侧的下拉列表框，选择对正方式；要指定使用的文字样式，单击"文字样式"右侧的下拉列表框，选择已经定义的文字样式；如果文字样式没有指定高度，这时要指定文字高度，可以直接在"文字高度"右侧的文本框中输入值，也可以单击文本框右侧的按钮 ，从屏幕上指定；如果要指定整个文字块的旋转角度，可以直接在"旋转"右侧的文本框中输入值，也可以单击文本框右侧的按钮 ，从屏幕上指定；要对多行文字指定文本宽度，可以直接在"边界宽度"右侧的文本框中输入值，也可以单击文本框右侧的按钮 ，从屏幕上指定。

如果要指定属性特性为"注释性"，则选中"注释性"复选项。如果使用注释性特性的属性的块，则属性将与块的方向相匹配。

"标记"：用以指定插入属性后，在视图中属性标记成什么字符。标记的字符串可以是除了"！"和空格以外的所有字符。标记的字符串直接在右侧的文本框中输入。

"提示"：用以指定插入块的过程中，需要输入属性值时在命令行里的提示信息。提示信息直接在右侧的文本框中输入。如果不输入提示，属性标记将用作提示。如果在"模式"区域选择"固定"模式，"属性提示"选项将不可用。

"默认"：用以设定属性的默认值。默认值在右侧的文本框中直接输入，或者，单击文本框右侧的按钮 ，从弹出的对话框中选择一个字段作为属性的默认值。

单击"确定"，完成属性的定义。

（2）创建和使用带属性的块

创建带有属性的块的步骤如下。

① 绘制图元。

② 定义属性。

③ 创建块：选择对象时，要选中所有要使用的属性。

④ 使用Insert命令，插入块，在出现提示信息时，根据提示输入值，则块中所有的属性都会在块中相应位置显示输入的值。

（3）提取块的属性值

大部分的属性用于图形的说明，但少部分属性值有时要用于数据分析，这时可以提取属性值。提取属性值时可以利用属性提取向导，执行命令的方法如下。

① 菜单方式："工具"→"数据提取"。

② 工具条方式："修改II"工具条→"数据提取"按钮 。

③ 命令行方式：Dataextraction（dx）。

命令执行后，弹出"数据提取"对话框（图1-100），单击"下一步"按钮，打开"属性提取−定义数据源"对话框，在对话框中指定源文件或在当前文件中选择对象，单击"下一步"，弹出"属性提取–选择对象"对话框，在对象列表框中选择要提取属性的对象，单击"下一步"，弹出"属性提取–选择特性"对话框，从"类别过滤器"中选择要提取数据的类别，从特性列表框中选择提取哪些特性，单击"下一步"，弹出"属性提取–优化数据"对话框，优化提取数据的格式，单击"下一步"，弹出"属性提取–选择输出"对话框，在对话框中定义数据输出到什么地方，单击"下一步"，弹出"属性提取完成"对话框，单击"完成"，完成数据提取。

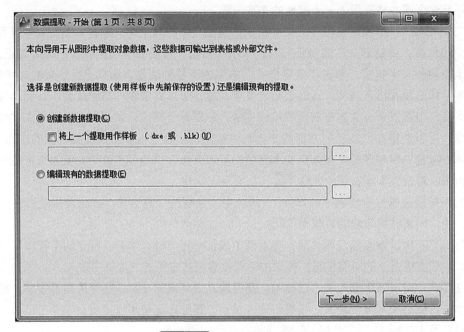

图1-100 "数据提取"对话框

1.5.4 图块修改

图块修改可以先将图块分解，编辑后再次以原图块名定义块，也可以在图块编辑器中完成修改。

（1）打开块编辑器的方法

① 菜单方式："工具"→"块编辑器"。

② 工具条方式："标准"工具条→"块编辑器"按钮 ⬚ 。

③ 命令行方式：Bedit（be）。

命令执行后均会打开"编辑块定义"对话框（图1-101），在对话框中选中要编辑的块，单击确定，选中的块就在"块编辑器"（图1-102）中打开并可以编辑了。

编辑块时，可以为块中的对象添加参数和动作，从而使用块内的图形对象在一定动作条件下进行修改而不影响其他地方使用的块定义，这种块我们称之为动态块。这种对块修改的预定义的操作称为动作，动作有移动、缩放、拉伸、极轴拉伸、旋转、阵列和查询。因为动作时需要参数，所以参数是动作时需要的参数源。

（2）创建动态块的方法有分步添加参数与动作和直接添加参数集两种。

1）分步添加参数与动作

① 在块编辑器下打开块定义。

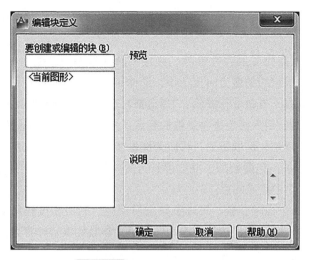

图1-101 "编辑块定义"对话框

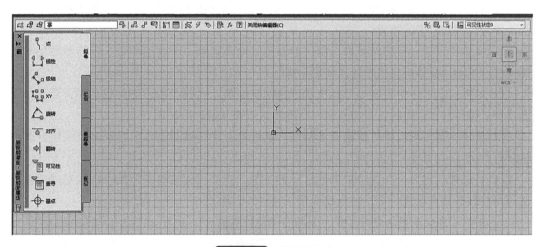

图1-102 "块编辑器"

② 添加参数：在"块编写选项板"上选择"参数"选项卡并选择一个参数，在块中插入参数，指定放置位置。

③ 添加动作：在"块编写选项板"上选择"动作"选项卡并选择一个动作，在块中选择参数，为参数指定动作。

④ 把动作指定给图形对象。

⑤ 保存并关闭块编辑器。

2）直接添加参数集

① 在块编辑器下打开块定义。

② 添加参数集：在"块编写选项板"上选择"参数集"选项卡并选择一个参数集，在块中插入参数集，并指定放置位置。

③ 把动作指定给图形对象：右单击动作图标，选择"动作选择集"→"修改选择集"，按提示为动作指定图形对象。

④ 保存并关闭块编辑器。

（3）"块编写选项"板上各参数命令的意义及支持的动作

① 点：定义一个点参数。点参数用于移动和拉伸动作。点的移动矢量作为移动和拉伸的矢量。

② 线性：定义两点构成的线性参数。线性参数用于移动、缩放、拉伸和阵列等动作。线性参数约束动作在两点的角度方向上动作，动作时以控制点投影在两点连线上的变化作为参照，对对象进行编辑（当命令行提示："指定要与动作关联的参数点或输入〔起点(T)/第二点(S)〕<起点>："时，用户确定是将参数的起点还是端点用于动作的基点）。

在线性参数的"特性"选项板上，可以为线性参数指定距离值的类型（无：动作可以是任意值。增量：动作按一定量增加，亦即步长方式。列表：按列表中的量进行动作），也可以更改"基点位置"为中点或端点。

③ 极轴：定义一个极轴参数。极轴参数由两点构成的线和极轴角度构成。极轴参数用于移动、缩放、拉伸、阵列和极轴拉伸等动作。极轴参数约束动作在两点连线上的投影距离和角度的相对变化，对对象进行编辑。

④ XY：定义一个XY参数。XY参数是由基点、端点两点构成的距离参数。XY参数用于移动、缩放、拉伸和阵列等动作。XY参数约束动作在两点的距离上动作，动作以点的相对变化作为参照，对对象进行编辑。

⑤ 旋转：定义一个旋转参数。旋转参数由一个基点和一个角度构成。旋转参数用于旋转动作。控制对象围绕基点旋转角度变化量。

⑥ 对齐：定义一个点和一个角度构成的对齐参数。对齐参数没有关联动作，而是用于整个块。使用块在对齐时以点为基点，角度线为对齐方向进行对齐。

⑦ 翻转：定义两点构成的翻转参数线。翻转参数用于翻转动作。控制对象围绕翻转线翻转。

⑧ 可见性：定义一个块中对象的可见性参数。定义可见性参数后就可以控制块内对象的可见性状态和可见性。可见性参数不与任何动作关联。

⑨ 查询：定义动态块查寻参数。只与查询动作关联。

⑩ 基点：为动态块参照相对于该块中的几何图形定义一个可更改的基点。与动作无关联。

使用动态块时，首先插入块，然后单击选中块，单击动作控制点移动光标完成动作，编辑完毕回车确认。

1.6 标注

为增加图纸的可读性，经常需要使用文字和尺寸进行注释说明。使用文字注释说明叫文字标注，使用尺寸注释说明叫尺寸标注。

1.6.1 文字标注

使用文字标注的一般步骤如下。

① 建立文字专用图层。

② 定制文字样式。

③ 调用文字命令。

④ 录入和修改文字。

⑤ 文字编辑。

（1）定义和管理文字样式

所谓文字样式，就是文字的式样，是指包含了文字字体、高度和方向的文字式样。系统默认的文字样式是Standard，它使用的是txt.shx字体、文字高度为0、宽度比例为1、没有倾斜的一种文字式样。已经使用的文字样式和Standard不允许删除。定义新的文字样式和对已定义的文字样式的管理都是通过"文字样式"对话框来完成的。

调用"文字样式"对话框的方法如下。

① 菜单方式："格式"→"文字样式"。

② 工具条方式："文字"工具条→"文字样式"按钮 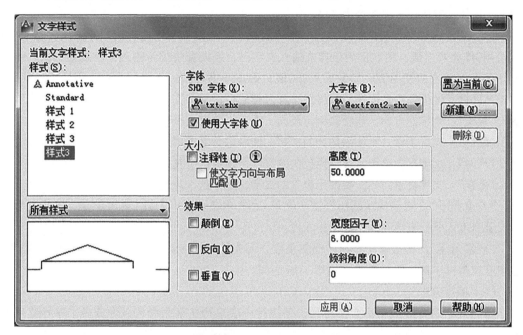 。

③ 命令行方式：Style（st）。

命令执行后均会打开"文字样式"对话框（图1–103）。

图1-103 "文字样式"对话框

对话框中各元素的意义和使用方法如下。

"样式"文本框：列出了当前文档中使用"样式过滤器"过滤出的所有样式名。单击一个样式名就可以选中这个样式。被选中的样式将在"样式过滤器"下方的"预览"框中显示。被选中样式的各元素详细情况将在文本框右侧各元素定义中显示。当样式元素被修改时"预览"框中的显示同时改变。要使用这种修改，单击"应用"，再次使用这个样式时，将按新的元素定义使用，并且所有使用这个样式的字体和方向都会发生改变。要重命名，右单击，选择"重命名"，输入新名字即可。

"样式过滤器"："样式"文本框下方的下拉列表框就是"样式过滤器"，单击列表框，选择"全部样式"或"正在使用的样式"，"样式"文本框将列出所有被过滤出的样式名。

"置为当前"按钮：将把选中的样式置为当前。置为当前的样式才可使用。

"删除"按钮：删除选中的样式。需要注意的是，AutoCAD不允许对已使用的文字样式删除。

"新建"按钮：将各元素当前设置定义为一个新的文字样式。在弹出的对话框中命令。

命名时要注意名字的意义，只有有意义的名字才可方便使用。

文字样式元素包含字体、大小和效果三部分。

"字体"：包括"字体名"和"字体样式"。

"字体名"列表框：包括了机器中安装的可以使用的各种字体。要使用一种字体，单击列表框，选中这个字体。字体包括T类型的字体、.shx形字体和@类型的字体。T是系统中已注册的TrueType字体，以填充的方式显示。.shx是AutoCAD软件Fonts目录下已编译的矢量字体。带@者为采用utf8编码的字体。形字体中有数千个非ASCII字符，为支持这种文字，程序提供了一种称作大字体文件的特殊类型的形定义。要使用这种定义，选中"使用大字体"复选项。不同的字体，能够支持的"字体样式"不同。"字体样式"有常规、粗体、斜体、粗斜体。要使用哪一种样式，单击"字体样式"列表框，选中这种样式。如果选中了形字体中的大字体，字体样式将变为大字体。

"高度"：这种文字样式的高度值。要设置高度，直接在文本框中输入值，默认为0。如果使用0作为高度值，每次使用该样式输入文字时，系统都将提示输入文字高度，输入时的默认值是上一次的使用值。如果输入非0值，则在表格样式、标注样式中使用这个样式时，这个高度具有优先等级，即在表格样式、标注样式中设置的文字高度将不起作用。

"效果"：文字的方向。包括颠倒、反向、垂直、宽度因子和倾斜角度。

"颠倒"：文字倒置。要使用颠倒的文字，选中这个复选项。

"反向"：文字反向显示。要使用反向的文字，选中这个复选项。

"垂直"：文字垂直对齐。要使用垂直的文字，选中这个复选项。

"宽度因子"：文字的宽高比例值。大于1时文字变胖，小于1时文字变瘦。默认值为1，要设置宽度因子，直接在文本框中输入值。

"倾斜角度"：是指单个字符的倾斜角度，而非整个文字对象的角度。要设置倾斜角度，直接在文本框中输入值。取值在 −85～85 之间。

（2）单行文字

单行文字命令形成单行文字对象，但执行一次单行文字命令可以形成多个单行文字对象，每一行是一个图形对象。每一个图形对象可以单独编辑和修改。一个单行文字对象只能使用一种文字样式和一种文字大小。因此单行文字只适宜于简短的文字。

执行单行文字命令的方法如下。

① 菜单方式："绘图"→"文字"→"单行文字"。

② 工具条方式："文字"工具条→"单行文字"按钮 **AI** 。

③ 命令行方式：Text、Dtext（dt）。

命令执行后，命令行提示"指定文字的起点或［对正(J)/样式(S)］:"，输入点（对正点），命令行提示"指定高度<2.5000>："，输入值，命令行提示"指定文字的旋转角度<0>："，输入值（整个文字块的旋转角度），然后录入文字，如果要再建一个单行文字，回车或用光标单击拾取一个文字对齐点，录入文字……。如果要结束命令，要连续两次回车，或者回车后按Esc键。

如果上次输入的命令为Text，则在"指定文字的起点"提示下按Enter键将跳过文字高度和旋转角度的提示。用户在文本框中输入的文字将直接放置在前一行文字下。在该提示下指定的点也被存储为文字的插入点。

创建文字时，可以单击图形中的任意位置以创建新的文字块。还可以使用键盘在文字块之间移动（例如，对于使用Text命令创建的新文字，可以通过按Tab键或Shift+Tab组合键浏览文字组，或者通过按Alt键并单击每个文字对象来编辑一组文字行）。

文字录入时，可以通过输入Unicode字符串和控制代码来输入特殊字符和格式文字。如：录入%%D为角度符号（°），%%P为正/负或者尺寸公差符号（±），%%C圆直径符号（ϕ），%%O上划线开关，%%U下划线开关，\u+2103为℃。

如果命令执行后，发现当前文字样式不是要使用的样式，可以在命令行提示"指定文字的起点或［对正(J)/样式(S)］："时，输入s，命令行提示"输入样式名或［？］<Standard>："，输入文字样式名。如果忘记了样式名，可以输入"？"，程序会在弹出的文本窗口中列出可以使用的文字样式，然后在命令行内输入文字样式，就可以使用这种文字样式了。

文字样式置为当前，可以使用文字样式管理器，也可以在"样式"工具条上选择"文字样式"按钮 ，从弹出的对话框中将要使用的文字样式置为当前，或者在"样式"工具条上单击"文字样式"列表框，选中要使用的样式。

如果要指定文字的对正方式，在命令行提示"指定文字的起点或［对正(J)/样式(S)］："时，输入j，命令行提示"输入选项［对齐(A)/布满(F)/居中(C)/中间(M)/右对齐(R)/左上(TL)/中上(TC)/右上(TR)/左中(ML)/正中(MC)/右中(MR)/左下(BL)/中下(BC)/右下(BR)］："，输入对齐方式，输入的文字即按这种方式对正。

其中，"对齐"是与基线对齐，通过指定基线的两个端点来指定基线，输入文字时整个文字块的长度和基线对正。文字的高度在输入过程中会根据字的宽度按比例自动调整。所以文字字符串越长，字符越矮。

"调整"是按基线调整，文字块对齐到基线上，文字的宽度随输入自动调整，但高度值不变。

"中心"是以指定的点作为文字基线的水平中心进行对齐。输入时文字向中心点的两侧匀齐。

"中间"文字在基线的水平中点和指定高度的垂直中点上对齐。中间对齐的文字不保持在基线上。"中间"与"正中"不同，"中间"使用的中点是所有文字的中点，而"正中"使用大写字母高度的中点。

"右"是文字块的右与起点对齐。

"左上"是文字块的左上与起点对齐。

"中上"是文字块的中上与起点对齐。

"右上"是文字块的右上与起点对齐。

"左中"是文字块的左中与起点对齐。

"右中"是文字块的右中与起点对齐。

"正中"是文字块的正中心与起点对齐。

"左下"是文字块的左下与起点对齐。

"中下"是文字块的中下与起点对齐。

"右下"是文字块的右下与起点对齐。

（3）多行文字

多行文字也叫段落文字，一个多行文字是一个图形对象。因为多行文字可以使用多个文字样式和大小，所以多行文字适合在需要复杂格式文字的时候使用。一个多行文字对象中输入的文本最大为256KB。多行文字对象由多行文字命令产生。

执行多行文字命令的方法如下。

① 菜单方式："绘图"→"文字"→"多行文字"。

② 工具条方式："文字"工具条→"多行文字"按钮 **A** 。

③ 命令行方式：Mtext（t、mt）。

命令执行后，命令行提示"指定第一角点："，输入点，命令行提示"指定对角点或［高度(H)/对正(J)/行距(L)/旋转(R)/样式(S)/宽度(W)/栏(C)］："，输入点，程序弹出多行文字编辑器（图1-104），即可在两点指定的区域内录入文字。这时也可以指定多行文字的格式，若要指定文字高度（若为注释性文字样式，此时指定的是图纸文字高度），输入h；若要指定多行文字的对正方式，输入j；若要指定行距，输入l；若要指定整个多行文字的旋转角度，输入r；若要指定使用的文字样式，输入s；若要指定多行文字的宽度，输入w；若要指定分栏与否、分成什么样的栏，输入c，按提示完成分栏。设置完毕，指定绘图区域即可录入文字，录入文字时可以随时更改文字样式和文字格式，也可以随时对录入的文字选中进行编辑，录入完毕，单击确定，从而形成一个复杂的多行文字对象。

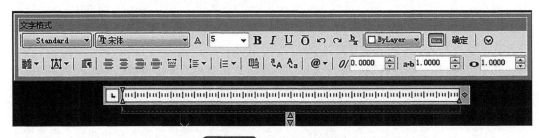

图1-104　多行文字编辑器

多行文字编辑器是多行文字录入的强大工具，多行文字编辑器中各选项或命令的意义如下。

"文字样式"列表框 Standard ：下拉列表框中列出了可以使用的文字样式。使用时直接选择。

"字体"列表框 宋体 ：下拉列表框列出了可以使用的字体。要使用哪种字体，直接选取。

"文字高度"列表框 5 ：列出了使用过的文字高度。可以直接选取，也可以直接输入。

"粗体" **B** ：设置粗体的控制开关。按下去为粗体，弹起来为取消粗体。

"斜体" *I* ：设置斜体的控制开关。按下去为斜体，弹起来为取消斜体。

"下划线" U ：下划线开关。按下去执行下划线，弹起来为取消下划线。

"上划线" Ō ：上划线开关。按下去执行上划线，弹起来为取消上划线。

"放弃" ↶ ：放弃一步操作，即撤消一步。

"重做" ↷ ：撤消的一步重做。

"堆叠" ：创建或取消堆叠字符。堆叠字符有3种，即上下堆叠如 ，识别符为"^"；上下分数式的堆叠如 ，识别符为"/"；左右分数式的堆叠如 ，识别符为"#"。操作时先输入带识别符的文字如a^b，选中，单击"堆叠"按钮，即完成堆叠。要取消堆叠，选中堆叠字符，单击"堆叠"。

"颜色"列表框 ByLayer ：设置文字颜色。

"标尺" ：标尺显示开关。

"确定" **确定**（Ctrl+回车）：确认文字录入或编辑完毕，关闭多行文字管理器。

"选项" ⊙：选项菜单。大部分的命令和工具栏上的按钮是重叠的，其中，"插入文字""查找与替换"为选项所独有。"插入文字"是通过对话框从.txt文件中输入文字。"查找与替换"是通过对话框查找与替换文字。选项菜单和文字编辑的右快捷菜单基本相同。

"栏数" **■▾**：分栏菜单。通过菜单内的命令可以将多行文字分栏。

"多行文字对正" **囚▾**：指定整个多行文字的对正方式。

"段落" **▤**：通过段落对话框指定段落格式，包括间距、对齐、缩进、悬挂等。

"左对齐" **▤**：当前段落左对齐。

"居中" **▤**：当前段落居中。

"右对齐" **▤**：当前段落右对齐。

"对正" **▤**：当前段落根据多行文字的对正方式确定向两端中的哪一端对正。

"分布" **▦**：两端匀齐。

"行距" **▤▾**：设置当前段落行距。

"编号" **▤▾**：创建项目符号和编号。

"插入字段" **▥**：在当前位置使用字段。通过字段对话框选择一个字段插入。

"全部大写" **⒜**：小写转换成大写。

"小写" **⒜**：大写转换成小写。

"符号" **@▾**：特殊字符菜单。选择一个特殊字符插入。如果菜单内没有，单击"其他"，从弹出的对话框内选择特殊字符插入。

"倾斜角度" **0/0.0000**：设置当前文字的倾斜角度。要设置时直接在文本框内输入。

"追踪" **a·b1.0000**：设置当前文字的字符间距。设置范围在0.75～4.00之间。要设置时直接在文本框内输入。

"宽度因子" **o1.0000**：设置当前字符的宽高比。设置范围在0.10～10.00之间。要设置时直接在文本框内输入。

（4）文字对象的修改

文字对象修改方式有多种，常用的方法有如下3种。

① 在对象特性选项板上对文字内容和格式进行修改。操作方法是，执行pr命令，选择文字对象，修改文字对象。

② 在位编辑。双击文字对象，调用文字编辑器，对文字进行在位编辑。

③ 使用文字编辑命令对文字进行编辑。执行DDedit（ed），选择文字对象，对文字在位编辑。

1.6.2 尺寸标注

尺寸标注简称尺寸。尺寸由尺寸文本、尺寸线、尺寸箭头和尺寸界线四个基本部分构成（图1–105）。在使用尺寸标注时，第一步要建一个尺寸专用的图层以方便管理；第二步是定义标注要使用的文字样式；第三步是定义尺寸各构成部分的详细情况即创建标注样式；第四步是执行标注命令进行标注；最后修改尺寸以达到理想的要求。

（1）创建标注样式

标注样式即标注格式，是指尺寸标注各构成要素的详细格式。创建和管理标注样式是通过"标注样式管理器"来完成的。调用"标注样式管理器"的方法如下。

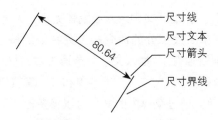

尺寸线
尺寸文本
尺寸箭头
尺寸界线

80.64

图1-105 尺寸标注的基本构成

① 菜单方式:"格式"→"标注样式"。
② 工具条方式:"样式"工具条→"标注样式"按钮 🖋。
③ 命令行方式:Dimstyle(d)。
命令执行后,弹出"标注样式管理器"对话框(图1-106)。

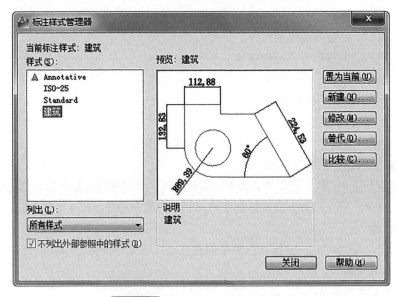

图1-106 "标注样式管理器"对话框

"样式(s):"列表框列出了当前文件中"样式过滤器"过滤出的"正在使用的样式"或"所有样式"。单击一个样式名就会选中这个样式,选中的样式会在预览框中显示图样。说明信息会在"说明"框中详细列出。

要使用选中的样式,单击"置为当前(u)"按钮。

要在选中样式的基础上形成新的样式,单击"新建(N)…",从弹出的对话框中完成新建样式。

要修改一个样式,单击选中,然后单击"修改(M)…",从弹出的对话框中完成样式修改。样式一旦被修改,所有使用这个样式的标注全部被修改。

如果不希望使用这个样式的标注被修改,只想临时使用一些不同的格式,可以选中这个样式,单击"替代(O)…",从弹出的对话框中设定标注样式的临时替代值,从而形成一个替代样式。替代样式只能临时使用,当把其他样式置为当前时,替代样式不会被保存,也就不能置为当前。若要再次使用这种替代样式,可以使用格式匹配命令(ma)。

对两种样式,一时看不出什么区别,不知道使用哪个样式时,可以单击"比较(C)…",从弹出的对话框中选择两种样式,就可以详细比较两者的不同。

单击"新建（N）…"定义新样式时，程序会弹出"创建新标注样式"对话框，在"新样式名"文本框中输入要创建的标注样式名，在"用于"列表框中选择标注所适用的类型（类型有线性标注、角度标注、半径标注、直径标注、坐标标注、引线和公差标注）或所有标注，单击继续，弹出"新建标注样式"对话框（图1–107），在对话框中不同的选项卡上，对标注样式的具体格式进行设置，以完成新建样式。

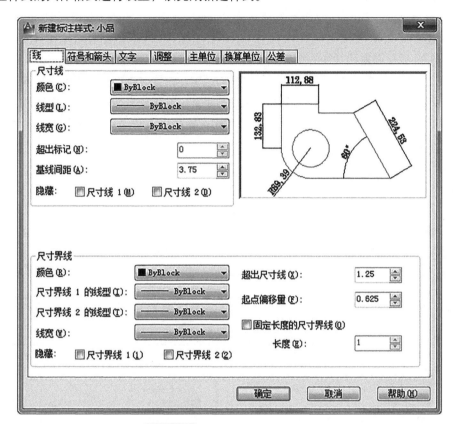

图1–107 "新建标注样式"对话框

1）"线"选项卡。用于对尺寸线和尺寸界线格式进行设置。"尺寸线"用于尺寸线的设置，"尺寸界线"用于尺寸界线的设置。其中：

①"尺寸线"。"颜色"：设置尺寸线颜色。设置时单击列表框，从中选择一种颜色。或者单击"选择颜色"，从弹出的对话框中选择颜色。

"线型"：设置尺寸线使用的线型。设置时单击列表框，从中选择一种线型。或者选择"其他"，从弹出的对话框中选择"加载"，加载上要使用的线型，然后选择这种线型。

"线宽"：设置尺寸线的线宽。设置时单击列表框，从中选择一种线宽。

"超出标记"：用于指定当箭头使用倾斜、建筑标记、积分和无标记时，尺寸线超过尺寸界线的距离。设置时直接在文本框中输入。

"基线间距"：设置基线标注的尺寸线之间的距离。设置时直接在文本框中输入。

"隐藏"：设置隐藏尺寸线。要隐藏尺寸线时直接选中复选项。"尺寸线1"是指指定的第一点那侧的尺寸线。"尺寸线2"是指指定的第二点那侧的尺寸线。选中复选项相应的尺寸线将隐藏。

②"尺寸界线"。"颜色"：用于设置尺寸界线颜色。设置时单击列表框，从中选择一种

颜色。或者单击"选择颜色",从弹出的对话框中选择颜色。

"尺寸界线1的线型":用于设置尺寸界线1使用的线型。设置时单击列表框,从中选择一种线型。或者选择"其他",从弹出的对话框中选择"加载",加载上要使用的线型,然后选择这种线型。

"尺寸界线2的线型":用于设置尺寸界线2使用的线型。设置时单击列表框,从中选择一种线型。或者选择"其他",从弹出的对话框中选择"加载",加载上要使用的线型,然后选择这种线型。

"线宽":用于设置尺寸线的线宽。设置时单击列表框,从中选择一种线宽。

"超出尺寸线":指定尺寸界线超过尺寸线的距离。设置时直接在文本框中输入。

"起点偏移量":设置尺寸界线偏离指定点的距离。设置时直接在文本框中输入。

"固定长度的尺寸界线":这个复选项用于指定使用固定的尺寸界线长度。要设置长度,直接在"长度"后面的文本框中输入。

"隐藏":设置隐藏尺寸界线。要隐藏尺寸界线时直接选中复选项。"尺寸界线1"是指指定的第一点那侧的尺寸界线。"尺寸线2"是指指定的第二点那侧的尺寸界线。

2)"符号和箭头"选项卡(图1-108)。用于设置尺寸箭头等标注符号。

①"箭头"。"第一个":用于设置第1条尺寸线侧的箭头。箭头的形式有实心闭合、空心闭合、闭合、点、建筑标记、倾斜、打开、指示原点、指示原点2、直角、30°角、小点、空心点、空心小点、方框、实心方框、基准三角形、实心基准三角形、积分、无等多种形式。

图1-108 "符号和箭头"选项卡

设置时，单击列表框，选择一种。用户也可以使用块定义的箭头在这里使用，自定义时先创建箭头的块定义，然后在箭头列表中选择"用户箭头"，从弹出的对话框内选择自定义的箭头块定义即可，注意块的基点要指定在箭头的前端点上。

"第二个"：用于设置第2条尺寸线侧的箭头。设置时，单击列表框，选择一种使用。

"引线"：用于设置引线标注的箭头。设置时，单击列表框，选择一种使用。

"箭头大小"：用于设置箭头的大小。设置时直接在文本框中输入。

"圆心标记"：设置圆心标记的外观和直径标注、半径标注的圆心标记。直径标注和半径标注时仅当将尺寸线放置到圆或圆弧外部时，才绘制圆心标记。标记的形式包括无、标记、直线3种形式。无是指不创建圆心标记；标记是指创建十字形圆心标记；直线是指创建直线加十字形构成的圆心标记。要使用哪种形式的圆心标记，选中那个单选项。要改变十字圆心标记的大小，直接在文本框中输入。

② "折断标注"：用于设置标注打断的长度。设置时直接在文本框中输入。

③ "弧长符号"：用于设置如何使用弧长符号。弧长符号的使用方式包括标注文字的前方、标注文字的上方和无。设置时直接选中要选的单选项。

"半径折弯标注"的"折弯角度"：用于设置半径折弯的角度。设置时直接输入。

"线性折弯标注"的"折弯高度因子"：用于设置线性折弯的高度比例。高度比例是指与使用文字的高度比例。设置时直接在文本框中输入。

3）"文字"选项卡（图1-109）。用于设置标注所使用的文字格式。其中：

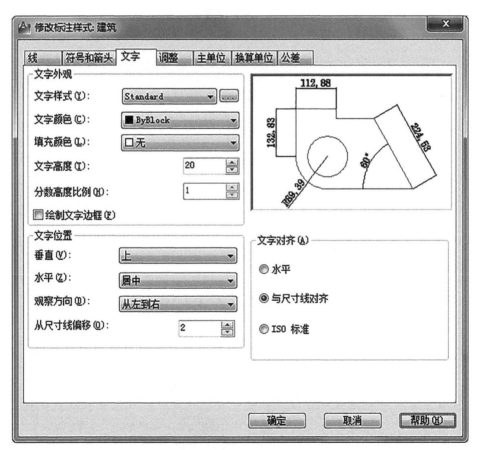

图1-109 "文字"选项卡

①"文字外观"用于设置尺寸文本的外观。"文字样式"用于指定尺寸文本所使用的文字样式，设置时，可以从下拉列表框内选择已创建的文字样式，也可以单击下拉列表框右侧的命令按钮，新建一个文字样式，然后选择使用。"文字颜色"用于设置文本颜色，设置时单击列表框选择一种颜色。"填充颜色"用于设置文本的背景色，设置时单击列表框选择一种颜色。"文字高度"用于指定文字高度，设置时直接输入文字高度值，但样式中定义了高度时，样式的文字高度值将替代这个值。"分数高度比例"用于指定主单位使用分数时分数的高度比例因子，分数将按比例值乘以文字高度的高度值进行使用，设置时从文本框中直接输入值。"绘制文字边框"用于设置标注文字块是否使用边框，若使用边框，选中这个复选项。

②"文字位置"用于设置尺寸文本的位置。"垂直"用于设置垂直方向上文字的位置，位置有上、下、居中、外部和JIS，设置时单击列表框，选择一种位置。"水平"用于设置水平方向上文字的位置，位置有居中、第一条尺寸界线、第二条尺寸界线、第一条尺寸界线上方和第二条尺寸界线上方，设置时单击列表框，选择一种位置。"观测方向"用于设置文本的读取顺序，顺序有从左到右、从右到左，设置时单击列表框，选择一种。"从尺寸线偏移"用于设置尺寸文本到尺寸线的距离，设置时在文本框中直接输入。

③"文字对齐"用于设置标注文字放在尺寸界线外边或里边时，文字是保持水平还是与尺寸线对齐。要保持水平，选中"水平"单选项；要与尺寸线对齐，选中"与尺寸线对齐"单选项；如果要使在尺寸界线内的文字与尺寸线对齐、在尺寸界线外的文字水平排列，则选中"ISO"标准。

4)"调整"选项卡（图1-110）。用于设置需要调整时标注文字、箭头、引线和尺寸线的放置。其中：

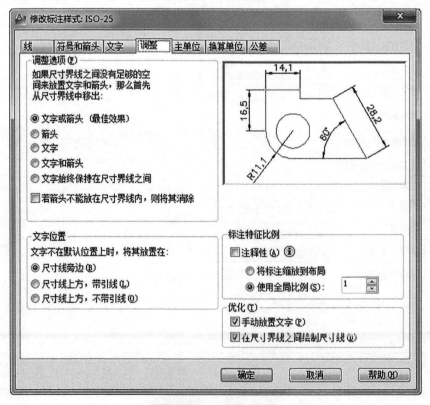

图1-110 "调整"选项卡

①"调整选项":用于设置当尺寸界线之间没有足够的空间放置文字和箭头时,文字和箭头怎么样从尺寸界线中移出。方式有:文字或箭头、箭头、文字、文字和箭头、文字始终在尺寸线之间。要使用哪种方式选中那个复选项。如果箭头不能放在尺寸界线内时要将其消除,选中"若箭头不能放在尺寸界线内,则将其消除"复选项。

②"文字位置":用于设置文字调整时文字放置的位置。放置的位置有:"尺寸线旁边""尺寸线上方,带引线""尺寸线上方,不带引线"。设置时选中相应的复选项。

③"标注特征比例":用于设置全局标注比例值或图纸空间比例。如果根据当前模型空间和图纸空间之间的比例设置比例因子,选中"将标注缩放到布局"单选项;如果为所有标注样式设置设定一个比例,标注样式指定的大小、距离或间距,包括文字和箭头大小都按这个比例值进行缩放,则要选中"使用全局比例"单选项(该缩放比例并不更改标注的测量值,只改变尺寸的外观)。

④"优化":用于设置标注文字调整时的优化选项。其中,"手动放置文字"是指忽略所有水平对正设置并把文字放在"尺寸线位置"提示下指定的位置;"在尺寸界线之间绘制尺寸线"是指即使箭头放在测量点之外,也在测量点之间绘制尺寸线。

5)"主单位"选项卡(图1-111),用于设置设定主标注单位的格式。

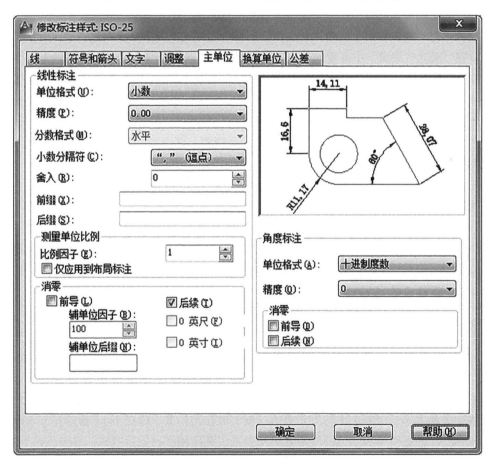

图1-111 "主单位"选项卡

①"线性标注":用于设置线性标注的格式。"单位格式"是指主单位采用什么样格式的数值,可用的数值类型有科学、小数、工程、建筑、分数和Windows桌面(使用小数分隔符

和数字分组符号设置的十进制格式），设置时单击列表框选中要使用的数字格式。"精度"用于设置数值的精度。设置时单击列表框选取。"分数格式"用于设置主单位为"分数"时的分数样式，分数样式有水平、对角、非堆叠，要使用哪种样式，单击列表框，从列表中选择。"小数分割符"用于设置主单位为小数时小数点使用的符号，可以使用的符号有逗号、句号和空格符，设置时单击列表框从下拉列表中选择。"舍入"用于设置标注测量值的舍入规则，如果输入 0.25，则所有标注距离都以0.25为单位进行舍入；如果输入1.0，则所有标注距离都将舍入为最接近的整数，小数点后显示的位数取决于"精度"设置。"前缀"用于设定测量数字前的文字，可以输入文字或使用控制代码显示特殊符号，例如，输入控制代码 %%C 显示直径符号，注意当使用前缀时，将覆盖在直径和半径等标注中的默认前缀。"后缀"用于设定测量数字后的文字，用法和"前缀"相同，输入的后缀将替代所有默认后缀。

②"测量单位比例"用于设置线性标注所标注的数值与测量数值的比例，设置时在文本框内直接输入，如果仅将测量比例因子应用于布局视口中创建的标注，选中"仅应用到布局标注"复选项。

③"消零"用于设置是否清除标注前导零和后续零。要清除前导零，复选"前导"选项。要清除后续零，复选"后续"选项。当主单位不足一个最低小数位时，标注如果使用第二单位，要在"辅单位因子"中设置主单位和辅单位的比例关系，所要设置的值录入文本框中，并在"辅单位后缀"中设置的单位文字，则标注将会使用辅单位进行标注。

④"角度标注"用于标注中角度数值格式的设置。"单位格式"用于设置使用什么格式的角度。角度格式有：十进制度数、度/分/秒、百分度、弧度。要设置角度格式，单击列表框，选择要使用的格式。"精度"用于设置角度数值的精度，设置时单击列表框，选择精度。"消零"用于设置是否清除角度标注的前导零和后续零。要清除前导零，复选"前导"选项；要清除后续零，复选"后续"选项。

6）"换算单位"选项卡（图1-112），用于设置换算单位的文字格式，其内容和主单位基本相同。其中：

"换算单位倍数"是指主单位和换算单位的换算比例，设置时直接在文本框中输入比例值。"位置"用于设置"换算单位"标注的位置，如果换算单位放置在主单位后，要选中"主值后"单选项；如果换算单位放置在主单位下，要选中"主值下"单选项。如果要显示换算单位，复选"显示换算单位"复选项。

7）"公差"选项卡（图1-113）用于设置公差样式。其中：

①"公差格式"用于设置公差的格式。"方式"用于设置公差的显示方法，可以设置为无、对称、极限偏差、极限尺寸、基本尺寸。"无"为不显示公差。"对称"为显示正/负表达式，其中一个偏差量的值应用于标注公差值。"极限偏差"为显示正/负公差表达式，将"上偏差"的公差值前面显示正号，"下偏差"的公差值前面显示负号。"极限尺寸"是指公差采用一个最大和一个最小值的方式显示，最大值在上，最小值在下。"基本尺寸"是指创建基本标注，并在整个标注范围周围显示一个框。要采用哪种显示方式，单击下拉列表框，直接选取。

②"精度"用于设置公差的精度。设置时单击下拉列表框，直接选取。

"上偏差"设定最大公差或上偏差。设置时直接在文本框中输入。

"下偏差"设定最小公差或下偏差。设置时直接在文本框中输入。

上篇 基础篇

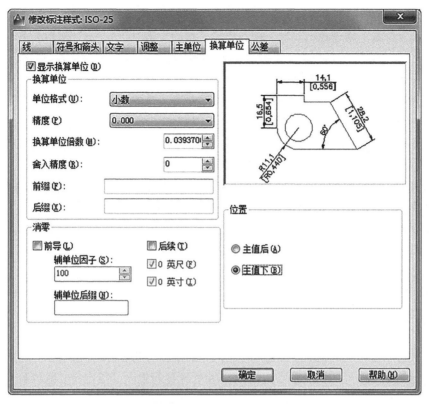

图1-112 "换算单位"选项卡

图1-113 "公差"选项卡

③ "高度比例"用于设置公差与文字高度的比例。设置时直接在文本框中输入。

④ "垂直位置"用于控制对称公差和极限公差的文字对正。"上"是指公差与主标注文字的顶部对齐;"中"是指公差与主标注文字的中间对齐;"下"是指公差与主标注文字的底部对齐。设置时单击下拉列表框直接选取。

⑤ "公差对齐"用于设置堆叠公差时如何对齐。有两种对齐方式:"对齐小数分隔符""对齐运算符"。设置时单击选取。

⑥ "消零"用于设置是否禁止输出前导零和后续零。设置时单击选取。

⑦ "换算单位公差"用于设置换算单位的公差显示。

设置完毕,单击"确定",返回"标注样式管理器",单击"置为当前",关闭对话框,就可以使用这个样式进行标注了。

(2)创建标注

1)线性标注　线性标注用于标注水平或垂直的线性尺寸。

执行命令的方法如下。

① 菜单方式:"标注"→"线性"。

② 工具条方式:"标注"工具条→"线性"按钮 ⊢┤。

③ 命令行方式:Dimlinear(dli)。

命令执行后,命令行提示"指定第一个尺寸界线原点或<选择对象>:",输入点,命令行提示"指定第二条尺寸界线原点:",输入点,命令行提示"指定尺寸线位置或［多行文字(M)/文字(T)/角度(A)/水平(H)/垂直(V)/旋转(R)］:",输入点,完成线性尺寸标注。这种方法标注时,在水平方向移动光标指定尺寸线的位置,一般标注的是垂直线性尺寸;垂直移动,一般标注的是水平线性尺寸。

线性尺寸标注也可以通过选择对象的方式进行,在命令行提示"指定第一个尺寸界线原点或<选择对象>:"时,回车,命令行提示"选择标注对象:",选择对象,命令行提示"指定尺寸线位置或［多行文字(M)/文字(T)/角度(A)/水平(H)/垂直(V)/旋转(R)］:",输入点,完成标注。

在命令行提示"指定尺寸线位置或［多行文字(M)/文字(T)/角度(A)/水平(H)/垂直(V)/旋转(R)］:"时,可以输入m,调用多行文字编辑器对标注文本进行编辑输入;也可以输入t,调用单行文字编辑工具对标注文本进行编辑输入,测量值为"<>"内默认值,但需手动输入;

如果输入a,可以设置尺寸文本的旋转角度;输入h,强制进行水平线性尺寸标注;输入v,强制进行垂直线性尺寸标注;输入r,可以设置尺寸线旋转的角度。

2)对齐标注　对齐标注用于标注两点之间的线性距离,尺寸线始终与对象对齐。

执行命令的方法如下。

① 菜单方式:"标注"→"对齐"。

② 工具条方式:"标注"工具条→"对齐"按钮 ⟍⟋ 。

③ 命令行方式:Dimaligned(dal)。

命令执行后,命令行提示"指定第一个尺寸界线原点或<选择对象>:",输入点,命令行提示"指定第二条尺寸界线原点:",输入点,命令行提示"指定尺寸线位置或［多行文字(M)/文字(T)/角度(A)］:",输入点,完成对齐标注。标注方法和参数含义与线性标注相同,不同的是标出的线性距离意义不同。

3)弧长标注　弧长标注用于标注圆弧长度。

执行命令的方法如下。

① 菜单方式："标注" → "弧长"。

② 工具条方式："标注" 工具条→ "弧长" 按钮 $\nearrow$ 。

③ 命令行方式：Dimarc（dar）。

命令执行后，命令行提示"选择弧线段或多段线圆弧段："，选择弧，命令行提示"指定弧长标注位置或 [多行文字(M)/文字(T)/角度(A)/部分(P)/]："，输入点，完成弧长标注。如果要标注部分弧长，在命令行提示"指定弧长标注位置或 [多行文字(M)/文字(T)/角度(A)/部分(P)/]："时，输入p，命令行提示"指定弧长标注的第一个点："，输入测量起点，命令行提示"指定弧长标注的第二个点："，输入测量端点，命令行提示"指定弧长标注位置或 [多行文字(M)/文字(T)/角度(A)/部分(P)/]："，输入点，完成部分弧长标注。

4）坐标标注　坐标标注用于标注点的X或Y坐标。

执行命令的方法如下。

① 菜单方式："标注" → "坐标"。

② 工具条方式："标注" 工具条→ "坐标" 按钮 $\boxtimes$ 。

③ 命令行方式：Dimordinate（dor）。

命令执行后，命令行提示"指定点坐标："，输入点，命令行提示"指定引线端点或 [X基准(X)/Y基准(Y)/多行文字(M)/文字(T)/角度(A)]："，输入点。完成坐标标注。指定引线时，引线水平放置标注的是Y坐标，引线垂直放置，标注的是X坐标，引线始终与标注的方向垂直。

在命令行提示"指定引线端点或 [X基准(X)/Y基准(Y)/多行文字(M)/文字(T)/角度(A)]："时，如果强制标注X坐标，输入x；如果强制标注Y，输入y；如果要调用多行文本管理器，输入m；如果要使用单行文本管理器，输入t；如果要使用旋转的标注文本，输入a。

5）半径标注　半径标注用于标注圆或圆弧的半径。

执行命令的方法如下。

① 菜单方式："标注" → "半径"。

② 工具条方式："标注" 工具条→ "半径" 按钮 $\bigotimes$ 。

③ 命令行方式：Dimradius（dra）。

命令执行后，命令行提示"选择圆弧或圆："，选择对象，命令行提示"指定尺寸线位置或 [多行文字(M)/文字(T)/角度(A)]："，输入点，完成半径标注。要使用多行文本管理器，输入m；要使用单行文本管理器，输入t；要设置标注文本的旋转角度，输入a。

6）直径标注　直径标注用于标注圆或圆弧的直径。

执行命令的方法如下。

① 菜单方式："标注" → "直径"。

② 工具条方式："标注" 工具条→ "直径" 按钮 $\bigotimes$ 。

③ 命令行方式：Dimdiameter（ddi）。

命令执行后，命令行提示"选择圆弧或圆："，选择对象，命令行提示"指定尺寸线位置或 [多行文字(M)/文字(T)/角度(A)]："，输入点，完成直径标注。要使用多行文本管理器，输入m；要使用单行文本管理器，输入t；要设置标注文本的旋转角度，输入a。

7）角度标注　角度标注用于标注角或圆弧的角度。

执行命令的方法如下。

① 菜单方式："标注"→"角度"。

② 工具条方式："标注"工具条→"角度"按钮 。

③ 命令行方式：Dimangular（dan）。

命令执行后，命令行提示"选择圆弧、圆、直线或<指定顶点>："，选择圆或圆弧，命令行提示"指定标注弧线位置或［多行文字(M)/文字(T)/角度(A)/象限点(Q)］："，输入点，完成角度标注。如果选择直线，命令行提示"选择第二条直线："，选择直线，命令行提示"指定标注弧线位置或［多行文字(M)/文字(T)/角度(A)/象限点(Q)］："，输入点完成坐标标注。也可以在命令执行后，直接回车，用指定点的方式标注角度。回车后，命令行提示"指定角的顶点："，输入点，命令行提示"指定角的第一个端点："，输入点，命令行提示"指定角的第二个端点："，输入点，命令行提示"指定标注弧线位置或［多行文字(M)/文字(T)/角度(A)/象限点(Q)］："，输入点，完成坐标标注。

角度标注时，标注和测量的角度值与指定的标注弧线位置有关，在没有限制时，总是标注和指定尺寸线放置点一侧的角度。命令参数中的"象限点(Q)"用于控制标注的测量和尺寸线放置的象限。在命令行提示"指定标注弧线位置或［多行文字(M)/文字(T)/角度(A)/象限点(Q)］："时，输入q，命令行提示"指定象限点："，输入要测量区间的一个点，命令行提示"指定标注弧线位置或［多行文字(M)/文字(T)/角度(A)/象限点(Q)］："，指定尺寸文本的放置点，完成坐标标注。

8）折弯标注　折弯标注用于圆心不在布局内时创建一个代替圆心的标注。

执行命令的方法如下。

① 菜单方式："标注"→"折弯"。

② 工具条方式："标注"工具条→"折弯"按钮 。

③ 命令行方式：Dimjogged（djo）。

命令执行后，命令行提示"选择圆弧或圆："，选择对象，命令行提示"指定图示中心位置："，指定圆心的替代点，命令行提示"指定尺寸线位置或［多行文字(M)/文字(T)/角度(A)］："，输入点，命令行提示"指定折弯位置："，指定折弯点，完成折弯标注。

9）圆心标记　圆心标记用于图示标记圆心。

执行命令的方法如下。

① 菜单方式："标注"→"圆心标记"。

② 工具条方式："标注"工具条→"圆心标记"按钮 。

③ 命令行方式：Dimcenter（dce）。

命令执行后，命令行提示"选择圆弧或圆："，选择对象，完成圆心标记。

10）基线标注　基线标注用于创建一系列的线性标注、角度标注或坐标标注，一系列标注基于同一条基线。基线使用的是上一个标注或者选择的标注的第一条尺寸界线。

执行命令的方法如下。

① 菜单方式："标注"→"基线标注"。

② 工具条方式："标注"工具条→"基线标注"按钮 。

③ 命令行方式：Dimbaseline（dba）。

命令执行后，命令行提示"指定第二条尺寸界线原点或［放弃(U)/选择(S)］<选择>："，输入点，命令行提示"指定第二条尺寸界线原点或［放弃(U)/选择(S)］<选择>："，输入点……，要结束命令，输入u，或者按Esc键，或者连续两次回车，或者右键选择"确认"。

也可以不使用上一个标注作为基准标注，在命令行提示"指定第二条尺寸界线原点或［放弃(U)/选择(S)］<选择>："时，回车，命令行提示"选择基准标注："，选择标注，然后连续创建一系列的基线标注。

11）连续标注　连续标注用于创建以上一个或选定标注的第二条尺寸界线作为当前标注的第一条尺寸界线而创建一系列的线性标注、角度标注或坐标标注。

执行命令的方法如下。

① 菜单方式："标注"→"连续标注"。

② 工具条方式："标注"工具条→"连续标注"按钮 ⊞ 。

③ 命令行方式：Dimcontinue（dco）。

命令执行后，命令行提示"指定第二条尺寸界线原点或［放弃(U)/选择(S)］<选择>："，输入点，命令行提示"指定第二条尺寸界线原点或［放弃(U)/选择(S)］<选择>："，输入点，……，要结束命令，输入u，或者按Esc键，或者连续两次回车，或者右键选择"确认"。

如果不以上一个尺寸标注作为标注基础，可以在命令行提示"指定第二条尺寸界线原点或［放弃(U)/选择(S)］<选择>："时，选择一个已有的标注，命令行提示"指定第二条尺寸界线原点或［放弃(U)/选择(S)］<选择>："，输入点，……，也可以做一系列的连续标注。

12）快速标注　快速标注用于对选定的对象快速创建一组属性相同的标注。特别适合于连续标注、并列标注和基线标注。

执行命令的方法如下。

① 菜单方式："标注"→"快速标注"。

② 工具条方式："标注"工具条→"快速标注"按钮 ⊡ 。

③ 命令行方式：Qdim。

命令执行后，命令行提示"选择要标注的几何图形："，选择对象，命令行提示"指定尺寸线位置或［连续(C)/并列(S)/基线(B)/坐标(O)/半径(R)/直径(D)/基准点(P)/编辑(E)/设置(T)］<连续>："，将以默认的形式创建一系列的标注。如果想要改变标注方式，可以输入不同选项。输入c，创建连续标注；输入s，创建并列标注；输入b，创建基线标注；输入o，创建坐标标注；输入r，创建半径标注；输入d，创建直径标注；输入p，可以改变基线标注和坐标标注的基准点；输入e，可以编辑系列标注；输入t，可以设置尺寸标注原点的优先等级。

13）快速引线标注　快速引线标注用于创建引线和注释文本。

执行命令的方法：在命令行内执行命令Qleader(le)。

命令执行后，命令行提示"指定第一个引线点或［设置(S)］<设置>："，输入点，命令行提示"指定下一点："，输入点，命令行提示"指定下一点："，输入点，命令行提示"指定文字宽度<>："，输入值，命令行提示"输入注释文字的第一行<多行文字(M)>："，输入文字，回车，命令行提示"输入注释文字的下一行："，输入文字，……，要结束命令，再次回车。录入文字时，也可以调用多行文字管理器以录入多行文字，在命令行提示"输入注释文字的第一行<多行文字(M)>："时，回车，输入多行文字后，关闭多行文字管理器，完成标注。要改变快速引线的标注样式，在命令行提示"指定第一个引线点或［设置(S)］<设置>："时，回车，弹出"引线设置"对话框（图1-114），就可以对引线标注的样式进行设置。

图1-114 "引线设置"对话框

"注释"选项卡用于注释样式的定义。

"注释类型"用于定义注释内容使用什么类型的注释。类型有多行文字、复制对象、公差、块参照和无。其中，复制对象可以复制文本，块参照和公差作为注释。块参照是使用块作为注释；公差是指使用形位公差作为注释；无是指不使用注释，只创建引线。

"多行文字选项"用于指定使用多行文字作为注释时的可选项，包括提示输入宽度、始终左对齐和文字边框。如果要提示输入多行文字宽度，复选"提示输入宽度"；如果要多行文字的每一行总是左对齐，复选"始终左对齐"；如果多行文字要绘制边框，复选"文字边框"。

"重复使用注释"用于定义重复使用注释时，重复使用注释的方式。方式包括无、重复使用下一个、重复使用当前："无"是指不重复使用；"重复使用下一个"是指重复使用将要创建的注释，把下一个注释置为当前；"重复使用当前"是指重复使用当前注释，当选择"重复使用下一个"之后，重复使用注释时将自动选择此选项。

"引线和箭头"选项卡（图1-115）用于定义引线和箭头的样式。

"引线"用于定义使用什么样的引线。引线类型有直线和样条曲线，需要使用什么样的引线需选中相应的单选项。

"点数"用于指定定义引线的点线。"无限制"是指引线创建时由用户控制，在需要结束引线创建时直接回车；"最大值"用于指定限制定义引线的点数为几点，把需要的数直接输入文本框。

"箭头"用于指定箭头类型。使用时单击列表框直接选择。

"角度约束"用于指定引线折弯的角度。要指定第一段引线的约束角度时，单击"第一段"列表框，从中选择。可以选择的项目有任意角度、水平、90°、60°、30°、15°；其中任意角度是指在创建第一条引线时由用户自己指定，水平指的是始终使用水平引线。要定义第二条引线的角度，单击"第二段"列表框，从中选择。

图1-115　"引线和箭头"选项卡

"附着"选项卡（图1-116）用于定义多行文字的对齐方式。

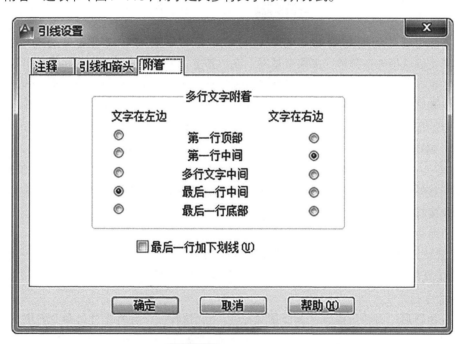

图1-116　"附着"选项卡

"文字在左边"是文字在左边时多行文字和引线对正的选项，"文字在右边"是文字在右边时多行文字和引线对正的选项，中间是选项的内容。"第一行顶部"是指第一行文字的顶部和引线对齐；"第一行中间"是指第一行文字的中间和引线对齐；"多行文字中间"是指多行文字的中间和引线对齐；"最后一行中间"是指最后一行文字的中间和引线对齐；"最后一行底部"是指最后一行文字的底部和引线对齐。要选择哪种对正方式，分别在单选框内单击。"最后一行加下划线"是指在多行文字的最后一行划上下划线，要给多行文字加下划线，选中这个复选项。

14）形位公差标注　形位公差标注用于标注形位公差。

执行命令的方法如下。

① 菜单方式："标注"→"公差"。

② 工具条方式："标注"工具条→"公差"按钮 。

③ 命令行方式：Tolerance（tol）。

命令执行后，弹出"形位公差"对话框（图1-117），通过对话框可以标注形位公差。

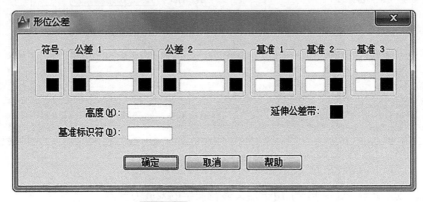

图1-117　"形位公差"对话框

标注时单击"符号"栏黑框以选择形位符号，从"公差"的文本框中分别输入值并单击后面的黑框以选择修饰符号，如果有基准，在"基准"中分别设置基准值和修饰符号；如果有需要的话，在"高度"文本框内设置投影公差带的高度，单击"延伸公差带"的黑框为投影公差带添加符号，在"基准标识符"文本框内输入符号，单击确定，指定插入点，即完成形位公差的标注。

（3）编辑标注

1）等距标注　等距标注用于使尺寸标注的尺寸线保持等距。当间距值设置为0时，可以使一系列线性标注或角度标注的尺寸线齐平。等距标注仅适用于平行的线性标注或共用一个顶点的角度标注。

执行命令的方法如下。

① 菜单方式："标注"→"等距标注"。

② 工具条方式："标注"工具条→"等距标注"按钮 。

③ 命令行方式：Dimspace。

命令执行后，命令行提示"选择基准标注："，选择一个线性标注，命令行提示"选择要产生间距的标注："，选择标注集，回车，命令行提示"输入值或［自动(A)］<自动>："，输入值，程序会自动调整相邻尺寸线的间距为输入值。如果直接回车，则按自动进行调整。自动是指按标注所使用的文字高度的2倍进行调整。

2）折断标注　折断标注用于将标注和尺寸界线与其他对象的相交处打断或恢复标注和尺寸界线，使标注更易读。折断标注可以将线性标注、角度标注和坐标标注等打断。

执行命令的方法如下。

① 菜单方式："标注"→"打断标注"。

② 工具条方式："标注"工具条→"折断标注"按钮 。

③ 命令行方式：Dimbreak。

命令执行后，命令行提示"选择要添加/删除折断的标注或［多个(M)］："，选择要打断的标注，命令行提示"选择要折断标注的对象或［自动(A)/手动(M)/删除(R)］<自动>："，选择与标注相交或与选定标注的尺寸界线相交的对象（这个对象与标注相交的地方将打断），命令行提示"选择要折断标注的对象："，选择对象，……，要结束命令，回车。

也可以选择多个对象同时打断，在命令行提示"选择要添加/删除折断的标注或［多个(M)］："时，输入m，命令行提示"选择要折断标注的对象或［自动(A)/手动(M)/删除(R)］<自动>："，选择与标注相交或与选定标注的尺寸界线相交的对象（这个对象与标注相交的地方将打断），回车确认，命令行提示"选择要折断标注的对象："，选择对象，……，要结束命令，回车。如果要程序自动分析标注要打断的地方，在命令行提示"选择要折断标注的对象或［自动(A)/手动(M)/删除(R)］<自动>："时，直接回车，则标注与所有对象相交的地方都将被打断；如果要手动指定标注上的打断点，输入手动，然后指定两个打断点（手动一次只能打断一个地方）；如果要恢复打断的地方，则输入r。

3）折弯线性 折弯线性用于将线性标注和对齐标注加入折弯。

执行命令的方法如下。

① 菜单方式："标注"→"折弯线性"。

② 工具条方式："标注"工具条→"折弯线性"按钮 。

③ 命令行方式：Dimjogline。

命令执行后，命令行提示"选择要添加折弯的标注或［删除(R)］："，选择标注，命令行提示"指定折弯位置(或按Enter键)："，输入点，如果回车，将在标注文字与第一条尺寸界线之间的中点处添加折弯，或在标注文字位置的尺寸线的中点处添加折弯。要对折弯的标注删除折弯，在命令行提示"选择要添加折弯的标注或［删除(R)］："时，输入r，命令行提示"选择要删除的折弯："，选择有折弯的标注。

4）编辑标注 编辑标注用于旋转、修改或恢复标注文字，更改尺寸界线的倾斜角。

执行命令的方法如下。

① 菜单方式："标注"→"编辑标注文字"。

② 工具条方式："标注"工具条→"编辑标注文字"按钮 。

③ 命令行方式：Dimedit（ded）。

命令执行后，命令行提示"输入标注编辑类型［默认(H)/新建(N)/旋转(R)/倾斜(O)］<默认>："，输入选项，输入参数确认，然后选择对象，回车确认对标注的编辑。

默认用于将标注文字移回到由标注样式指定的默认位置和旋转角；新建用于使用在位文字编辑器新建标注文字（要保留测量值时需保留文本管理器形成的占位符）；旋转用于旋转标注文字；倾斜用于倾斜尺寸界线，倾斜角是从UCS的X轴进行测量。

5）更新标注 更新标注用于修改标注样式，使用当前的标注样式来替换原来使用的样式。

执行命令的方法如下。

① 菜单方式："标注"→"更新"。

② 工具条方式："标注"工具条→"标注更新"按钮 。

③ 命令行方式：–Dimstyle。

前两种方式命令执行后，命令行提示"选择对象："，选择要更新为当前样式的标注，完成更新。

第三种方式执行后，命令行提示"[注释性(AN)/保存(S)/恢复(R)/状态(ST)/变量(V)/应用(A)/?]<恢复>："，输入a，命令行提示"选择对象："，选择要更新为当前样式的标注，完成更新。

6）编辑标注文字　编辑标注文字用于修改标注文字的放置位置和角度。

执行命令的方法如下。

① 菜单方式："标注"→"对齐文字"。

② 工具条方式："标注"工具条→"编辑标注"按钮　。

③ 命令行方式：Dimtedit（dimted）。

命令执行后，命令行提示"选择标注："，选择标注，命令行提示"为标注文字指定新位置或[左对齐(L)/右对齐(R)/居中(C)/默认(H)/角度(A)]："，输入点。也可以指定沿尺寸线放置的位置，如果要使文字沿尺寸线左对齐，输入l；如果指定文字沿尺寸线右对齐，输入r；如果要文字沿尺寸线的中间放置，输入c；如果要放回标注样式规定的位置，输入h；如果要使文本倾斜，输入a，然后指定倾斜角度。

7）特性选项板　执行pr命令，调用对象"特性"选项板，选中要编辑的标注，可以更改标注所有的特性。例如，修改"文字"的"文字替代"值，可以使标注不显示测量值而显示文字替代值。

1.7　图形打印与输出

AutoCAD有两种工作空间：模型空间和布局空间。一般情况下模型空间用于设计绘图，布局空间用于打印输出。模型空间和布局空间之间的关系就像印模和拓印纸张之间的关系，在模型空间设计绘制的图形，可以在布局空间上拓印出图。在布局空间上可以创建不同的布局，不同的布局用于打印不同的图纸。当然在不同的布局上也可以设计绘图，但设计绘图不会影响其他的布局，除非激活了布局上的视口。而模型空间只要发生了改变，布局空间则一定会发生相应的变化，当然这种改变只体现在使用这些变化的布局上，其他布局则不会受影响。模型空间和布局空间的布局之间可以相互切换，切换时只需单击工作空间下方的标签页。

1.7.1　创建和管理布局

（1）创建新布局

创建布局时可以利用"创建布局"向导，创建一个指定了参数的布局；也可先创建一个布局，然后利用"页面设置管理器"的"修改"来修改布局参数。

1）利用"创建布局"向导创建布局　选择"工具"菜单→"向导"→"创建布局"，打开"创建布局-开始"对话框，在"输入新布局的名称"文本框内输入一个有意义的名字。单击"下一步"，打开"创建布局-打印机"对话框，在列表框内选择一个已经安装并可以使用的打印机。单击"下一步"，打开"创建布局-图纸尺寸"对话框，单击下拉列表框，选择要打印纸张的大小。单击"下一步"，打开"创建布局-方向"对话框，单选图纸使用的方向，单击"下一步"，打开"创建布局-标题栏"对话框，为布局选择一个标题栏，并指定使用方式是为块还是外部参照。单击"下一步",打开"创建布局–定义视口"对话框,为布局指定视口。单击"下一步",打开"创建布局–拾取位置"对话框,单击"选择位置"按钮,指定视口的位置,单击"下一步",打开"创建布局–完成"对话框,单击"完成",完成新布局的创建。

2)利用快捷菜单创建布局 右单击工作空间的标签,从快捷菜单中选择"新建布局",单击新建布局的标签切换到新布局,右单击,选择"重命名",为新建布局起个有意义的名字。再次右单击新布局标签,选择"页面设置管理器",打开"页面设置管理器"对话框,选择"修改",弹出"页面设置"对话框,从对话框中设置"打印机""图纸大小""图形方向"等参数。然后通过视口命令管理视口。双击视口内部,激活视口,可以调整显示、打印的区域和比例。双击视口外部,关闭视口。然后执行I命令,选择适合的标题栏外部块,插入标题栏。完成新布局的创建。

(2)管理布局

创建的布局在布局空间上依次排列,右单击布局,可以对单击的布局重命名、删除、移动或复制,也可快速切换到上一个布局或者模型空间。注意这些操作不是针对当前布局,而是指向的布局。所以布局管理只需指向,而不需单击选中。单击选中,会把选中的布局置为当前。

"重命名":指向布局,右单击,选择"重命名",原布局名反相显示,这时直接输入新名称。

"删除":指向布局,右单击,选择"删除",弹出确认对话框,单击确定。

"移动或复制":指向布局,右单击,选择"移动或复制",弹出"移动或复制"对话框,在列表框中选择一个布局名,就可把布局移动到这个布局之前。若要复制布局,复选对话框中的创建副本选项。

"切换到上一个布局":指向布局,右单击,选择"激活前一个布局",可以快速切换到上一个编辑的布局上。

"切换到模型空间":指向布局,右单击,选择"激活模型选项卡"。

"快速查看布局":单击状态栏里的"快速查看布局"按钮 🖼 ,可以快速浏览布局缩略图。

布局的页面设置可以通过"页面设置管理器"对话框(图1-118)进行管理。首先要选中布局,然后执行命令。

调用"页面设置管理器"命令的方法如下。

① 菜单方式:"文件"→"页面设置管理器"。

② 工具条方式:"布局"工具条→"页面设置管理器"按钮 🖺 。

③ 命令行方式:Pagesetup。

④ 快捷菜单方式:右单击选中的布局,选择"页面设置管理器"。

命令执行后,打开"页面设置管理器"对话框,对话框中"页面设置"列表框内列出了可以使用的页面设置,要使用哪个页面设置,单击选中,单击"置为当前",即可将选中的页面设置用于当前布局。要在选中的页面设置的基础上更改以新建页面设置,单击"新建",从对话框中输入新建页面设置的名称,单击"确定",修改参数,完成新建页面设置。若要修改当前布局的页面设置,单击选中,单击"修改",从弹出的对话框中完成修改。若要使用一个已经保存的页面设置,单击"输入",找到要使用的文件,单击打开,选中要使用的页面设置，单击确定，返回"页面设置管理器"对话框，选中输入的页面设置，单击"置为当前"。

"页面设置管理器"对话框

1.7.2 打印出图

完成打印出图，要执行打印命令，完成打印参数的设置。

执行打印命令的方法如下。

① 菜单方式："文件"→"打印"。

② 工具条方式："标准"工具条→"打印"按钮 🖶 。

③ 命令行方式：Plot（print）。

④ 快捷菜单方式：右单击选中的布局，选择"打印"。

⑤ 功能键：Ctrl+P。

命令执行后，均会打开"打印"对话框（图1-119），在对话框中完成打印设置，单击"确定"，即可打印输出图形。

"页面设置"用于指定打印的页面设置。如果已经为布局指定了页面设置，布局所使用的页面设置的详细信息都会在对话框中列出。如果没有指定，可以单击"名称"列表框，为打印布局指定一个页面设置。如果没有合适的页面设置，单击"添加"，添加一个新页面设置。这时弹出对话框，为新页面设置取一个名，返回"打印"对话框，分别在"打印机/绘图仪""图纸尺寸""打印份数""打印区域""打印比例""打印偏移""打印样式表""着色视口选项""打印选项"和"图纸方向"等参数上作合适的设置，然后单击"应用到布局"。

本次和以后的打印出图都可以采用这个设置了，最后单击"确定"，完成打印输出。

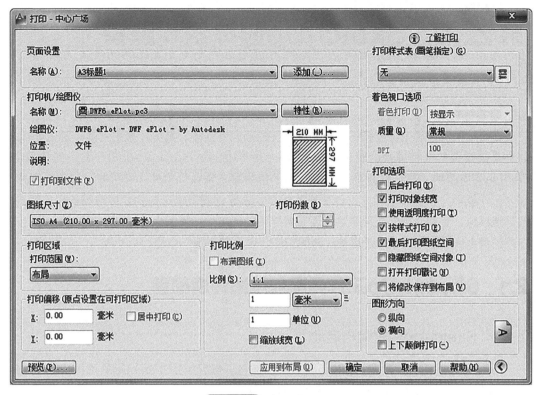

图1-119 "打印"对话框

第2章 SketchUp园林景观建模

在园林景观建模中，电脑设计和画图软件的形式有很多，其中，草图大师（SketchUp）软件是很重要的一种建模的软件。SketchUp最早由Last Software公司开发，2006年被Google公司收购，是一款直观、灵活、易于使用的三维设计软件。它吸收了"手绘草图"和"工作模型"两种传统辅助设计手段的优点，给设计者提供了边构思边表现的工作模式，在环境模拟、空间分析、成果表达方面有着鲜明的优越性。草图大师软件在园林景观设计中应用的最大优点就是建模的速度快、时间较短、设计与表现一体化。

2.1 SketchUp工作界面与绘图环境配置

2.1.1 SketchUp的安装与启动

SketchUp的安装步骤是：首先打开软件安装包，然后找到SketchUp的可执行程序文件（图2-1），双击，按提示进行安装，最后注册和激活。

图2-1 SketchUp的可执行程序文件

安装完成后，默认在计算机桌面上放置SketchUp快捷方式图标（图2-2），双击SketchUp快捷方式，即可启动SketchUp。

图2-2 SketchUp快捷方式图标

2.1.2 SketchUp工作界面

SketchUp启动后，首先进入到SketchUp的欢迎界面，在这里可以了解到软件相关信息并进行模板选择。在欢迎界面的选择模板中单击 选择模板 按钮，选择"建筑设计–毫米"，如图2-3所示，然后单击欢迎界面上的 开始使用 SketchUp 按钮，即可启动，进入SketchUp的初始工作界面（图2-4）。

图2-3 SketchUp的欢迎界面

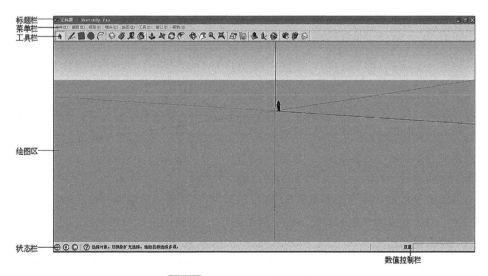

图2-4 SketchUp初始工作界面

SketchUp的工作界面由标题栏、菜单栏、工具栏、绘图区、状态栏和数值控制栏组成。

（1）标题栏

标题栏位于工作界面的最上面，包括窗口控制按钮（最小化、最大化、关闭）以及当前正在运行的程序名和文件名等信息，默认文件名为"无标题"，SketchUp文件后缀为.skp。

（2）菜单栏

菜单栏位于标题栏下方，包括"文件""编辑""视图""镜头""绘图""工具""窗口"和"帮助"8个项目，包含了SketchUp中绝大部分的功能和命令。

（3）工具栏

工具栏包括一系列用户化的工具和控制按钮，是浮动窗口，可以任意拖动其位置。默认显示在菜单栏下方的为"开始"工具栏。工具栏的用户化设置可在菜单栏"视图"→"工具栏"中调用。

（4）绘图区

绘图区是用户编辑模型的区域。在一个三维的绘图区中，可以看到绘图坐标轴。在SketchUp的绘图区中有红、绿、蓝3条线，这3条线就是SketchUp软件中的坐标系。

为了方便用户识别与操作，SketchUp用颜色区分轴方向，用线的虚实区分坐标轴的正、负方向。红线代表X轴方向，绿线代表Y轴方向，蓝线代表Z轴方向；实线代表正方向，虚线代表负方向。

绘图区的人物身高5′9″，可作为创建模型的参照物。

（5）状态栏

状态栏位于绘图区下方，当光标在软件操作界面上移动时，状态栏中会有相应的文字提示，根据这些提示可以帮助使用者更容易地操作软件。状态栏包括两部分；左侧部分显示当前使用命令的提示信息和相关功能键；右侧部分为数值控制栏。数值控制栏可以根据当前的作图情况输入"长度""距离""角度""个数"等相关数值，以起到精确建模作用。

在SketchUp软件中输入数值时，不需要单击鼠标，直接输入相应数值即可。

2.1.3　SketchUp的绘图环境配置

（1）常用工具栏的调出

选择菜单"视图"→"工具栏"，在下拉子菜单中，可以选中打开相应的工具栏（图2-5），被选中的子菜单工具名称前显示"√"。常用工具栏包括大工具集、大按钮、样式、图层、阴影、标准、视图和沙盒等，如图2-6所示。

（2）单位设置

打开菜单"窗口"→"模型信息"（图2-7），在"模型信息"窗口中，选择左侧的"模型信息"，在右侧的长度单位中可以选择"格式"为十进制、毫米，"精确度"为0mm，这是我们常用的绘图单位（图2-8）。

（3）自动备份

打开菜单"窗口"→"使用偏好"（图2-9），在"系统使用偏好"窗口中，选择右侧的"常规"，可勾选右侧的"创建备份"和"自动保存"，并修改自动保存时间间隔（图2-10）。

（4）快捷键的定义

① 打开菜单"窗口"→"使用偏好"（图2-9），在"系统使用偏好"窗口中，选择左侧的"快捷"，在右侧的"已指定"快捷键列表框中便显示与当前命令对应的快捷键。如图2-11所示。

图2-5　SketchUp工具栏

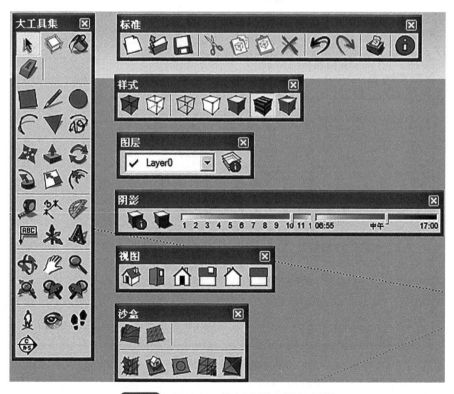

图2-6　SketchUp的大工具集和浮动工具栏

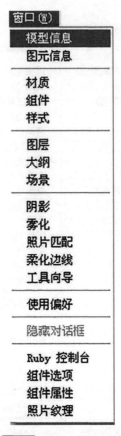

图2-7　窗口"模型信息"

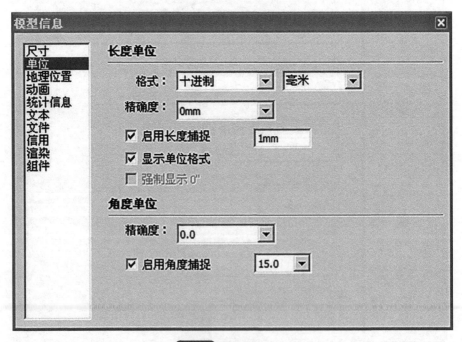

图2-8　模型信息窗口

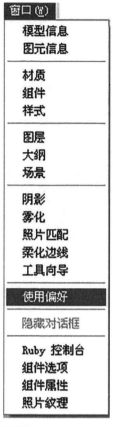

图2-9　窗口"使用偏好"

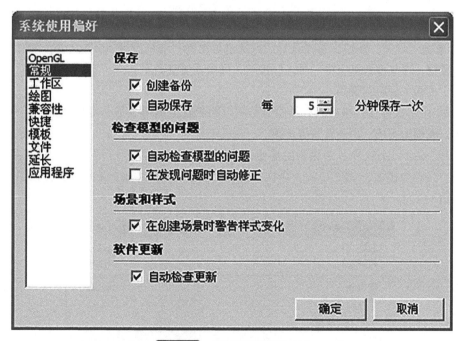

图2-10　"系统使用偏好"窗口

图2-11   SketchUp的快捷键设置

② 在"功能"列表中选择将要定义快捷键的命令。

③ 在"添加快捷方式"对话框中，输入要为此命令定义的单个字母键。也可以按下所需的组合键如"Ctrl""Shift"或"Alt"键，还可以使用组合键，如"Ctrl+Alt"。

④ 单击"+"按钮，可添加至"已指定"对话框中。

⑤ 同一个命令可以对应多个快捷键。如果所定义的快捷键已经被定义给其他命令，此时便是热键冲突。SketchUp会在确定该键为快捷键前询问。有的按键是保留给系统操作的，不能来定义快捷键。

⑥ 单击"导出"按钮，将设置好的快捷键导出为"偏好设置.dat"文件，"确定"即可导出快捷键，在其他计算机中"导入"按钮，可使快捷键通用。

（5）模板的保存与调用

SketchUp软件保存模板后，绘图时可根据需要直接调用，不必每次重新设置一些相关的参数，如模型颜色、页面背景等参数。

打开SketchUp软件，对模型的颜色、页面背景等参数进行了设置后，打开菜单"文件"→"另存为模板"（图2-12），再在"另存为模板"窗口中输入名称，然后点击"保存"按钮（图2-13）。

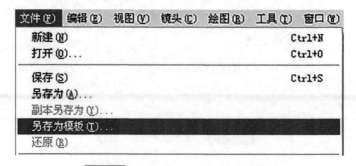

图2-12   SketchUp文件"另存为模板"

图2-13 模板保存窗口

接下来如果打开菜单"窗口"→"使用偏好"→"模板",即可显示刚刚创建的"园林设计"模板了（图2-14）。也可以在启动SketchUp软件后的欢迎界面中选择调用。

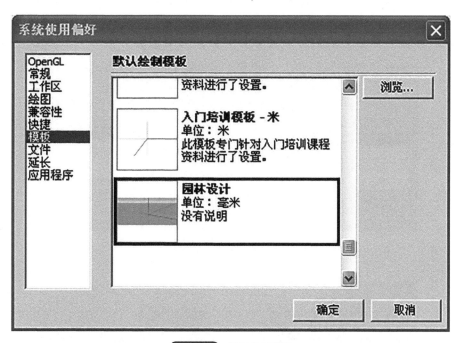

图2-14 默认绘制模板

2.2 SketchUp功能

SketchUp的功能包括绘图工具、修改工具、组与组件、构造工具、显示工具等，本节详细介绍在园林景观建模中常用的各类工具的使用方法。

2.2.1 SketchUp基本工具

SketchUp的基本工具包括"选择""制作组件""颜料桶"和"擦除"，如图2-15所示。

图2-15　SketchUp的基本工具

（1）选择工具

在SketchUp中选择工具是最常用的，为其他工具命令指定操作的实体。在选择几何体时，应根据物体的数量变化及选择类型的不同进行操作，选中的元素或物体会以蓝色亮显。

1）命令启动方法

① 工具图标：![箭头]。

② 菜单：工具→选择。

③ 快捷键：空格键。

2）选择方式　命令启动后，光标变成箭头。

① 单击点选：在图形元素上左键单击，可选中该图形元素。

② 双击：在某个面上左键连续两次点击，选中面及其边线。

③ 三击：左键连续三次点击某个物体，选中与该物体相连的所有的面、线（不包含组和组件）。

④ 窗口选择：从左往右框选，完全在选择框内的物体被选中（图2-16、图2-17）。

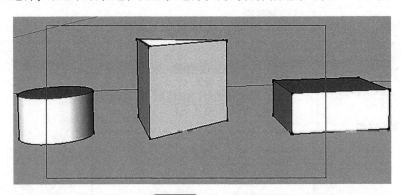

图2-16　窗口选择

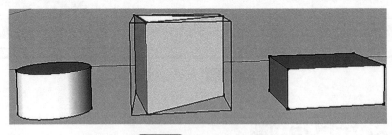

图2-17　窗口选择结果

⑤ 窗交选择：从右往左框选，与选择框相交及在选择框内的物体都被选中（图2-18、图2-19）。

⑥ 增加选择：按住Ctrl键，点击几何体将其添加到当前选择集中。

⑦ 减少选择：同时按住Ctrl和Shift键，点击当前选中的几何体可取消其选择状态。

⑧ 反选：按住"Shift"键，点击几何体即可反转几何体的选择状态。

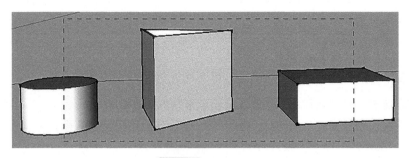

图2-18 窗交选择

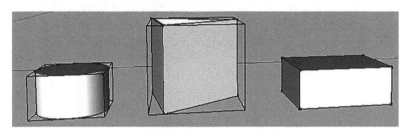

图2-19 窗交选择结果

⑨ 全选：利用"Ctrl+A"组合键，可将可见物体全部选择。菜单命令：编辑→全选。

⑩ 取消选择：在绘图窗口的空白处单击鼠标左键即可取消选择状态。菜单命令：编辑→取消选择，或按组合键"Ctrl+T"。

⑪ 快捷菜单选择：使用选择工具时，也可以右击鼠标弹出快捷菜单。然后从"选择"子菜单中进行扩展选择（图2-20）。

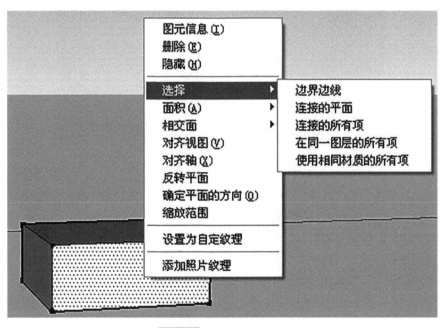

图2-20 "选择"快捷菜单

（2）擦除

擦除工具不但可以直接删除不需要的图形元素，还可以隐藏和柔化边线。

1）命令启动方法

① 工具图标：🪒。

② 菜单：工具→橡皮擦。

③ 快捷键：E。

2）删除方式　命令启动后，光标变成一个带小方框的橡皮擦。

① 删除线及相接面：单击边线，删除边线以及与边线相连接的面。可按住鼠标左键拖动执行命令。如图2-21、图2-22所示。

图2-21　删除线及相接面

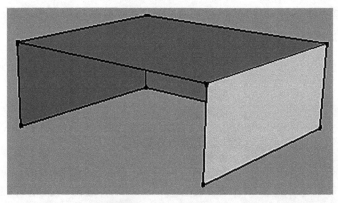

图2-22　删除线及相接面结果

② 删除几何体：用"选择"工具选择要删除的几何体，然后按下Delete键，或者右键弹出快捷菜单，在快捷菜单中选择删除（图2-23）。

③ 隐藏边线：使用"擦除"的同时按住Shift键，即可隐藏边线。

④ 柔化边线：使用"擦除"的同时按住Ctrl键，即可柔化边线；使用"擦除"的同时按住Ctrl键和Shift键，可以取消边线的柔化。

若不小心选中了不想删除的图形元素，可以在删除之前按Esc键取消这次的删除操作。

（3）组与组件

组与组件的共同之处在于都可以将场景中众多的元素编辑成一个整体，保持各元素之间的相对位置不变，从而实现整体操作。组和组件的创建在建模过程中非常重要，在适当时候把模型对象成组或者组件，可避免模型粘连的情况发生。

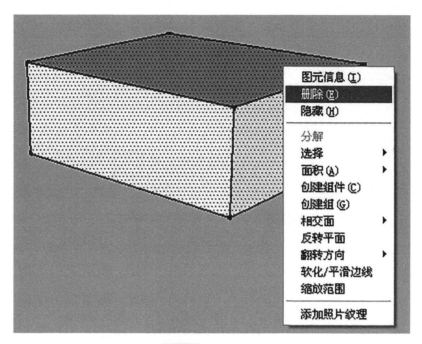

图2-23　删除几何体

1）组　将模型中的一组元素创建为一个整体，称为组或群组。一旦定义了一个组，组中的所有元素就被看作是一个整体，选择时会选中整个组。创建组的优点是组内的元素和外部物体分隔开了，这样就不会被其他元素直接改变。

① 创建组：选择需要成组的元素，单击右键，在弹出的快捷菜单中选择"创建组"（图2-24 ）；或者菜单"编辑→创建组"。创建后的组外围亮显（图2-25 ）。

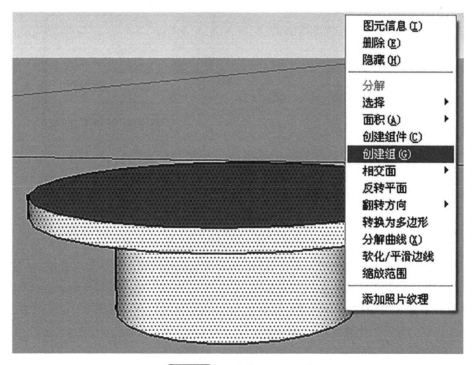

图2-24　快捷菜单"创建组"

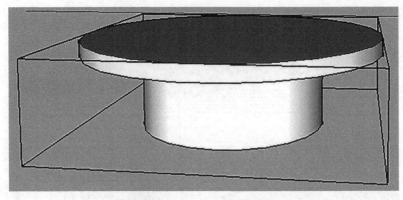

图2-25 外围显示框表明已经创建组

② 分解组：选择要分解的组，右击，在弹出的快捷菜单中选择"分解"，可将组分解恢复为独立的多个元素图（图2-26）。

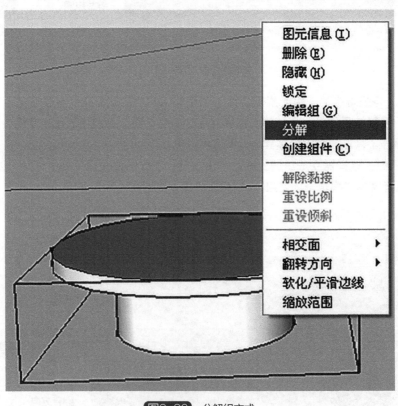

图2-26 分解组方式

③ 编辑组：用"选择"工具在组上双击，或者选中组后再按回车键，就可以进入内部编辑，此时组外围显示黑色虚框（图2-27）。编辑完成，在组的外部单击或者按Esc键退出。

2）组件　组件是被定义为一个整体的一组元素的集合。组件和组不同，组件有关联特性，有名称，是一个SketchUp文件，相同名称的多个组件，修改其中之一，其他组件可以相应自动修改，群组则不能。组件和组的分解、编辑操作方法相同。

① 命令启动方法如下。

Ⅰ.工具图标：▱。

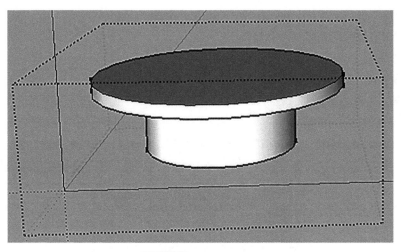

图2-27　组的编辑状态

Ⅱ.菜单：编辑→创建组件。

Ⅲ.快捷键：G。

Ⅳ.右键快捷菜单：选中所需的模型后，点击右键，选择"创建组件"。

② "创建组件"对话框（图2-28）

Ⅰ.名称：给组件命名。

Ⅱ.描述：关于组件的一些信息描述。

Ⅲ.对齐：包含五种黏接方式，用于指定组件插入时所对齐的平面。

Ⅳ.用组件替换选择内容：通常勾选，所选物体会自动合并成一个组。

图2-28　"创建组件"对话框

（4）材质（颜料桶）

该命令用于指定图元的材质和颜色。

1）命令启动方法

① 工具图标：🧴。

② 菜单：工具→颜料桶。

2）使用方法

① 单个赋材质。激活"颜料桶"工具，系统自动弹出"材质"对话框（图2-29），其中包含多个材质文件夹，打开相应的文件夹，选择需要的材质，单击需要赋材质的面。

图2-29　"材质"对话框

② 邻接赋材质。激活"颜料桶"工具，按住Ctrl键，可以同时填充与所选表面相邻接并且使用相同材质的所有表面。若先用选择工具选中多个物体，那么邻接填充操作会被限制在选集之内。

③ 提取材质。在材质对话框中选择"样本颜料"，光标变为吸管，单击需要取样材质的面，再选择需要赋予该样本材质的面。

④ 当前材质。点选"材质"面板中的 🏠 图标，可以显示在当前模型中的材质（图2-30）。在模型中使用的材质右下角带有白色的小三角符号。如果不需要目前所赋予的材质，可以单击 ◣ ，恢复到没有赋予任何材质的预设状态。

⑤ 编辑材质。选择"材质"面板的"编辑"选项按钮，进入材质编辑器，可以对模型中的材质进行颜色、纹理、贴图尺寸、透明度等编辑修改（图2-31）。

图2-30 显示在当前模型中的材质

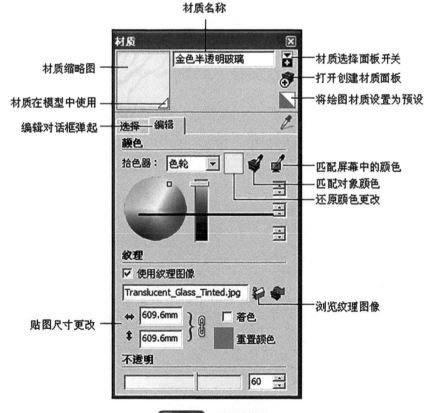

材质名称

材质缩略图

材质在模型中使用

编辑对话框弹起

材质选择面板开关

打开创建材质面板

将绘图材质设置为预设

匹配屏幕中的颜色

匹配对象颜色

还原颜色更改

浏览纹理图像

贴图尺寸更改

图2-31 材质编辑器

⑥ 定位纹理工具。使用图钉调整材质在表面的位置。图钉可以移动或拖动。移动操作只是将图钉移动到材质上的其他位置；拖动操作可对材质进行拖动操作，例如调整大小或倾斜。

定位纹理工具有两个模式：固定图钉模式和自由图钉模式。

在已经赋予材质的图形表面右击，在弹出的右键菜单中选择"纹理→位置"（图2-32），在弹出菜单中"固定图钉"菜单项上单击可以切换"自由图钉"和"固定图钉"模式（图2-33、图2-34）。

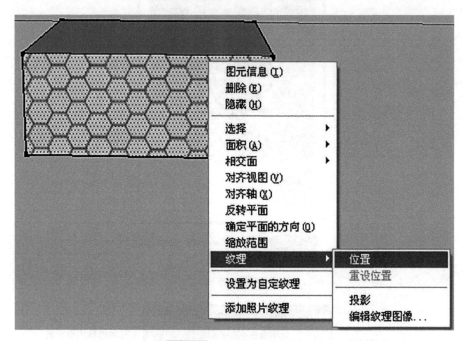

图2-32　纹理位置快捷菜单

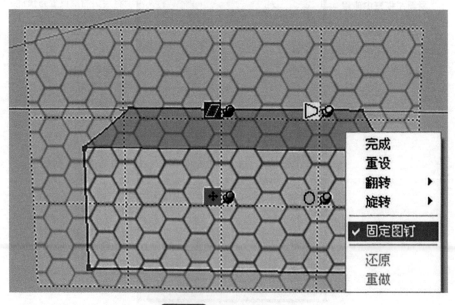

图2-33　"固定图钉"模式

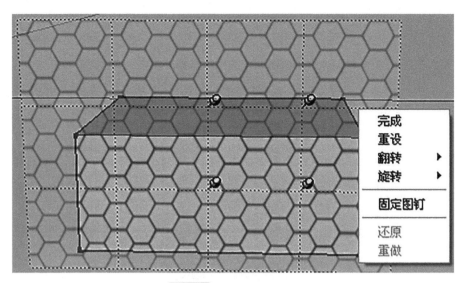

图2-34 "自由图钉"模式

Ⅰ.固定图钉模式。固定图钉模式可在约束或"固定"一个或多个图钉的情况下，对纹理进行调整大小、倾斜、修剪以及扭曲操作。固定图钉模式最适合砖块或屋顶纹理等平铺材质。在固定图钉模式下，每个图钉旁边都会显示彩色图标。

"移动"图钉：拖动（点击并按住）该图钉可移动纹理的位置。

"调整比例"/"旋转"图钉：拖动该图钉可对纹理进行缩放、旋转操作。

"平行四边形变形"图钉：拖动该图钉可对纹理进行平行四边形变形操作。

"梯形变形"图钉：拖动该图钉可对纹理进行梯形变形操作。

Ⅱ.自由图钉模式。在自由图钉模式，单击"图钉"可以改变图钉的位置，拖动"图钉"可以使该图钉对纹理进行变形操作。

2.2.2 绘图工具

SketchUp的绘图工具包括线条、矩形、圆、圆弧、多边形和徒手画。如图2-35所示。

图2-35 SketchUp绘图工具

（1）线条

线条工具用于绘制边线或直线图元。还可以用于拆分面或恢复被删除的面。任何一个三条及以上同一平面的线条闭合即可形成一个面。

1）命令启动方法

① 工具图标：✏。

② 菜单：绘图→线条。

③ 快捷键：L。

2）绘制方法

① 绘制一条直线。单击"线条"工具，光标变成一支铅笔，在绘图区单击以确定直线

的起点，移动光标至直线的终点。此时在数值控制框中会动态显示线段的长度。

输入线段长度：可以在确定线段终点之前或者画好线后，从键盘输入一个精确的线段长度，只输入数字，SketchUp会使用当前文件的单位设置（见图2-36）。

图2-36 长度输入

输入坐标：SketchUp的坐标输入有绝对坐标和相对坐标两种方式。绝对坐标格式为[x,y,z]，用于指定以当前坐标轴为基准的绝对坐标，相对坐标格式为<x,y,z>，用于指定相对于线段起始点的坐标。数值控制栏显示见图2-37。

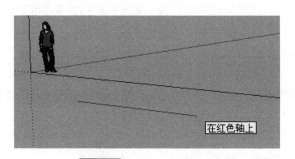

图2-37 坐标输入

② 利用坐标轴绘制直线。绘制直线时，线条显示某个坐标轴颜色时，会在附近显示说明框，说明平行于相应颜色的坐标轴（见图2-38）。

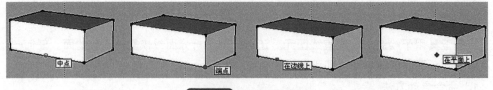

图2-38 直线平行于坐标轴

将直线锁定到当前的推导方向：当绘制的直线显示某个轴线的颜色时，按住Shift键即可将绘图操作锁定到该轴线上。

将直线锁定到特定的推导方向：绘制直线时，按下键盘上箭头、左箭头或右箭头，即可将直线锁定到某个特定的轴，其中上箭头代表蓝轴；左箭头代表绿轴；右箭头代表红轴。

③ 利用特殊点绘制直线。绘制直线时，系统会自动捕捉到一些特殊的点（见图2-39），类似于AutoCAD的对象捕捉，用于提示光标位置，方便绘图时快速准确地找到这些特殊点。

图2-39 特殊点的捕捉

④ 封面。封面是AutoCAD图形导入SketchUp后一项重要的基础操作。三条或更多条直线共面并且首尾相接时，可形成一个面。

规则封闭图形的封面：位于同一个面上的规则封闭图形，用"线条"工具在其中的一边重画一条线段，即可封面（图2-40）。

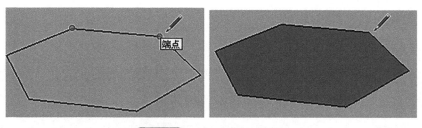

图2-40 规则封闭图形的封面

封闭的曲线图形的封面：用"线条"工具连接曲线上的两个端点，即可封面（图2-41）。

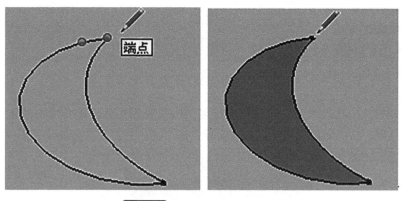

图2-41 封闭的曲线图形的封面

⑤ 等分直线。右键点击直线，在弹出的菜单选择"拆分"，并在"数值控制栏"内输入等分数量，即可将直线等分，或者移动鼠标位置也可确定等分的线段数量（图2-42）。

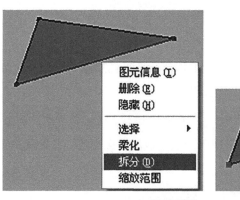
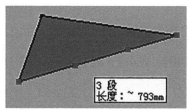

图2-42 拆分直线

⑥ 分割线段或面。在一条线段上绘制一条新的直线与其相交，原线段从交点处被分割成两部分。将平面边线上的两个点作为起点和终点绘制直线即可分割该平面。

（2）矩形

1）命令启动方法

① 工具图标：■ 。

② 菜单：绘图→矩形。

2）绘制方法 选择"矩形"工具，光标变为一支带矩形的铅笔，点击设置矩形的第一个角点，然后按对角方向移动光标确定矩形的对角点（图2-43）。数值输入方式同"线条"

工具中的长度。

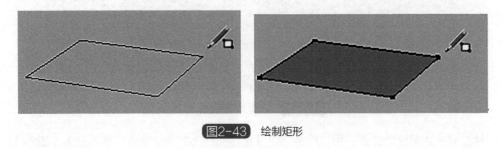

图2-43 绘制矩形

（3）圆

1）命令启动方法

① 工具图标：● 。

② 菜单：绘图→圆。

③ 快捷键：C。

2）绘制方法　选择"圆"工具，光标变为一支带圆形的铅笔，单击放置中心点（圆心），然后从中心点向外移动光标以定义半径，最后点击完成圆的绘制（图2-44）。半径数值输入方式同"线条"工具中的长度。

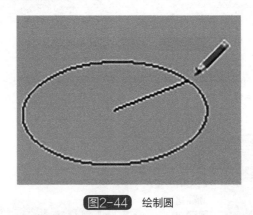

图2-44 绘制圆

SketchUp中所有的曲线，包括圆、圆弧，都是由许多直线段组成的。如果在画圆时指定圆心位置后输入边数，后面加上S，可得到相应边数的正多边形。如绘制一个正六边形，应输入6S（图2-45）。

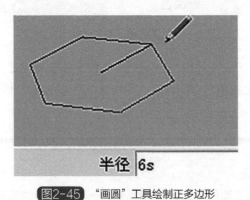

半径 6s

图2-45 "画圆"工具绘制正多边形

（4）圆弧

1）命令启动方法

① 工具图标：🖉 。

② 菜单：绘图→圆弧。

③ 快捷键：A。

2）绘制方法　选择"圆弧"工具，光标会变为一支带圆弧的铅笔。点击确定圆弧的起点，再次点击确定圆弧的终点，移动鼠标调整凸起部分的距离（图2-46）。

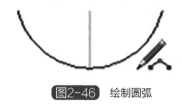

图2-46　绘制圆弧

（5）多边形

"多边形"工具用于绘制正多边形。

1）命令启动方法

① 工具图标：▼ 。

② 菜单：绘图→多边形。

2）绘制方法　选择"多边形"工具，光标变为一支带多边形的铅笔，输入多边形的侧面数值（边数），按Enter键，然后在绘图区单击放置中心点，从中心点向外移动光标，以定义半径（相当于该多边形外接圆的半径，可以直接输入数值），完成后按Enter键完成多边形的绘制。如图2-47所示，可绘制半径为1000mm的正五边形。

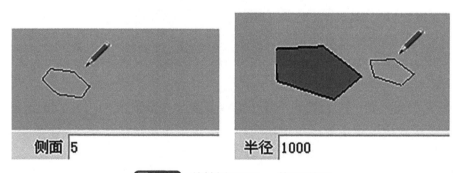

图2-47　绘制半径1000mm的正五边形

（6）徒手画

徒手画可绘制曲线图元和3D折线图元形式的不规则手绘线条，如自然式水体、等高线、2D树木等。

1）命令启动方法

① 工具图标：🖉 。

② 菜单：绘图→徒手画。

2）绘制方法　选择"徒手画"工具。光标变为一支带曲线的铅笔，在绘图区单击右键确定起点并按住鼠标左键，拖动光标开始绘图。完成后松开左键。

将曲线终点设在绘制起点处即可完成封面。

2.2.3 修改工具

SketchUp的修改工具包括移动、推/拉、旋转、跟随路径、拉伸、偏移（图2-48）。

图2-48　"修改"工具栏

（1）移动

"移动"工具来移动、拉伸和复制几何体。

1）命令启动方法

① 工具图标：　。

② 菜单：工具→移动。

③ 快捷键：M。

2）使用方式

① 移动（图2-49）。第一步，选择要移动的物体。

第二步，选取移动工具，光标随即变为四个方向的箭头，选择一个参照点作为移动的起点。

第三步，移动光标以移动该物体，或者在数值控制框内输入要移动的距离。

最后，单击目的位置点以完成移动操作，如在数值控制框内输入移动距离，可按Enter键完成。

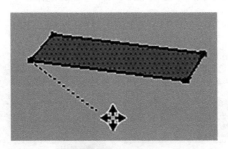

图2-49　移动物体

② 复制。首先选择要复制的物体，点击"移动"工具，按住"Ctrl"键，鼠标会变为在移动符号的右上方多出一个小加号。选取物体任意角点作为参照点，移动鼠标到下一个结束点，此时就能够复制出一个物体（图2-50）。

图2-50　复制物体

③ 线性阵列。复制一个物体后，紧接着在"数值控制框"内输入如："×3"或"＊3"，此时相应的物体就会以之前复制的距离和方向阵列出3份，回车完成操作（图2-51）。3代表的是复制的个数，可以根据需要更改。

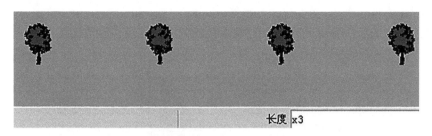

图2-51　复制后阵列物体

如果输入"/3"，则会在复制的物体与原物体之间3等分复制物体。这里3代表的是等分的数量。如图2-52所示。

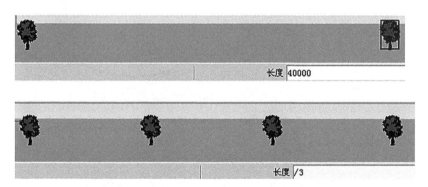

图2-52　在距离为40000mm的两物体间3等分复制物体

④ 拉伸：使用"移动"工具后，选择物体上的点、边线或表面(图2-53)，都可以对物体进行拉伸的编辑。

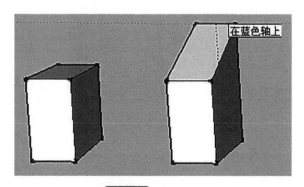

图2-53　拉伸物体

（2）推/拉

"推/拉"工具用于把二维图形推拉成为三维图形，只能推拉平面，不能用于推拉线和曲面。因此也不能在线框显示模式下使用。

1）命令启动方法

① 工具图标：

② 菜单：工具→推/拉。

③ 快捷键：P。

2）使用方式　激活"推/拉"工具后有两种执行方式：在表面上按住鼠标左键，拖曳，松开；或者在表面上单击，移动鼠标，再单击左键。

根据几何体的不同需要，SketchUp进行相应的几何变换，包括拉高（图2-54）、挤压（图2-55）和挖空（图2-56）。

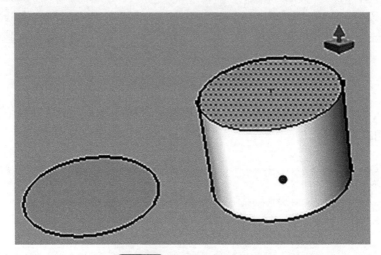

图2-54　二维面拉高后的效果

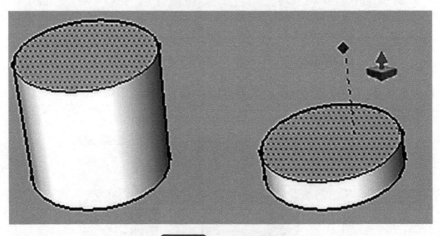

图2-55　挤压后的效果

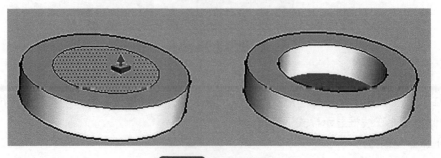

图2-56　挖空后的效果

（3）旋转

"旋转"工具利用旋转平面和旋转原点旋转物体或者物体中的元素。如果是旋转某个物体的一部分，旋转工具可以将该物体拉伸或扭曲。

1）命令启动方法

① 工具图标：　。

② 菜单：工具→旋转。

③ 快捷键：Q。

2）使用方式

① 旋转。第一步，选中要旋转的元素或物体。

第二步，点选"旋转"工具，光标变成旋转量角器，可以对齐到边线和表面上。单击点作为旋转中心点（图2-57）。

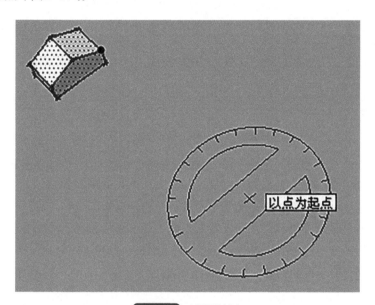

图2-57　选择旋转点

第三步，移动光标，单击确定旋转的起始点，旋转到需要的角度后，再次点击确定。也可以在"数值控制框"输入精确的角度值。如图2-58所示。

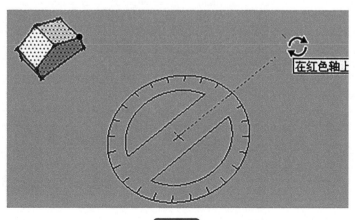

图2-58

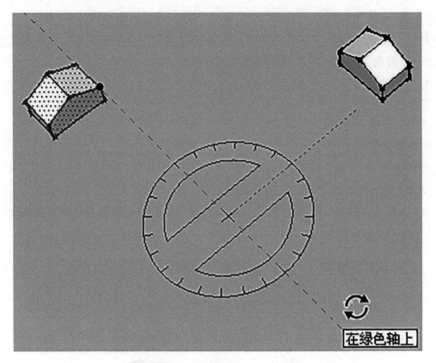

图2-58 以红轴绿轴为参照，旋转90°

② 旋转复制。和"移动"工具一样，旋转前按住Ctrl键可以开始旋转复制。

③ 环形阵列。第一步，选择要环形阵列的物体。

第二步，按住Ctrl键，确定旋转位置，完成一个旋转复制。

第三步，在"数值控制框"中输入复制份数或等分数。例如，旋转复制后输入"x3"，表示以前一个旋转复制的角度阵列3份（图2-59）；输入"/3"将3等分源物体和第一个副本之间的旋转角度（图2-60）。

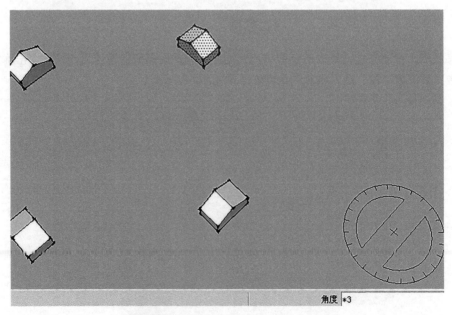

图2-59 以前一个旋转复制的角度阵列3份

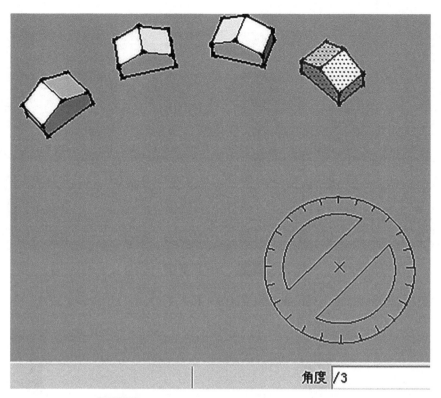

角度 /3

图2-60　3等分源物体和第一个副本之间的旋转角度

（4）跟随路径

"跟随路径"工具可以沿路径复制平面。

1）命令启动方法

① 工具图标：　。

② 菜单：工具→跟随路径。

2）使用方式

① 绘制一个垂直于路径的平面（图2-61）。

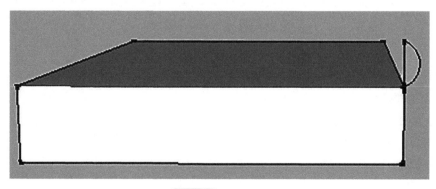

图2-61　绘制截面

② 选择边线作为路径：此时边线为红色，如按住Alt键，则将平面周长作为路径（图2-62）。

③ 点击"跟随路径"工具。

④ 点击与路径垂直的平面。

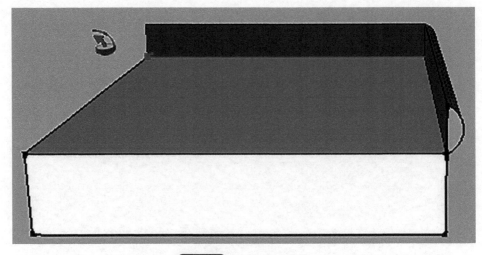

图2-62　选择跟随的路径

⑤ 拖动光标直到路径末端，单击完成操作（图2-63）。

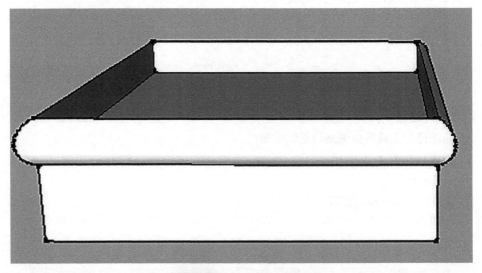

图2-63　路径跟随完成效果

（5）拉伸

"调整大小"工具可以缩放或拉伸选中的物体。

1）命令启动方法

① 工具图标：　。

② 菜单：工具→调整大小。

③ 快捷键：S。

2）使用方式

① 选择要调整大小的图形。

② 选择"调整大小"工具，光标变成　，所选图形周围出现边界框和相关绿色控制点（图2-64）。

③ 选择控制点，移动光标可调整缩放比例（图2-65）。可结合Ctrl键或Shift键来操作。

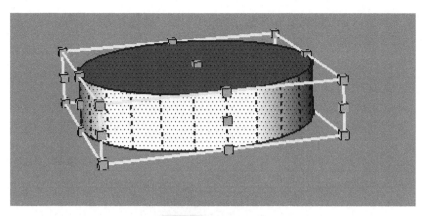

图2-64　控制点显示

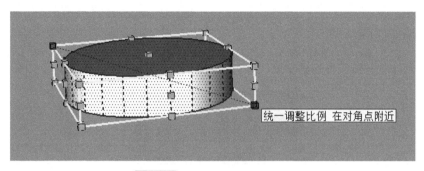

图2-65　选择控制点为红色显示

（6）偏移

"偏移"工具可以对表面或一组共面的线进行偏移复制。

1）命令启动方法

① 工具图标：　。

② 菜单：工具→偏移。

③ 快捷键：F。

2）使用方式

① 选择"偏移"工具。

② 单击要偏移的平面或线（图2-66）。

图2-66　选中要偏移的线

③ 移动光标定义偏移距离，或者在"数值控制框"内输入偏移距离。

④ 单击完成偏移操作（图2-67）。

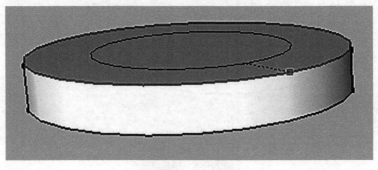

图2-67 完成偏移

2.2.4 构造工具

SketchUp的构造工具包括卷尺、尺寸、量角器、文本、轴和三维文本。如图2-68所示。

图2-68 构造工具栏

（1）卷尺

测量工具可以执行一系列与尺寸相关的操作。包括测量两点间的距离、创建辅助线、缩放整个模型。

1）命令启动方法

① 工具图标： 。

② 菜单：工具→卷尺。

③ 快捷键：T。

2）使用方式

① 测量距离。第一步，选择"测量"工具。

第二步，点击测量距离的起点和终点。起点和终点亮显，并在终点处出现测量长度值（图2-69），同时"数值控制框"内也会显示该数值。

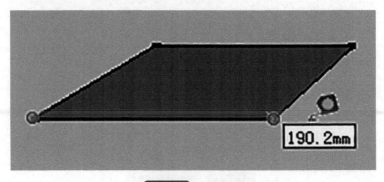

图2-69 测量结果

② 创建辅助线。辅助线在绘图时非常有用。选择"测量"工具，并按下Ctrl键，单击参考边线上点击，然后拖出辅助线，可以创建一条平行于该边线的无限长的辅助线（图2-70）。

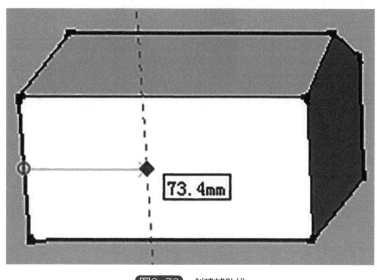

图2-70　创建辅助线

③ 缩放整个模型。这个功能非常方便。设计时可以在粗略的模型上研究方案，当需要更精确的模型比例时，只要重新制定模型中两点的距离即可。

首先，选择"卷尺"工具。测量作为缩放依据的线段的两个端点之间的长度（图2-71）。

然后，在"数值控制框"内重新输入一个新的长度数值，回车，出现一个对话框。询问是否调整模型的大小（图2-72）。选择"是"，模型中按指定的新长度和当前长度的比值进行缩放。

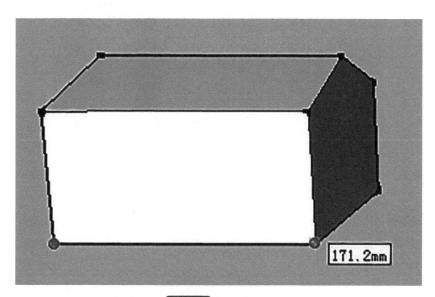

图2-71　原线段长度

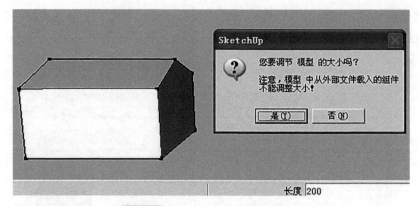

图2-72　使用"卷尺"工具缩放物体

（2）尺寸

"尺寸"工具用于对模型进行尺寸标注。

1）命令启动方法

① 工具图标：

② 菜单：工具→尺寸。

2）使用方式

① 选择"尺寸"工具，光标变为箭头。

② 点击尺寸的起点。

③ 移动光标，点击尺寸的终点。

④ 以垂直于尺寸坐标的方向移动光标。

⑤ 点击固定尺寸字符串的位置，如图2-73所示。

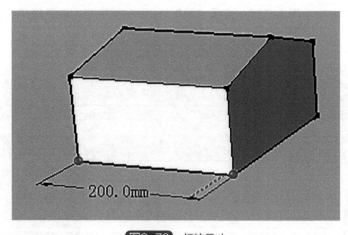

图2-73　标注尺寸

（3）量角器

1）命令启动方法

① 工具图标：

② 菜单：工具→量角器。

2）使用方式　量角器工具可以测量角度和创建辅助线。

① 测量角度。第一步，选择"量角器"工具，将量角器的中心放到指定一个角的顶点，

然后单击。

第二步，选中角的一条边，单击。

第三步，移动光标，出现一条虚线。光标移至角的另一条边，单击，即可得到角度值（图2-74）。

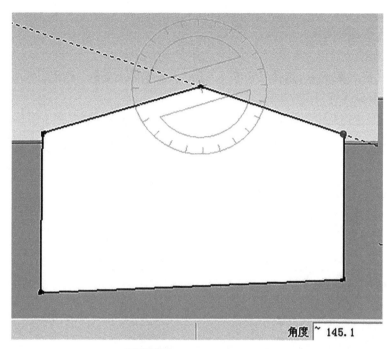

图2-74 "量角器"测量角度

② 创建角度辅助线。第一步，选择"量角器"工具，将量角器的中心放到指定一个角的顶点，然后单击。

第二步，选中角的一条边，单击。

第三步，按下"Ctrl"键，在"数值控制框"内输入你要的角度值。例如，30°应输入30，如图2-75所示。

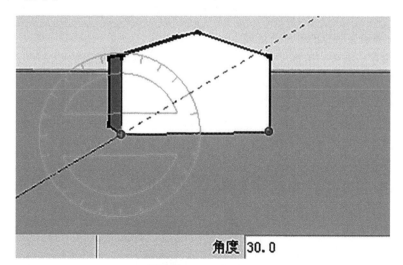

图2-75 创建角度辅助线

（4）文本

"文本"工具用来插入文本到模型中。SketchUp中，主要有两类文本：引注文本和屏幕文本。引注文本包含字符和一条指向物体的引线，屏幕文本与物体不相关联。

1）命令启动方法

① 工具图标：。

② 菜单：工具→文本。

2）使用方式

① 引注文字。第一步，选择"文本"工具，并在物体上单击，指定引线所指的点。

第二步，移动光标以定位文本。

第三步，单击，系统会显示一个文本框，在文本框中输入注释文字（图2-76）。

Tree_2D_Schematic_Fir

图2-76　引注文字

第四步，单击文字框的外部完成输入。

② 屏幕文字。首先，选择"文本"工具，将光标移动到绘图区的空白区域，单击。

其次，在出现的文本框中输入文本（图2-77）。

最后，单击文本框外部完成输入。屏幕文字在绘图区上的位置是固定的，不受视图改变的影响。

③ 编辑文字。用"选择"工具在文本上双击即可编辑。

（5）轴

"轴"工具用于在模型中重新定位坐标轴。

1）命令启动方法

① 工具图标：。

② 菜单：工具→轴。

图2-77 输入屏幕文字

2）使用方式

① 选择"轴"工具。这时光标会附着一个红/绿/蓝坐标符号。它会在模型中捕捉参考对齐点（图2-78）。

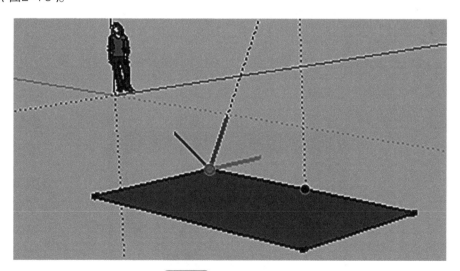

图2-78 "轴"工具的使用

② 将光标移至绘图区中的某点作为新的原点。

③ 从原点移开光标以设置红色轴的方向，单击确定。

④ 从原点移开光标以设置绿色轴的方向，单击确定。

（6）三维文本

1）命令启动方法

① 工具图标： 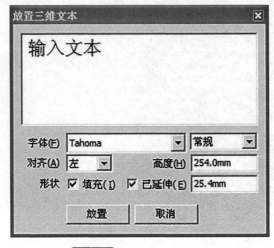 。

② 菜单：工具→三维文本。

2）使用方式　选择"三维文本"工具，屏幕出现"放置三维文本"窗口，如图2-79所示。可在此窗口输入三维文本，选择字体、对齐方式、高度等。设置完成，点击放置。

图2-79　三维文本输入窗口

2.2.5　图层

SketchUp的图层用来将物体分类、显示或隐藏，以方便选择和管理。图层的颜色不影响材质修改。

（1）命令启动方法

① 图层工具图标： 。

② 菜单：窗口→图层。

（2）使用方式

图层窗口如图2-80所示。

图2-80　图层窗口

① 添加图层 ⊕：新建图层，并命名。

② 删除图层 ⊖：选中要删除的图层，并单击"删除图层"按钮。若删除的图层包含物体，将弹出询问对话框（图2-81）。

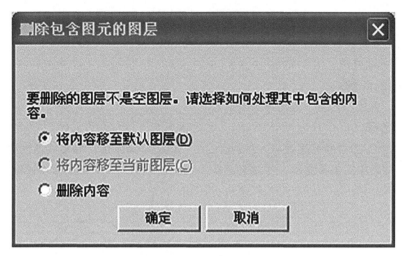

图2-81　"删除图层"对话框

③ 名称：列出了所有图层的名称，单击任意图层可以将其置为当前图层，单击图层名可以重命名。

④ 可见：用于显示或者隐藏图层。

⑤ 颜色：显示各个图层的颜色。可以为图层指定其他的颜色。

⑥ 详细信息 ⮊：单击打开详细信息（图2-82）。

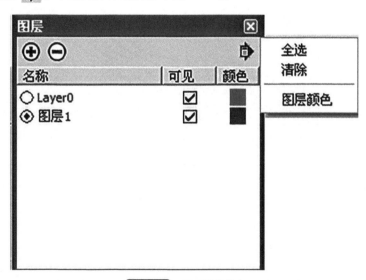

图2-82　图层详细信息

2.2.6　沙盒

沙盒是SketchUp主要的曲面建模工具（图2-83），在园林中经常用来制作地形。下面详解"根据等高线创建"和"根据网格创建"生成地形。

图2-83　沙盒工具栏

（1）根据等高线创建

1）命令启动方法

① 工具图标：▨。

② 菜单：绘图→沙盒→根据等高线创建。

2）绘制步骤

① 将AutoCAD中的等高线导入SketchUp，如图2-84所示，等高线自动成组。双击鼠标打开组，按顺序三击等高线，并按等高距（如500mm），向上移动依次递增，如图2-85所示。

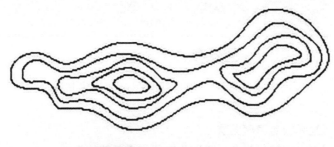

图2-84　AutoCAD等高线导入

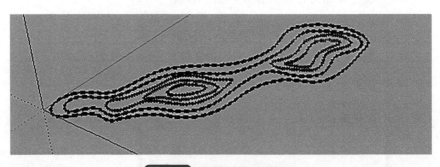

图2-85　按等高距抬高等高线

② 组内选中所有等高线，选择"根据等高线创建"工具，将以等高线为向导填充地形，如图2-86所示。

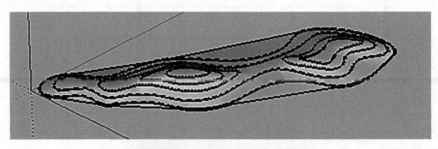

图2-86　以等高线为向导填充地形

③ 删除多余凹部位的连线，如图2-87所示。

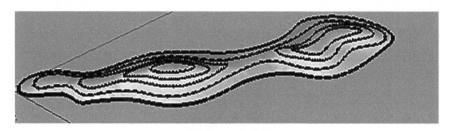

图2-87　完成地形

（2）根据网格创建

1）命令启动方法

① 工具图标：▦ 。

② 菜单：绘图→沙盒→根据网格创建。

2）绘制步骤

① 激活"根据网格创建"工具，在"数值控制框"内输入栅格间距和长度。创建网格，整个网格自动成组（图2-88）。

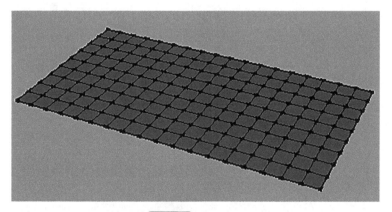

图2-88　创建网格

② 双击鼠标，打开网格的组，激活"曲面拉伸"工具。使用"选择"工具选择要拉伸的区域，即可拉伸。如输入拉伸半径，可进行圆形拉伸（图2-89）。

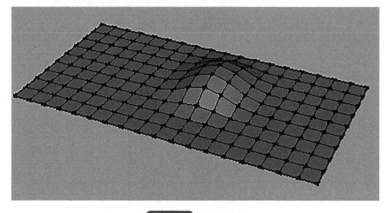

图2-89　圆形拉伸

2.2.7 截面工具

利用"截面"工具的切割效果可以查看模型内的几何图形，常结合标准视图使用。"截面"工具栏包括"截平面""显示截平面""显示截面切割"3个工具（图2-90）。

图2-90 截面工具栏

（1）命令启动方法

① 工具图标： 。

② 菜单：工具→截平面。

（2）使用方式

① 选择"截平面"工具，光标变成带有截平面的指示器（图2-91）。

② 点击要切割的面可创建截平面图元以及由此得到的截面切割效果（图2-92）。

③ 选择"显示截平面"工具，可以显示截平面。

④ 选择"显示截面切割"工具，可以在物体上显示出截面切割位置。

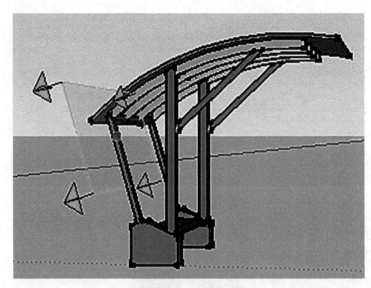

图2-91 放置截平面

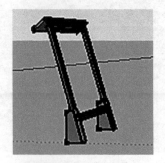

图2-92 截面切割效果

2.2.8 阴影

SketchUp通过模拟太阳位置产生阴影效果，通过阴影效果与明暗对比衬托出物体的立体感和景物的层次。

具体操作：选择"窗口"菜单→阴影，在弹出的"阴影设置"窗口中进行相关设置（图2-93）。

① "显示阴影"：图标按钮 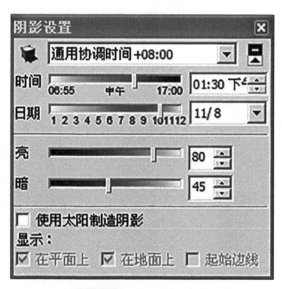 可切换阴影是否显示，其后的时间选择框可选择一天24h的具体时间。

② "时间"：时间滑条，可设置一天中的具体时间，也可以在其后的数字框内输入或选择具体时间。

③ "日期"：日期滑条，可以设置具体日期，也可以在其后的数字框内输入或从日历中选择。

④ "亮"：控制漫射光的数值。

⑤ "暗"：控制环境光的数值。

⑥ "使用太阳制造阴影"：选中此对话框，在没有实际显示投射时使用太阳使模型的部分区域出现阴影。

⑦ "在平面上"：选中此对话框，启用平面阴影投射。由于此功能要占用大量的3D图形硬件资料，因此可能会导致性能降低。

⑧ "在地面上"：选中此对话框，启用在地平面（红色/绿色平面）上的阴影投射。

⑨ "起始边线"：选中此对话框，启用边线的阴影投射。

图2-93 "阴影设置"窗口

2.2.9 文件的显示与输出

（1）视图

"视图"工具栏如图2-94所示，分别是等轴、俯视图、主视图、右视图、后视图、左视图。

图2-94　"视图"工具栏

1）等轴（图2-95）

① 工具图标：🏠。

② 菜单：镜头→标准视图→等轴。

图2-95　等轴测视图

2）俯视图（图2-96）

① 工具图标：📖。

② 菜单：镜头→标准视图→顶部。

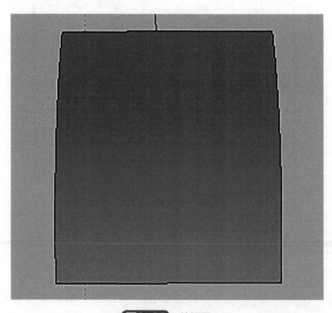

图2-96　俯视图

3）主视图（图2-97）

① 工具图标：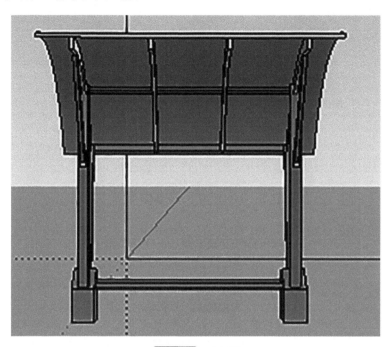 。

② 菜单：镜头→标准视图→前。

图2-97　主视图

4）右视图（图2-98）

① 工具图标： 。

② 菜单：镜头→标准视图→右。

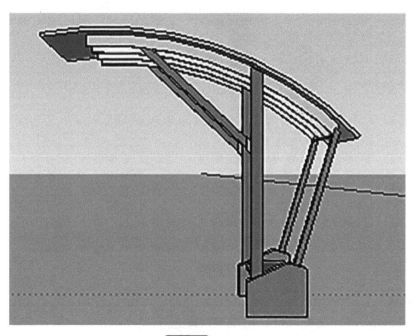

图2-98　右视图

5）后视图（图2-99）

① 工具图标：⌂ 。

② 菜单：镜头→标准视图→后。

图2-99　后视图

6）左视图（图2-100）

① 工具图标：▭ 。

② 菜单：镜头→标准视图→左。

图2-100　左视图

（2）样式

1）命令启动方法　菜单：视图→工具栏→样式。

"样式"工具栏如图2-101所示。

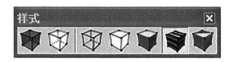

图2-101　"样式"工具栏

2）使用方式　样式工具栏包括7种显示样式，分别为"X射线""后边线""线框""隐藏线""阴影""阴影纹理""单色"。

① X射线：模型所有表面显示透明，可以和其他显示样式配合使用。

② 后边线：模型中被遮盖的边线以虚线显示。

③ 线框：所有的面都被隐藏，仅显示模型的线框。

④ 隐藏线：所有的面都一背景色渲染，并隐藏其后的边线。

⑤ 阴影：显示所有应用到面的材质和根据光源应用的颜色。

⑥ 阴影纹理：表面被赋予的贴图和材质都会被显示。

⑦ 单色：模型以单色显示。

（3）漫游

"漫游"工具栏包括定位镜头、漫游、正面观察三个工具，如图2-102所示。

图2-102　"漫游"工具栏

① 定位镜头：将镜头置于特定的眼睛高度以查看视线或在模型中漫游。

② 漫游：在透视模式下使用。在模型中行走（漫游）。在绘图区中任意一处点击并按住鼠标。该位置会显示一个小加号（十字准线）。通过上移光标（向前）、下移光标（向后）、左移光标（左转）或右移光标（右转）进行漫游。离十字准线越远，漫游得越快。

③ 正面观察：围绕固定点移动镜头（即您的视角）。用于定位镜头后，观察当前视点效果。

（4）创建和导出场景动画

1）创建场景　单击菜单"窗口→场景"，调出"场景"窗口（图2-103），各项内容说明如下。

图2-103　"场景"窗口

① 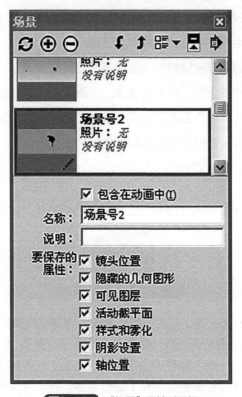 更新场景：以当前相机位置对当前以创建的场景进行更新。

② ⊕ 添加场景：以当前相机位置新建场景。

③ ⊖ 删除场景：删除选中的场景。

④ ↧ ↥ 前移/后移：前后移动场景的排列顺序。

⑤ 查看选项：以不同方式（大缩略图、小缩略图、详细信息、列表）查看场景。

⑥ 隐藏/显示：隐藏或显示场景属性（图2-104）。

图2-104 "场景"属性对话框

⑦ 菜单：扩展出关于场景的相关选项（图2-105）。和在模型空间绘图区左上角的"场景号"标签处右击效果相同。

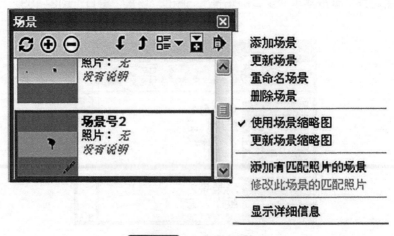

图2-105 "场景"扩展菜单

2）幻灯片播放

① 参数设置：单击菜单"视图→动画→设置"，调出"模型信息"窗口，包括场景转换和场景延迟两个参数设置（图2-106）。

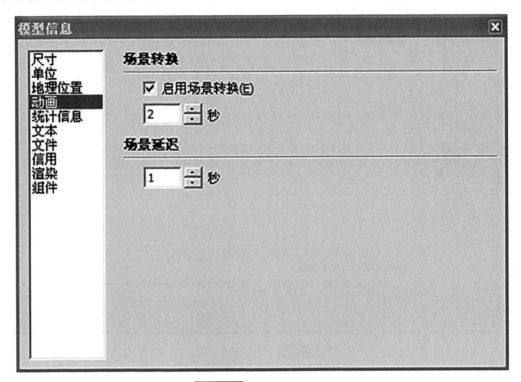

图2-106 "模型信息"窗口

② 播放动画：单击菜单"视图→动画→播放"，调出"动画"窗口，进行动画的播放、暂停或停止（图2-107）。

图2-107 "动画播放"窗口

3）导出动画 单击菜单"文件→导出→动画"，弹出"输出动画"窗口（图2-108）。在"输出动画"窗口中单击"选项"，弹出"动画导出选项"窗口（图2-109），可在此窗口内设置画面尺寸的高度、宽度和帧速率等选项。

图2-108　"输出动画"窗口

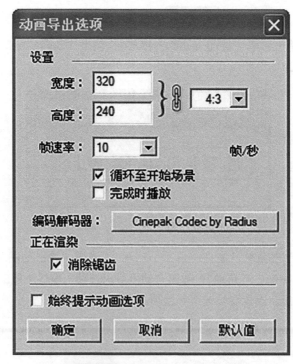

图2-109　"动画导出选项"窗口

2.3　AutoCAD导入SketchUp建模

SketchUp建模的一般流程应为：使用CAD软件整理和绘制平面图；将CAD文件导入SketchUp；建立模型。

2.3.1　CAD文件的优化

用于SketchUp建模的CAD图纸中只需要表达道路、建筑物和绿地的位置和轮廓即可。主要优化整理步骤如下。

① 删除植物图块、文字、尺寸标注、填充图案、未使用的图层以及多余的线条。

② 利用AutoCAD的层将不同用途的线区分开来。可以将表示道路、建筑物、绿地等不同用途的线分别放入不同的层中，以免在操作时相互干扰。

③ 利用AutoCAD的purge命令，清除文件中无用的部分。

④ 在AutoCAD中调整绘图比例为1：1。

图2-110为原AutoCAD文件图形；图2-111为优化后的图形。

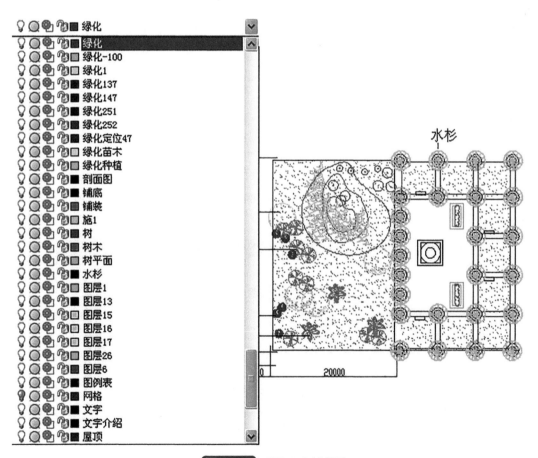

图2-110　原AutoCAD图形

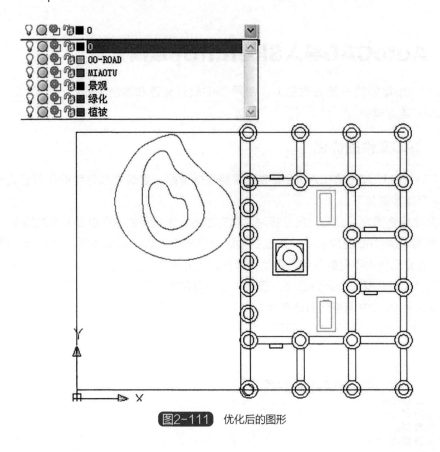

图2-111 优化后的图形

2.3.2 导入CAD文件

导入单位应设置为AutoCAD中使用的单位，一般为mm。

① 打开SketchUp软件，选择模板为"建筑设计"→"毫米"。

② 点击"文件"→"导入"，文件类型选择AutoCAD文件（*.dwg,*.dxf），同时在导入"选项"对话框中勾选"合并共同平面""平面方向一致"，比例"单位"选择"毫米"（图2-112）。

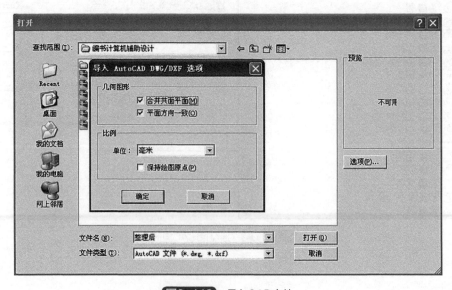

图2-112 导入CAD文件

③ 导入AutoCAD文件后，出现"导入结果"对话框时，表明已经计算出导入物体，单击"关闭"，完成导入（图2-113）。导入后的图像自动成组。

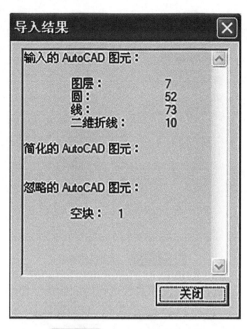

图2-113　"导入结果"对话框

2.3.3　建立模型

可按设计内容的重要性确定建模的顺序：先创建地形（场地、水体、道路、草坪、微地形等）；然后创建建筑；最后创建园林景观的模型。在不同的阶段应保存相应的备份文件。下面以建立一个小型绿地模型为例，详细介绍CAD文件导入SketchUp后的建模过程。

（1）封面

AutoCAD图形文件导入SketchUp后，需要将各个线条所围合的部分形成面，作为建模的底面，这个过程通常利用SketchUp里的绘图工具完成，称为封面。将自动形成的组分解，沿边线进行封面，直线段围合使用"线条"或"矩形"工具；圆、圆弧及多段线封面使用"圆"或"圆弧"工具。应注意所有的边线均应共面封闭。

封面完成如图2-114所示。

（2）分类型创建组、组件

根据分析，开始创建组、组件，如建筑、草地、水体、山体等。打开图层面板，新建相应的图层，将对应的组移动到相应的图层上。微地形应先使用"沙盒"工具，按照等高线间距500mm生成为组。

（3）分类型编辑细化

分别双击打开各组或组件，进入编辑状态，使用"推/拉"工具，推拉出道路、树池、花坛等的高度，并赋予相应材质。本模型各项推拉高度：道路 30mm；树池400mm；花坛300mm；坐凳450mm。

下面以坐凳为例介绍详细步骤。

① 使用"推/拉"工具，推拉450mm坐凳高度。

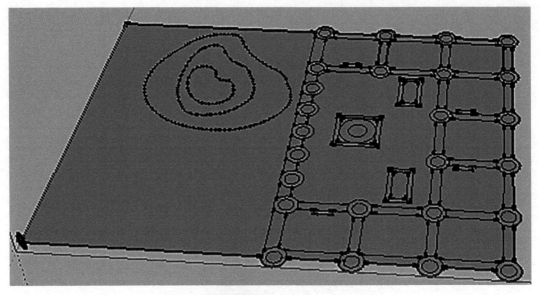

图2-114　封面完成效果

② 使用"偏移"工具，选择坐凳侧面边线进行内测偏移，偏移量为150mm（图2-115）。

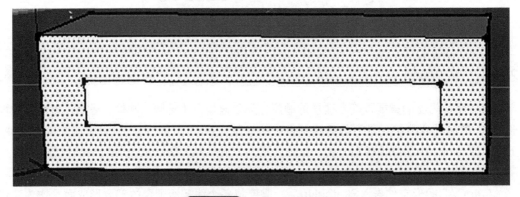

图2-115　坐凳侧面偏移效果

③ 使用"线条"工具，将偏移得到的垂直线延伸到坐凳下边线处，如图2-116所示。

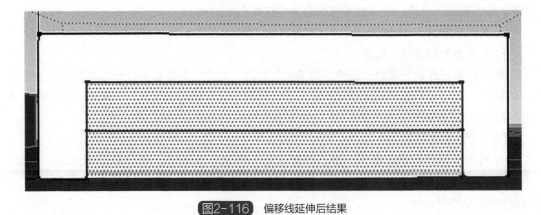

图2-116　偏移线延伸后结果

④ 使用"推/拉"工具，将坐凳空洞挖出，如图2-117所示。

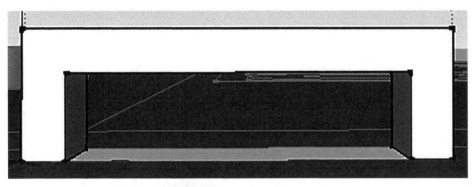

图2-117 坐凳空洞挖出效果

⑤ 使用"跟随路径",对坐凳面板做圆角处理,如图2-118所示。

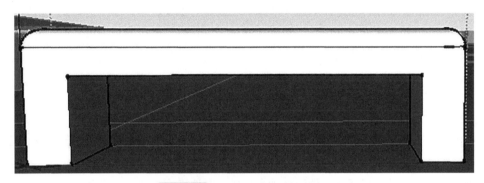

图2-118 坐凳面板圆角处理后效果

(4)园林配景

园林配景可通过已有组件插入,或者通过网络下载收集一些常用的景观组件。插入方式有两种:一是单击菜单"窗口"→"组件",打开"组件"对话框,单击"选择",找到合适的组件拖拉到模型中;二是单击菜单"文件"→"导入",找到电脑已存的合适组件,打开即可插入到模型中。插入的组件比例大小可使用"拉伸"工具(调整大小),进行调整,并放置在合适位置。完成后如图2-119所示。

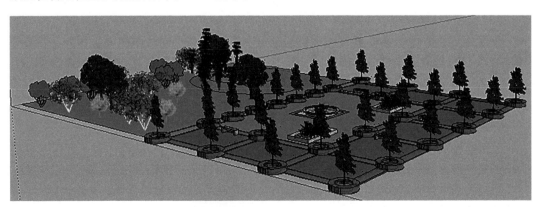

图2-119 完成园林配景后效果

第3章 Photoshop园林图形处理

3.1 Photoshop基础知识

Photoshop是Adobe公司开发的一个跨平台的平面图像处理软件，主要处理由像素所构成的数字图像。使用其众多的编修与绘图工具，可以有效地进行图片编辑工作，是园林专业设计人员制作效果图的首选软件。

3.1.1 Photoshop的基本概念

（1）位图与矢量图

位图由不同亮度和颜色的像素所组成，适合表现大量的图像细节，可以很好地反映明暗的变化、复杂的场景和颜色，它的特点是能表现逼真的图像效果，但是文件比较大，并且缩放时清晰度会降低并出现锯齿。位图有种类繁多的文件格式，常见的有JPEG、PCX、BMP、PSD、PIC、GIF和TIFF等。

矢量图也称为向量图，用一系列计算机指令来描述和记录图像。它由点、线、面等元素组成，所记录的是对象的几何形状、线条粗细和色彩等，而不是记录像素的数量。矢量图文件的存储容量较小，对矢量图进行缩放不受分辨率影响。常见的文件格式有CDR、AI、DWG、WMF、EMF、EPS等。

这两种图像在Photoshop中都能进行创建和处理，Photoshop文档既可以包含位图数据，也可以包含矢量数据。

（2）像素与分辨率

像素是位图图像的基本单位，在位图中每个像素都有不同的颜色值。因此，位图图像的大小和质量取决于图像中像素点的多少。图像的像素等于高宽边上的像素之积，如1024×768等于786432像素。单位长度内的像素等于分辨率，如位图的标准分辨率是72像素/英寸。

像素=分辨率×尺寸

分辨率可以从显示分辨率与图像分辨率两个方面来分类。

图像分辨率是单位英寸中所包含的像素点数，其单位是"像素/英寸"，如"200像素/英寸"是指每英寸含有200像素，同一幅图像的分辨率越大，图像就越清晰，文件也越大；反之图像就越模糊，图像文件也越小。

显示分辨率（屏幕分辨率）是屏幕图像的精密度，是指显示器所能显示的像素有多少。

（3）常用的文件格式

Photoshop支持二十多种文件格式，除了Photoshop专用的PSD文件格式外，还包括

BMP、TIFF、JPEG、EPS、GIF等常用文件格式。下面介绍园林计算机辅助设计中常用的几种文件格式。

1）PSD（＊.PSD）　PSD格式是Adobe Photoshop软件的默认文件格式，这种格式可以存储Photoshop中所有的图层、通道、参考线、注解和颜色模式等信息。在保存图像时，若图像中包含有层，则一般都用Photoshop（PSD）格式保存。PSD格式在保存时会将文件压缩，以减少占用磁盘空间。由于PSD文件保留所有原图像数据信息，因而修改起来较为方便。大多数排版软件不支持PSD格式的文件，必须到图像处理完以后，再转换为其他占用空间小而且存储质量好的文件格式。

2）BMP（＊.BMP）　BMP文件格式是一种Windows或OS/2标准的位图式图像文件格式，它支持RGB、索引颜色、灰度和位图样式模式，但不支持Alpha通道，也不支持CMYK模式。

3）JPEG（＊.JPG）　JPEG格式的图像通常用于图像预览和一些超文本文档中（HTML文档）。JPEG格式的最大特色就是文件比较小，可以进行高倍率的压缩，是目前所有格式中压缩率最高的格式之一，但这种压缩是一种有损压缩格式。因此印刷品最好不要用此图像格式。JPEG格式支持CMYK、RGB和灰度的颜色模式，但不支持Alpha通道。

4）Photoshop EPS（＊.EPS）　EPS格式为压缩的PostScript格式，是为在PostScript打印机上输出图像开发的格式。其最大优点是可以在排版软件中以低分辨率预览，而在打印时以高分辨率输出。它不支持Alpha通道，但可以支持裁切路径。EPS格式支持Photoshop所有颜色模式，它在位图模式下可以支持透明。

5）GIF（＊.GIF）　GIF格式是CompuServe公司提供的一种图形格式，它使用LZW压缩方式将文件压缩而不会占磁盘空间，只是保存最多256色的RGB色阶阶数。因此GIF格式广泛应用于HTML网页文档中，或网络上的图片传输，它只能支持8位的图像文件。

3.1.2　Photoshop工作界面

Photoshop程序启动后进入主工作界面，主要包括菜单栏、工具箱、工具属性栏、标题栏、图像窗口、状态栏、控制面板等部分（图3-1）。下面以Photoshop CS6为例介绍。

（1）菜单栏

菜单栏中包含"文件""编辑""图像""图层""文字""选择""滤镜""视图""窗口"和"帮助"菜单选项，在单击某一个菜单后会弹出相应的下拉菜单，在下拉菜单中选择各项命令即可执行。

（2）工具箱

当中包含了多种图像工具，将光标置于某个图像工具上几秒钟，光标右下方将显示相应的工具名称及快捷键，单击工具图标或按快捷键就可选择该工具。

部分工具图标右下角有小黑三角，表示该工具下还有其他隐藏工具，左键按住或右击该工具图标，即可弹出隐藏的工具列表。

（3）工具属性栏

在选择某项工具后，在工具属性栏中会出现相应的工具属性，在工具属性栏中可对工具参数进行相应设置。

（4）标题栏

打开一个文件以后，Photoshop会自动创建一个标题栏。在标题栏中会显示这个文件的名称、格式、窗口缩放比例以及颜色模式等信息。

图3-1 Photoshop工作界面

（5）图像窗口

用来显示或编辑图像文件。如果只打开了一张图像，则只有一个图像窗口；如果打开了多张图像，则文档窗口会按选项卡的方式进行显示。单击一个图像窗口的标题栏即可将其设置为当前工作窗口。

（6）状态栏

显示文档大小、图像的缩放率等信息。

（7）控制面板

控制面板是Photoshop CS6中进行颜色选择、编辑图层、路径、通道和撤销编辑等操作的主要功能面板，是工作界面的一个重要组成部分，可以通过"窗口"菜单进行选择和编辑。

3.1.3 图像文件的基本操作

（1）新建图像文件

在启动Photoshop后，如果需要建立一个新的图像文件进行编辑，则需要首先新建一个图像文件。其操作过程如下。

① 选择文件→新建命令，或按Ctrl+N键，即可弹出"新建"对话框，如图3-2所示。

② 在"名称"输入框中可输入新文件的名称。

③ 在"预设"选择框中可选择系统默认的文件尺寸。若需自行设置文件尺寸，可设置宽度、高度、分辨率、颜色模式、背景内容。

④ 在"高级"选择项栏可设置颜色配置文件和像素的长宽比例。

⑤ 设置好参数后，单击"确定"按钮，即可新建一个空白图像文件，如图3-3所示。

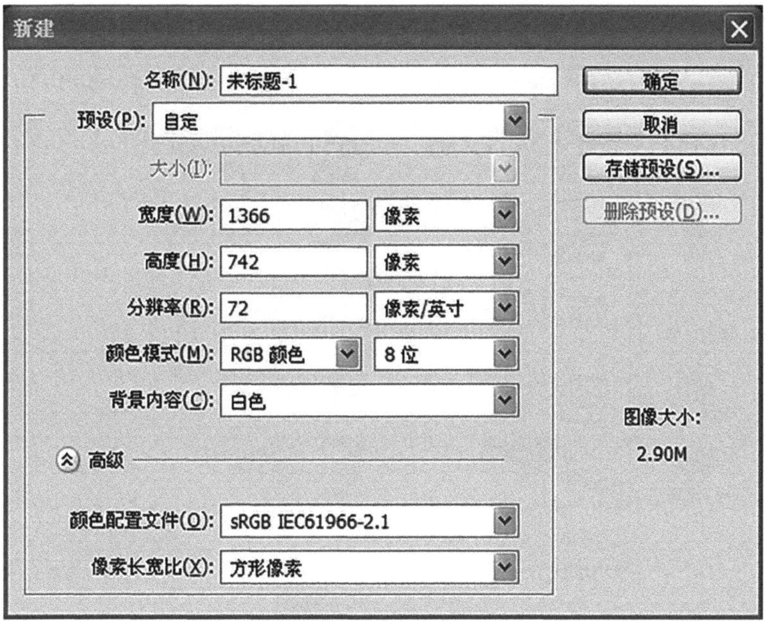

新建

名称(N): 未标题-1　　　　　　　　　　　　　　　　　　确定

预设(P): 自定　　　　　　　　　　　　▽　　取消

大小(I): 　　　　　　　　　　　　　　▽　　存储预设(S)...

宽度(W): 1366　　　　像素　　　　▽　　删除预设(D)...

高度(H): 742　　　　　像素　　　　▽

分辨率(R): 72　　　　　像素/英寸　▽

颜色模式(M): RGB 颜色　▽　　8 位　▽　　图像大小:

背景内容(C): 白色　　　　　　　　　▽　　2.90M

≫ 高级

颜色配置文件(O): sRGB IEC61966-2.1　▽

像素长宽比(X): 方形像素　　　　　　▽

图3-2 "新建"窗口

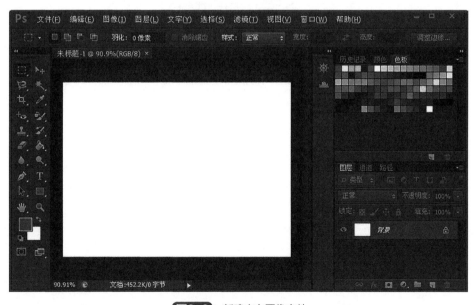

图3-3 新建空白图像文件

（2）打开图像文件

① 选择文件→打开命令或按Ctrl+O组合键，弹出如图3-4所示的"打开"对话框。

② 选择要打开的文件，该文件的名称就会出现在"文件名"文本框中。

③ 在"文件类型"下拉列表中选择打开文件的类型，默认情况下是"所有格式"。

④ 单击"打开"按钮，即可打开该文件。

（3）保存图像文件

在编辑完图像文件后，需要将文件保存，其操作步骤如下。

① 选择文件→存储命令或按Ctrl+S组合键，弹出如图3-5所示的"存储为"对话框。

图3-4 "打开"对话框

图3-5 "储存为"对话框

② 在"保存在"下拉列表中选择该文件的保存位置。

③ 在"文件名"下拉列表中输入该文件的名称。

④ 在"格式"下拉列表中设置该文件的 存储格式，单击"保存"按钮即可。可以保存为副本。

3.2 Photoshop常用工具

3.2.1 选择工具

用户要改变一幅图像，首先要选中要改变的区域或颜色。选区是处理图像时特意选择出来的特定区域，是进行编辑调整的对象，精确的选择是编辑的前提。因此选择工具的使用是图像处理的基础。选择工具组如图3-6所示。

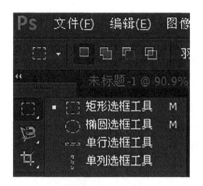

图3-6 选择工具

（1）矩形选框工具

1）单击 ![ ]，在图像上按住目标不放，拖动就可创建一个矩形选区，如图3-7所示。

图3-7 创建一个矩形选区

2）矩形选框工具属性栏如图3-8所示。

图3-8   矩形选框工具属性栏

■：单击该按钮可创建一个新选区。

■：单击该按钮可在图像中的原有选区基础上添加新的选区，等效于按住Shift键选择。

■：单击该按钮可在图像中的原有选区基础上减去新的选区，等效于按住Alt键选择。

■：单击该按钮可创建原有选区和新选区的相交部分，等效于按住Alt+Shift键选择。

① 羽化：通过建立选区和选区周围像素之间的转换边界来模糊边缘。像素取值范围在0～250，数值越大，选区的边缘越光滑。

② 样式：有正常（通过拖动鼠标来选择选区）、固定比例（宽和高比例由自己设定）、固定大小（固定选区的大小）3种样式。

③ 宽度和高度：由用户确定大小，仅在选择固定比例、固定大小方式时能够使用。

（2）椭圆选框工具

使用椭圆选框工具可在图像中创建形状为圆或椭圆的选区。其操作与矩形基本相同，几个和快捷键相关的选区创建方式如下。

① 在使用选框工具的同时按住Shift键，可以创建正方形或正圆形选区。

② 在使用选框工具的同时按住Alt键，可以创建确定中心的矩形或椭圆形选区。

③ 使用选框工具，并同时按住Shift键和Alt键，可以创建确定中心的正方形或确定中心的正圆形选区。

④ 在有选区时，可以用键盘方向键上下左右以一个像素为单位移动选区，如果同时按住"Shift"键可以用键盘方向键上下左右以10个像素为单位移动选区。

（3）单行选框工具和单列选框工具

使用单行、单列选框工具可以在图像中创建一个像素宽的行或列的选区，常用来做装饰细线。

（4）套索工具（图3-9）

图3-9   套索工具

① 用套索工具可以手绘创建自由选区。选择套索工具，在图像中单击鼠标左键并拖动鼠标，可创建曲边的选区。套索工具属性栏的各选项与矩形选框工具基本相同。

② 多边形套索工具可以创建由许多折线段组成的多边形选区。

③ 磁性套索工具则是沿着色差较明显的轮廓进行描边而形成选区，单击鼠标设置起点，放开目标沿着物体的轮廓边缘线移动即可，和起点重合或双击鼠标左键即可闭合选区，并结束选取。

（5）魔棒工具

根据邻近像素的颜色相似程度选择选区的边界，能够把不规则但颜色相同或相近的区域选取。

图3-10　魔棒工具属性栏

在属性栏的选项中（图3-10），容差可以设置选定颜色的范围，其取值范围在0～255，数值越大，颜色选取范围越广；选中"连续"复选框，选取时只选择与单击点位置相邻且颜色相近的区域，不选该复选框则选择图像中所有与单击点颜色相近的区域，而不管这些区域是否相连；选中"对所有图层取样"复选框，选取时对所有图层起作用，不选该复选框则选取时只对当前图层起作用。

（6）调整、编辑选区

调整、编辑选区的命令多在选择菜单，如图3-11所示。

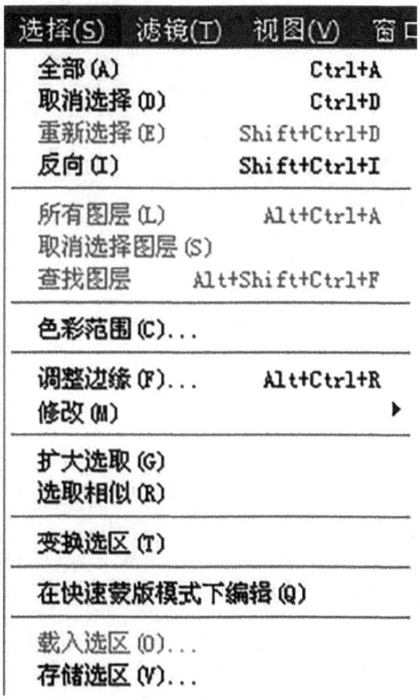

图3-11　"选择"菜单中的调整、编辑选区命令

1）选区取消　执行"选择→取消选择"。

2）选区反选　执行"选择→反向"，进行反选，即将选择区域和非选择区域进行相互转换，该命令通常用于所选择内容复杂而背景简单的图像的选取。如图3-12所示。

3）选区的修改　执行"选择→修改"，"修改"中包括5个选择，即扩边、平滑、扩展、收缩、羽化，原图选区如图3-13所示，其修改效果如图3-14~图3-18所示。

图3-12　选区反选前后效果

图3-13　原图选区

图3-14　原图选区扩边100个像素的结果

上篇 基础篇

图3-15 原图选区平滑100个像素的结果

图3-16 原图选区扩展100个像素的结果

图3-17 原图选区收缩100个像素的结果

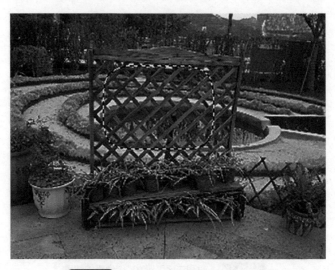

图3-18 原图选区羽化100个像素的结果

4）扩大选取与选取相似 使用扩大选取命令，可以将图像中与选区内色彩相近并连续的区域增加到原选区中。

使用选取相似命令，可以将图像中与选区内色彩相近但不连续的区域增加到原选区中。

5）变换选区 使用变换选区命令，可以对图像中的选区进行缩放、旋转、变形等形状变换。

6）载入选区和存储选区 通过存储选区和载入选区，可以把选区保存在通道中，或者将已存储在通道中的选区随时提出进行编辑使用。

3.2.2 视图控制工具

（1）缩放工具

使用缩放工具可以将图像视图等比例放大或缩小，单击工具箱中的“缩放工具”按钮 ，缩放工具属性栏如图3-19所示。

调整窗口大小以满屏显示
缩放所有窗口
细微缩放
实际像素
适合屏幕
填充屏幕
打印尺寸

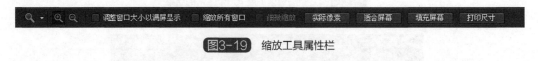

图3-19 缩放工具属性栏

或者可以在图像处单击鼠标右键，弹出以下窗口（图3-20）。

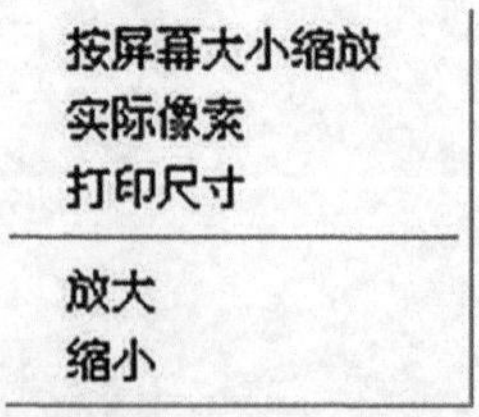

按屏幕大小缩放
实际像素
打印尺寸
放大
缩小

图3-20 缩放快捷菜单

在Photoshop CS6中，将光标移至图像，可以直接用鼠标滚轮进行实时缩放。

（2）抓手工具

当图像尺寸较大或放大显示比例后，图像窗口将不能完全显示全部图像。如果要查看未显示的区域，必须通过滚动条或抓手工具来移动图像。单击工具箱中的"抓手工具" 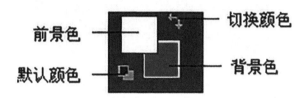，
选择抓手工具，在图像窗口单击并拖曳鼠标，图像就会随着鼠标的移动而移动。

3.2.3　绘图工具

（1）前景色/背景色设置

前景色用于绘制、填充和描边选区；背景色用于渐变填充和填充图像中被擦除的区域。
我们可以使用拾色器、吸管工具、颜色面板和色板面板来设置前景色和背景色。前景色／背
景色显示框在工具箱中，如图3-21所示。系统默认前景色为黑色，背景色为白色。如果查
看的是Alpha通道，则默认颜色相反。

图3-21　前景色/背景色显示框

拾色器和吸管工具的使用方法如下。

1）Photoshop拾色器　单击前景色／背景色色块，即可打开Photoshop拾色器，如图
3-22所示。通过取样点从彩色域中选取颜色或用数值定义颜色来设置前景色／背景色。颜
色滑块右边的颜色矩形，"新的"显示现在选取的颜色；"当前"显示上次选取的颜色。

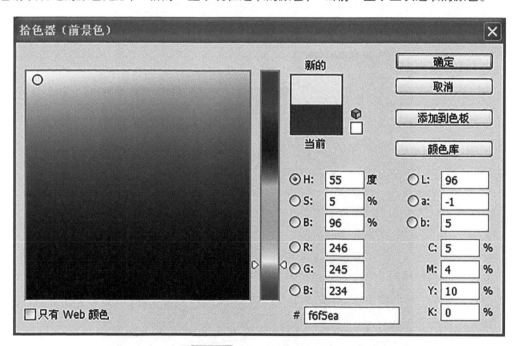

图3-22　Photoshop拾色器

2）吸管工具　使用吸管工具可以从图像中取样颜色，并可以制定为新的前景色或背景
色。单击工具箱中的"吸管工具"按钮 ，其属性栏如图3-23所示，可以选择取样大小
和样本图层。

图3-23 吸管工具属性栏

（2）绘图工具组

绘图工具组包括画笔工具和铅笔工具（图3-24），它们是用来绘制图形的，其使用方法基本相同。

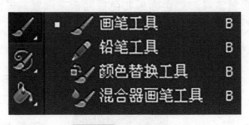

图3-24 绘图工具组

1）画笔工具 画笔工具用于绘制柔软而有明显粗细变化的图形。单击工具箱中的"画笔工具"按钮 ，其属性栏如图3-25所示。

图3-25 画笔工具属性栏

在画笔和画笔预设中可调整画笔的大小、硬度、刷式（笔刷形状）（图3-26、图3-27），模式、不透明度、流量、喷枪等选项，也可以根据作图的具体需求来设置。

图3-26 "画笔预设"选取器

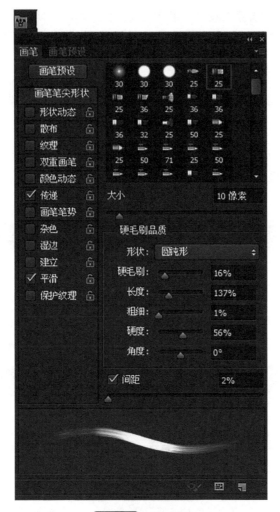

画笔面板

2）铅笔工具　铅笔工具用于绘制线条边缘比较硬、实的图形。单击工具箱中的"铅笔
工具"按钮 ，其属性栏如图3-28所示。铅笔工具属性栏的各选项与画笔工具基本相同，
其中"自动抹除"有擦除的功能。选中该复选框使用铅笔，在图像上拖移，绘制起点像素颜
色与前景色相同时，绘制图案将显示背景色；与前景色不同时，则显示前景色。

图3-28　铅笔工具属性栏

（3）橡皮擦工具组

橡皮擦工具组包括橡皮擦工具、背景橡皮擦工具和魔术橡皮擦工具3种（图3-29）。

图3-29　橡皮擦工具组

1）橡皮擦工具　橡皮擦工具用于擦除图像内容。单击工具箱中的"橡皮擦工具"按钮  ，其属性栏如图3-30所示。选中"抹到历史记录"复选框，可以将擦除区域恢复到未擦除前的状态。

图3-30　橡皮擦工具属性栏

2）背景橡皮擦工具　"背景色橡皮擦工具"可以擦除画笔范围内与单击点颜色相近的区域，被擦除区域为透明。单击工具箱中的"背景橡皮擦工具"按钮  ，其属性栏如图3-31所示。

图3-31　背景橡皮擦属性栏

选中"保护前景色"复选框，图像中与前景色相近的区域受保护，不会被擦除。

3）魔术橡皮擦工具　魔术橡皮擦工具可以一次性擦除与单击点颜色相近的区域，擦除后区域为透明。单击工具箱中的"魔术橡皮擦工具"按钮  ，其属性栏如图3-32所示。

图3-32　魔术橡皮擦属性栏

选择魔术橡皮擦工具，单击要擦除的背景，可以快速将图案从背景中抠取出来，如图3-33所示。

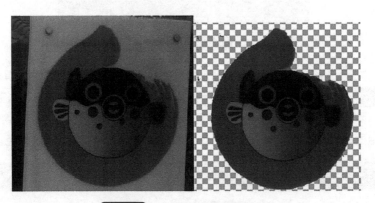

图3-33　魔术橡皮擦抠图前后效果

3.2.4　填充工具

填充是以指定的颜色或图案对所选区域的处理，常用有4种方法，即删除、颜料桶、填充和渐变。

（1）删除工具

使用删除键Del可对所选区域进行基本填充操作，操作步骤：选择所需填充的区域，按Ctrl+Del键将使用背景色进行填充；按Alt+Del键则用前景色进行填充。

（2）油漆桶工具

油漆桶工具用于快速为图像填充前景色或指定图案，单击工具箱中的"油漆桶工具"按钮  ，其属性栏如图3-34所示。

图3-34　油漆桶工具属性栏

如果使用前景色填充，选择前景；如果使用指定图案填充，则设置图案。

（3）渐变工具

渐变工具填充两种以上颜色的渐变效果。单击工具箱中的"渐变工具"按钮 ，其属性栏如图3-35所示。

图3-35　渐变工具属性栏

渐变方式既可以选择系统设定值，也可以自己定义。渐变类型有线性、径向、角度、对称和菱形。

在渐变工具属性栏进行所需设置后，在图像窗口的选择区域单击并拖动鼠标画一直线，则产生渐变效果。如果不选择区域，将对整个图像进行渐变填充。

（4）填充命令

使用填充命令可以按用户所选颜色或定制图像进行填充。

选择"编辑"菜单栏下的"填充"命令，打开"填充"对话框，如图3-36所示。然后在"填充内容"下拉列表中选择一种填充方式，并可以根据需要设置混合模式和不透明度，最后单击"确定"按钮。

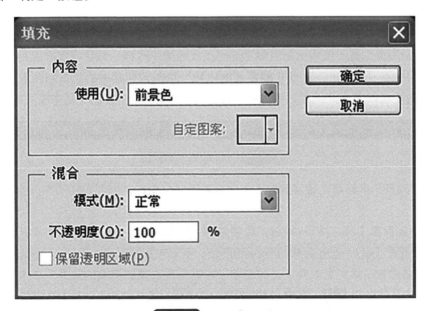

图3-36　"填充"对话框

如图3-37所示，对椭圆选区，使用前景色和"滤色"混合模式填充效果。

图3-37 前景色和"滤色"混合模式填充效果

3.2.5 修饰工具

（1）图章工具组

图章工具包括仿制图章工具和图案图章工具（图3-38）。

图3-38 图章工具

1）仿制图章工具 使用仿制图章工具可以从图像中取样，然后将取样应用到其他图像或同一图像的不同部分上，达到复制图像的效果。单击工具箱中的"仿制图章工具"按钮，其属性栏如图3-39所示，属性栏的各选项与画笔工具的各选项基本相同。

图3-39 仿制图章工具属性栏

选中"对齐"复选框，每次绘制图像时会重新对位取样；否则取样不齐，绘制的图像有重叠性。

选择仿制图章工具，按下Aet键，在要复制的图像内容上单击设置取样点，此时，光标变为十字标记形 ⊕，对齐效果如图3-40所示；不对齐复制效果如图3-41所示。

2）图案图章工具 可以用定义的图案来绘制，达到复制图案的效果。单击工具组中的"图案图章工具"按钮 ，其属性栏如图3-42所示。属性栏的各选项与仿制图章工具的各选项基本相同。

图3-40 对齐复制效果

图3-41 不对齐复制效果

模式：正常 不透明度：100% 流量：100% √ 对齐 印象派效果

图3-42 图案图章工具属性栏

（2）修复工具组（图3-43）

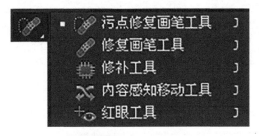

污点修复画笔工具 J
修复画笔工具 J
修补工具 J
内容感知移动工具 J
红眼工具 J

图3-43 修复工具组

修复画笔工具综合了仿制图章工具和图案图章工具的功能，同时可以将复制内容与图像底色相融合，互为补色图案。修补工具与修复画笔工具相似。

（3）模糊工具组（图3-44）

图3-44 模糊工具组

1）模糊工具　模糊工具可以软化图像中的硬边或区域，减少细节，使边界变得柔和。模糊工具属性栏如图3-45所示。

图3-45 模糊工具属性栏

2）锐化工具　锐化工具可以通过锐化软边来增加固保的清晰度。锐化工具属性栏如图3-46所示。

图3-46 锐化工具属性栏

分别选择模糊工具和锐化工具，在图像中单击并涂抹。如图3-47所示，对原图进行50%强度锐化和模糊的效果。

图3-47 原图、50%强度锐化、50%强度模糊

3）涂抹工具　涂抹工具可以模拟在未干的画中将湿颜料拖移后的效果。该工具挑选笔触开始位置的颜色，然后沿拖移的方向扩张融合。其属性栏如图3-48所示。

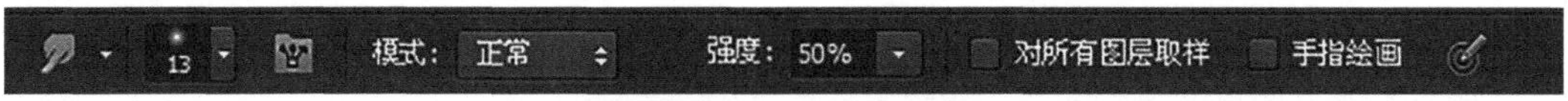

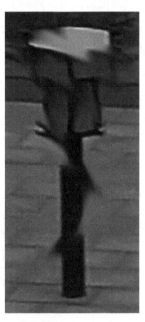

图3-48 涂抹工具属性栏

使用涂抹工具后效果如图3-49所示。

图3-49 涂抹后效果

选中涂抹工具属性栏中的“手指绘画”复选框，可以使用前景色涂抹，并且在每一笔的起点与图像中的颜色融合。

（4）减淡工具组

减淡工具组包括减淡工具、加深工具和海绵工具（图3-50）。

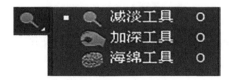

图3-50 减淡工具组

1）减淡工具、加深工具 减淡工具和加深工具用于加亮和变暗图像区域。减淡工具和加深工具属性栏如图3-51所示。

减淡工具属性栏

加深工具属性栏

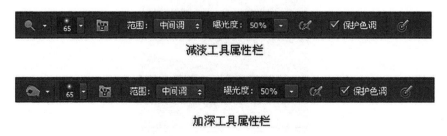

图3-51 减淡工具和加深工具属性栏

中间调：修改图像的中间色调区域，即介于踏调和高光之间的色调区域。

暗调：修改图像的暗色部分，如阴影区域等。

高光：修改图像高光区域。

2）海绵工具　海绵工具可以改变图像区域的色彩饱和度。在灰度模式中，海绵工具通过将灰色阶远离或移到中灰来增加或降低对比度。海绵工具属性栏如图3-52所示。

图3-52　海绵工具属性栏

模式有降低饱和度和饱和度两种。

3.2.6　文字工具组

文字工具组包括横排文字工具、直排文字工具、横排文字蒙版工具和直排文字蒙版工具4种。如图3-53所示为文字工具组。

图3-53　文字工具组

横排文字工具用于输入横向的文字；直排文字工具用于输入纵向的文字；横排文字蒙版工具用于创建横向的文字选区；直排文字蒙版工具用于创建纵向的文字选区。其工具属性栏相同，可进行横排竖排切换、字体、字符大小、对齐方式、颜色等选择，如图3-54所示。

图3-54　文字工具属性栏

Photoshop中有字符和段落两种文字输入方式，分别使用字符面板（图3-55）和段落面板（图3-56）对文字进行编辑调整。

图3-55　字符面板

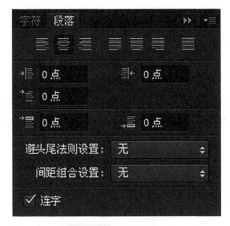

图3-56 段落面板

使用文字工具输入文字后，系统会在图层中自动生成一个文字图层，如图3-57所示。选择文字图层为当前图层，可对其文字进行编辑和调整。但文字图层不能直接使用滤镜等工具，若要使用这些工具，需选择图层→栅格化文字命令，将文字栅格化。栅格化将文字图层转换为正常图层，并使其内容成为不可编辑的文本。

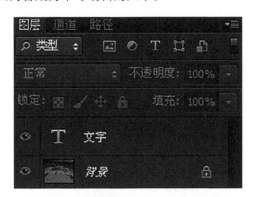

图3-57 文字图层

3.3 图层、通道与路径

3.3.1 图层

（1）图层的概念和分类

图层可以理解为一张张层叠起来的透明纸，没有绘制内容的区域是透明的，透过透明区域可看到下面图层的内容，而每个图层上绘制的内容叠加起来就构成了完整的图像，对于每一个图层来说都有独立性，可以将图像的不同元素绘制在不同的层上，这样在对本图层的元素进行编辑修改时，不会影响到其他图层。

Photoshop中主要有以下6类图层。

1）背景图层　背景图层位于图像的最底层，用户不能更改背景图层的叠放次序、混合模式或不透明度，除非先将其转换为普通图层。每幅图像只有一个背景图层。

2）普通图层　普通图层的主要功能是存放和绘制图像，普通图层可以有不同的透明度。

3）文字图层 文字图层只能输入与编辑文字内容。

4）调整图层 调整图层本身并不具备单独的图像及颜色，但可以影响其下面的所有图层。它一般用于对图像进行试用颜色和应用色调调整。所有的位图工具对其无效。

5）形状图层 使用形状工具或钢笔工具可以创建形状图层，该图层主要存放矢量形状信息。形状图层中会自动填充当前的前景色，但是也可以通过其他方法对其进行修饰，如建立一个由其他颜色、渐变或图案来进行填充的编组图层。形状的轮廓存储在链接到图层的矢量蒙版中。

6）填充图层 其主要功能是可以快速地创建由纯色、渐变色或图案构成的图层，与调整图层一样，所有的位图处理工具对其无效。

一幅图像中的所有图层都具有相同的分辨率、相同的通道数和相同的图像模式（RGB、CMYK或灰度等）。

（2）图层操作

1）图层调板 Photoshop的图层调板如图3-58所示，其中列出了图像中的所有图层、图层组和图层效果。可以使用图层调板上的按钮完成许多任务，如创建、隐藏、显示、复制和删除图层。可以访问图层调板菜单和"图层"菜单上的其他命令和选项。

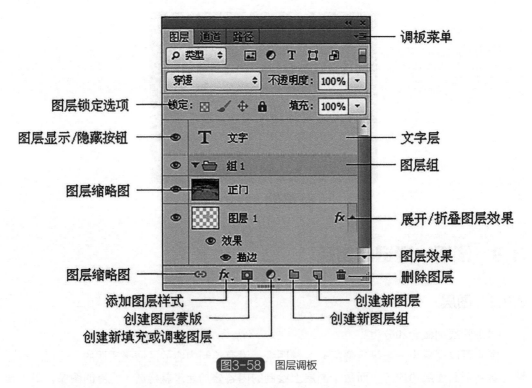

图3-58 图层调板

2）开关图层和当前图层

① 开/关图层。在图层调板中鼠标单击左侧的 👁 图标，该图层关闭，在图像窗口中该图层上的图像不显示；在同一位置再次鼠标单击可将图层打开。

② 当前图层。选择一个图层作为当前图层，该图层名称栏背景呈蓝色。对图像的操作默认作用于当前图层，不影响其他图层上的对象。如果存在选择区域，则仅作用于当前图层选择区域内的图像。

3）创建、复制和删除图层

① 创建图层。选择一个图层作为当前图层，选择菜单"图层→新建"或者单击图层调板上创建新图层的按钮，即可弹出"新建图层"窗口，如图3-59所示。可修改默认名称、颜色等确定即完成新图层创建。新建图层将置于当前图层上方。

<figure>图3-59　"新建图层"窗口</figure>

② 删除图层。选择一个图层作为当前图层，点击图层调板上的删除按钮，或用右键弹出的快捷菜单上单击"删除图层"，即可删除当前图层（图3-60）。

<figure>图3-60　快捷菜单"删除图层"</figure>

③ 复制图层。在一个图层上鼠标按住左键拖动到  上，复制产生该图层的副本。也可以用右键弹出的快捷菜单上单击"复制图层"，即可复制当前图层。

4）合并、链接图层

① 合并图层。有时一个图层复制的副本过多，图层副本与源图层中的对象性质相同，如将一棵树复制成一行，将其合并在一起对操作也没有不利影响。

操作方法为按住Ctrl键，鼠标单击，选中要合并的两个图层，右击，在弹出的快捷菜单中选择"合并图层"或"合并可见图层"（图3-61）。

图3-61 快捷菜单"合并图层"

② 链接图层。有时几个图层需要进行同一种处理，如：移动、旋转等，可将这些图层链接成组，处理完成后再取消链接。操作方法为在图层面板中选择第一个图层，按住Ctrl键，单击选择要链接的其他图层，出现链接图标 🔗 表示链接；反之为取消。如图3-62所示。

5）调整图层顺序 图层调板中，图层都是自上而下排列的，位于图层面板的图层上下顺序和在图像窗口中上下顺序一致，调整其位置相当于调整图层的叠加顺序。图3-63为原图层顺序图像显示；图3-64为调整图层顺序后的图像显示状态。

图3-62 链接图层

图3-63 原图层顺序图像显示状态

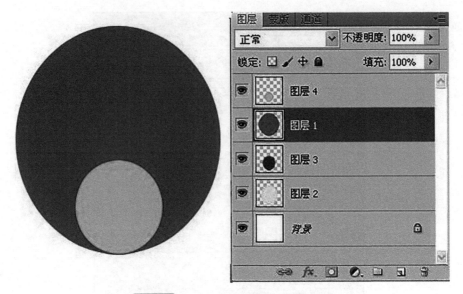

图3-64　调整图层顺序后的图像显示状态

3.3.2　通道

通道是Photoshop用于保存组成图像各个基色的场所。例如：RGB模式的图像由红、绿、蓝3种基色组成。因此在这些图像的通道中将保存上述3种颜色中每一种颜色在图像中的分布图，即基色通道，对于CMYK模式的图像，由于由青、洋红、黄与黑色组成，因此在这些图像的通道中将保存上述4种颜色中每一种颜色的分布图。另外，通道可以保存选择区域，这样的通道被称为Alpha通道。

简单地说，通道就是选区。通道既是选区，又保存着图像的颜色信息，而图像由一个个有着色彩信息的像素构成。因此，我们可以这样理解通道的本质：通道是一个保存着不同种颜色的选区。

Photoshop在两种情况下使用通道：一是分别存储图像的彩色信息；二是保存一个选区。一个图像的彩色信息通道自动根据其图像类型创建，例如，对于RGB图像，自动建立R、G、B和RGB通道，其中RGB道是一个混合通道，它保存并显示所有颜色的信息。

（1）显示和切换通道

"选择"菜单中"窗口→通道"，可在控制面板上显示通道面板及图像里的每个通道，在通道面板上单击通道名可以切换通道。选择了一个通道，Photoshop通常显示编辑的通道在屏幕上，通过单击 👁 图标，可以切换通道的显示与隐藏。

（2）Alpha通道

根据需要，为图像创建另外的通道称为Alpha通道。在Aepba通道中，不但可以保存选区蒙版信息，还可以利用通道的命令来创建新的图像。蒙版把受保护的区域从图像中独立出来，所进行的颜色修正等操作只对选定区域有效。

（3）通道面板

可以在窗口菜单中选择显示通道命令，或者按F7将"通道"面板显示在屏幕上（图3-65）。在通道面板上最先列出的是复合通道，然后分别是颜色通道、专色通道和Alpha通道。

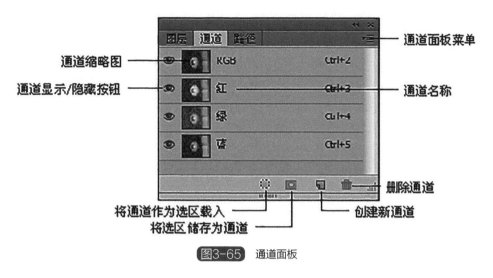

图3-65 通道面板

（4）面板菜单

用户单击通道面板右上角的通道面板菜单按钮，即可打开如图3-66所示的面板菜单，其中包含一些重要的通道功能。

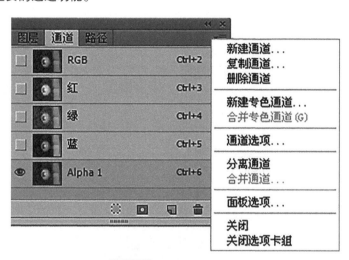

图3-66 "通道"面板菜单

"新建通道"用来按不同的色彩指示创建新通道。"复制通道"可以复制Alpha通道，也可以把复制的Aepha通道形成一个新图像文件，还可以把复制的Aepha通道放入任何其他打开的图像文件中。如果用户想对某个通道进行操作而又想保持原通道的内容不变，就应该在图像文件中先对该通道进行复制。"分离通道"可以将每个通道分成各自独立的灰度图像，然后单独修改每个灰度图像，并自动将通道色彩名字写到窗口名称的末尾。"合并通道"是将多个通道的图像合并到一个多通道图像。在合并之前所有通道的图像必须是打开的，且尺寸绝对一样，并一定是灰度图像。通道的基本操作与图层操作类似。"面板选项"用来改变面板左侧缩略图的尺寸。

3.3.3 路径

路径工具是一种矢量图工具，它能精确地绘制出直线或光滑的曲线，由锚点、曲线段、方向线和方向点组成（图3-67）。组成路径的基本点称为锚点。两个锚点之间的线段称为曲线段。由锚点拖曳出的线段称为方向线。方向线的端点称为方向点。拖动方向点，改变方向线的长度和角度，曲线段的形状随之改变。路径的形状是由锚点的位置、方向线的长度和角度决定的。路径分为开放路径和闭合路径，闭合路径起点和终点相连，可以与选区之间相互转换。

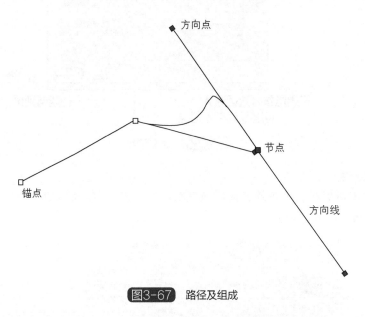

图3-67 路径及组成

（1）钢笔工具组

包括钢笔工具、自由钢笔工具、添加锚点工具、删除锚点工具和转换点工具（图3-68）。

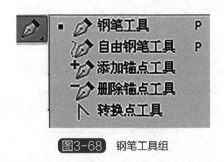

图3-68 钢笔工具组

1）钢笔工具　钢笔工具是创建路径的基本工具。使用钢笔工具，可以创建点、直线路径或曲线路径。单击工具箱中的"钢笔工具"按钮，在绘图区每单击鼠标一次，即可产生一个定位点，两个定位点自动用直线连起来。使用钢笔工具可以产生多个定位点和多条线段，这些点和线段就构成了路径。其属性栏如图3-69所示。

图3-69 钢笔工具属性栏

2）自由钢笔工具　单击工具箱中的自由钢笔工具 按钮就可以按住鼠标随意拖动，鼠标经过的地方生成路径和节点。其属性栏如图3-70所示。其中当选中"磁性的"后，可自动跟踪图像中物体的边缘自动形成路径。

图3-70 自由钢笔工具属性栏

3）添加锚点和删除锚点工具 使用添加锚点工具 ![icon]，可以通过在路径上添加锚点来调整路径的形状。使用删除锚点工具 ![icon]，可以通过删除路径上不用的锚点来调整路径形状（图3-71）。

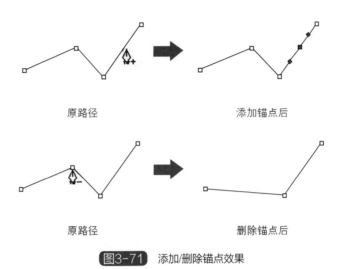

图3-71 添加/删除锚点效果

4）转换点工具 使用转换点工具 ![icon]，可以调整路径的形状。利用鼠标单击并拖拉将会产生方向控制点，此时可以改变其中的一个方向控制点，从而达到改变路径形状的目的。它主要用来改变路径上节点的曲线度，而不能用来改变节点在该路径上的位置，如图3-72所示。

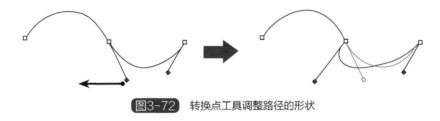

图3-72 转换点工具调整路径的形状

（2）形状工具组

形状工具组可以创建的基本形状，包括矩形工具、圆角矩形工具、椭圆工具、多边形工具、直线工具和自定形状工具（图3-73）。

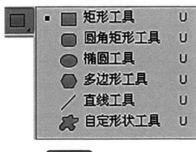

图3-73 形状工具组

在该组工具中不但可以选择要创建的基本形状，还可以通过属性栏设置参数，创建更多的形状，如图3-74所示。

图3-74 形状工具属性栏

（3）路径选择工具和直接选择工具（图3-75）

图3-75 路径选择工具组

路径选择工具用来选择一个或几个路径并对其进行移动、组合、复制等操作；直接选择工具用来移动路径中的锚点和线段，也可以调整方向线和方向点。

（4）路径面板

路径面板是对路径进行管理和操作的面板（图3-76）。

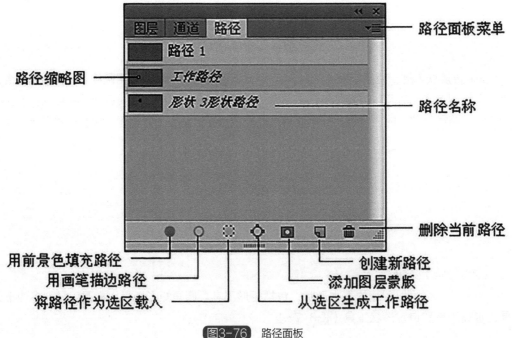

图3-76 路径面板

路径选项菜单如图3-77所示，可以进行路径的存储、删除等。

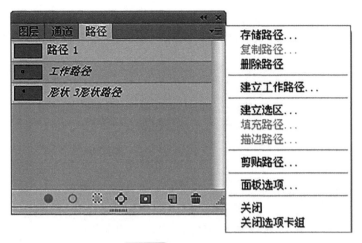

图3-77　路径选项菜单

3.4　蒙版

Photoshop蒙版主要包括图层蒙版、矢量蒙版和剪贴蒙版。图层蒙版主要分为两大类：一类的作用类似于选择工具，用于创建复杂的选区，主要是快速蒙版；另一类的作用主要是在不改变图层本身内容的前提下为图层创建透明区域。

3.4.1　快速蒙版

快速蒙版模式可以将任何选区作为蒙版进行编辑，而无需使用"通道"调板，在查看图像时也可如此。将选区作为蒙版来编辑的优点是几乎可以使用任何 Photoshop 工具或滤镜修改蒙版。在图像处理中，我们经常利用"快速蒙版"来产生各种复杂的选区，进行抠图操作。

利用"魔棒"工具大致选择出素材中的人物，点击Photoshop最上面菜单中"选择"→"反向"，反向选择图片中人物以外的区域，单击 ▣ 按钮或者按字母Q键，这时在图像中人物区域出现一个红色快速蒙版（图3-78）。再点击左边工具栏中"橡皮擦"工具，擦去红色蒙版除人物以外的多余部分。

图3-78　快速蒙版状态

单击  按钮或者按字母Q键，再点击菜单栏中"选择"→"反向"，选中人物。在图中右击选中的人物，在弹出的对话框中点击"通过拷贝的图层"，复制人物（图3-79）。

图3-79　通过拷贝的图层复制人物

再新建一个文件，以复制图层的形式将抠出的人物粘贴到新建文件中（图3-80）。

图3-80　复制图层的形式完成抠图

3.4.2　图层蒙版

图层蒙版是作图最常用的工具，平常所说的蒙版一般也是指图层蒙版。图层蒙版的原理是使用一张具有256级色阶的灰度图（即蒙版）来屏蔽图像，灰度图中的黑色区域为透明区域，而图中的白色区域为不透明区域，由于灰度图具有256级灰度，因此能够创建细腻、逼真的混合效果。主要用来抠图、作图的边缘淡化效果和图层间的融合等。

下面介绍利用图层蒙板来制作图片间的融合。图3-81为准备的素材图片1和素材图片2。

素材图片1

素材图片2

图3-81 素材图片

1）首先把要融合的素材图片2放在素材图片1上面（图3-82）。

图3-82 两个图片叠放

2）单击图层面板底部的"添加图层蒙版"按钮 ，为图片2（人物）添加图层蒙版。如图3-83所示，此时的图层蒙版为白色，表示显示该图层。

图3-83 图层蒙版显示白色

3）如果选择"橡皮擦工具"，前景色为白色，在图片2（人物）图层蒙版上擦除人物以外的景物。如果选择"画笔工具"，前景色则应设置为黑色，在图片2（人物）图层蒙版上涂抹人物以外的景物。两种方式都得到如图3-84所示融合图片。

图3-84 融合图片

此时图层面板显示如图3-85所示。图层蒙版上白色的部分为显示，黑色的部分为隐藏。

图3-85 融合后图层蒙版显示

右击图层蒙版，弹出图层蒙版快捷菜单，如图3-86所示。菜单主要内容如下。

① 停用图层蒙版：相当于暂时隐藏图层蒙版，图片恢复原始状态。选择可进行停用/启用切换。

② 删除图层蒙版：将蒙版删除。

③ 应用图层蒙版：把蒙版的效果作用于图片，图层后面不显示蒙版标志，也无法对蒙版进行编辑。

④ 蒙版选项：用于修改蒙版显示的颜色和透明度。

图3-86　图层蒙版快捷菜单

3.4.3　矢量蒙版

矢量蒙版，也叫做路径蒙版，是可以任意放大或缩小的蒙版。可以使用钢笔工具和形状工具对图形进行编辑修改，对图像实现部分遮盖。

打开一个图像文件，选择的钢笔工具，在图像中绘制一条路径，如图3-87所示。在图层面板选中要创建矢量蒙版的图层，按住Ctrl键不放，单击图层面板的"添加图层蒙版"按钮 ▣ ，即可为该图层创建一个矢量蒙版。

单击图层蒙版中矢量蒙版的缩略图，可以在图像窗口中显示或隐藏矢量蒙版的路径，然后使用钢笔工具修改路径。

当不需要矢量蒙版时，选择要删除的矢量蒙版图层后，使用鼠标拖动矢量蒙版缩略图到图层面板中的按钮上，单击"确定"按钮即可删除矢量蒙版，将图层恢复到正常状态（图3-87）。

图3-87　矢量蒙版

3.4.4　剪贴蒙版

Photoshop CS6 "剪贴蒙版"是一组具有剪贴关系的图层，也称剪贴组，主要由基底图层和内容图层组成，基底图层在下，内容图层在上。相邻的两个图层创建剪贴蒙版后，内容图层所显示的形状或虚实就要受基底图层的控制，或者说基底图层的形状限制内容图层的显示状态，其他部分隐藏，即"下形状上颜色"。

在Photoshop CS6蒙版中基底图层名称带有下划线，上层图层的缩略图（也就是内容层）是缩进的且在左侧显示有剪贴蒙版图标。

要创建剪贴蒙版必须要两个以上图层，主要步骤如下。

① 打开一幅素材图像文件（图3-88）。

图3-88　素材图像

② 创建一个"椭圆"形状图层，并将该形状图层移至"图片花"图层下方（图3-89）。

图3-89　创建"椭圆"形状图层

③ 在Photoshop"图层面板"中选择"图片花"图层，按住Alt键，将鼠标指针放在分隔"图片花"和"椭圆1"这两个图层之间的线上，当指针变成"正方形"图标时，单击鼠标，即可创建剪贴蒙版。创建剪贴蒙版方法还有：选择菜单栏"图层"→"创建剪贴蒙版"命令；使用快捷键"Alt+Ctrl+G"。

创建剪贴蒙版完成后，可以看到上层"图片花"图层是缩进的，且在左侧显示有剪贴蒙版图标（图3-90）。

图3-90 剪贴蒙版图标

创建剪贴蒙版后的图像效果如图3-91所示。

图3-91 创建剪贴蒙版后的图像效果

3.5 滤镜

滤镜也被称为增效工具，是一种特殊的图像效果处理技术。滤镜对图像中像素的颜色、亮度、饱和度、对比度、色调、分布、排列等属性进行计算和变换处理，使图像产生各种特殊效果。Photoshop中所有的滤镜都按分类放置在菜单中，使用时只需要从该菜单中执行这项命令即可。

滤镜不能应用于Bitmap（位图模式）、Index Color（索引颜色）以及16bit/Channel（16

位/通道）图像，某些滤镜只能用于RGB图像模式。如果是不支持滤镜功能的模式，则需在进行滤镜操作前对该图像模式进行转换。

3.5.1 滤镜使用方法

若要使用滤镜，可以从"滤镜"菜单中选取相应的滤镜类型（图3-92）。

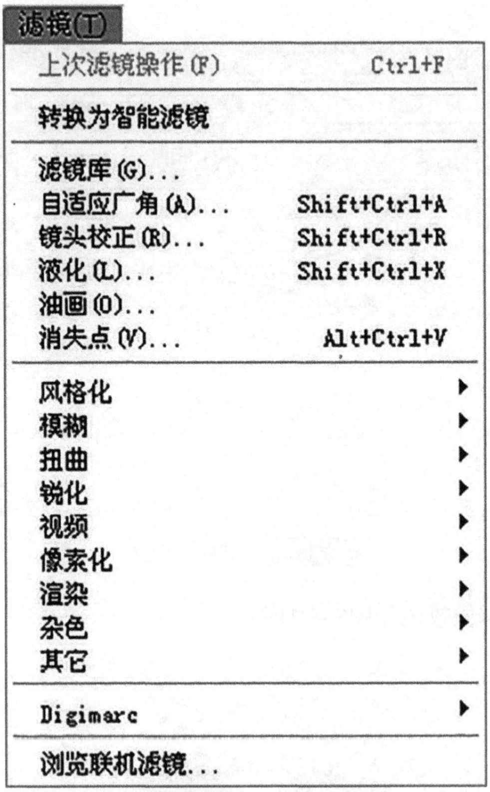

滤镜(T)	
上次滤镜操作(F)	Ctrl+F
转换为智能滤镜	
滤镜库(G)...	
自适应广角(A)...	Shift+Ctrl+A
镜头校正(R)...	Shift+Ctrl+R
液化(L)...	Shift+Ctrl+X
油画(O)...	
消失点(V)...	Alt+Ctrl+V
风格化	▶
模糊	▶
扭曲	▶
锐化	▶
视频	▶
像素化	▶
渲染	▶
杂色	▶
其它	▶
Digimarc	▶
浏览联机滤镜...	

图3-92 滤镜菜单

① 滤镜只针对所选择的区域进行处理。如果没有选定区域，则对整个图像做处理；如果只选中某一层或某一通道，则只对当前的层或通道起作用。

② 有些滤镜选项单击后会弹出对话框，在对话框中进行相关参数设置，单击"确定"即可使用。

③ 文本图层要使用滤镜命令必须先进行栅格化。

④ 一个效果图层只允许存放一种滤镜效果。要删除应用的滤镜，应在已应用滤镜的列表中选择一个滤镜，然后单击"删除"按钮。

⑤ 在使用滤镜插件之前，某些滤镜插件允许预览滤镜效果，使用预览选项可以节省时间并阻止不满意的效果。

⑥ 使用滤镜库可以同时给图像应用多种滤镜，减少应用滤镜的次数，节省操作时间。还可以重新排列滤镜并更改已应用的每个滤镜的设置，以便实现所需的效果。如图3-93所示。

⑦ 有些滤镜完全在内存中处理，在应用滤镜前，可执行菜单栏"编辑"→"清理"释放内存。

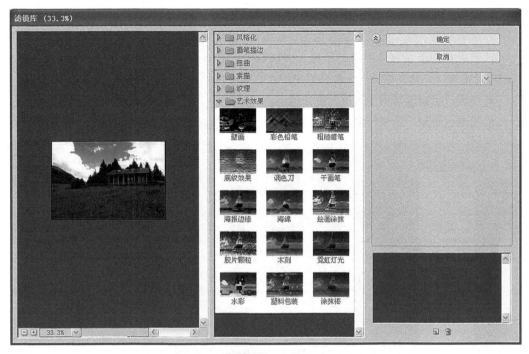

图3-93　滤镜库

3.5.2　滤镜菜单

Photoshop的滤镜菜单提供了多种滤镜功能。下面介绍几种制作园林效果图常用滤镜的使用方法。

（1）"光照效果"滤镜

Photoshop CS6滤镜中的"光照效果"滤镜是一个强大的灯光效果制作滤镜，可以在RGB图像上产生无数种光照效果，还可以使用灰度文件的纹理（称为凹凸图）产生类似3D效果。单击菜单栏选择"滤镜"→"渲染"→"光照效果"，弹出"光照效果"对话框，如图3-94所示。主要设置内容如下。

1）预设　Photoshop CS6预设了17种光照样式；可以选择载入、存储光源和自定。

2）光照类型　Photoshop CS6提供了3种光源，即"点光""聚光灯"和"无限光"。在"光照类型"选项下拉列表中选择一种光源后，就可以在对话框左侧调整它的位置和照射范围，或添加多个光源。

3）添加新光源　单击Photoshop CS6"光照效果"属性栏上的"添加新的聚光灯""添加新的点光""添加新的无限光"，可以添加新光源，最多可以添加16个光源，可以分别调整每个光源的颜色和角度。

4）删除光源　选择一个光源，点击右下角的删除按钮，即可删除所选光源。

5）单击光源前面的"眼睛"图标，可以隐藏和显示光源。

6）设置光源属性

① 颜色：用于调整灯光的颜色和强度。

② 聚光：用于控制灯光的照射范围。

③ 曝光度：该值为正值时，可增加光照；为负值时，则减少光照。

④ 光泽：用来设置灯光在图像表面的反射程度。

⑤ 金属质感：控制光线射到图像上以后图像反射光线的性质。

⑥ 着色：用于设置环境光的颜色。滑块越接近负值，环境光越接近色样的互补色；滑块越接近正值，环境光越接近于颜色框中所选的颜色。

⑦ 纹理：可以选择用于改变光的通道。

⑧ 高度：拖动"高度"滑块可以将纹理从"平滑"改变为"凸起"。

图3-94 "光照效果"滤镜

（2）"云彩"滤镜

"云彩"滤镜可以用来制作效果图的天空背景。操作步骤如下。

① 新建文件，设置前景色和背景色分别为白色和天空蓝。

② 单击菜单栏"滤镜"→"渲染"→"云彩"。

（3）"高斯模糊"滤镜

滤镜往往和其他工具一起使用，下面利用"高斯模糊"滤镜制作树木阴影（图3-95）。

① 打开树木的图像文件，去除材质背景，转换成RGB模式。扩大画布，预留出为树木做阴影的空间。

② 复制树木所在的图层，将图层副本移到原树木图层的下方。

③ 单击菜单"编辑"→"自由变换"，将树木副本调整至合理位置。

④ 单击菜单"图像"→"调整"→"色相/饱和度"，将明度设置为-100。

⑤ 单击菜单栏选择"滤镜"→"模糊"→"高斯模糊"，半径为1像素。

⑥ 图层不透明度设置为60%。

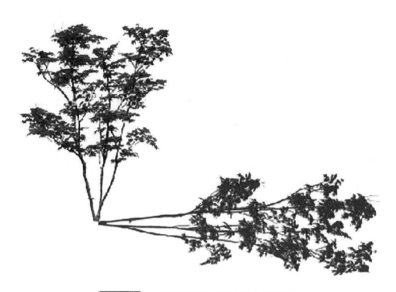

图3-95　"高斯模糊"滤镜制作树木阴影

3.5.3　滤镜插件安装

一般外部滤镜的安装方法很简单，只要执行安装程序，再按照安装提示一步步往下执行即可。安装外部滤镜的关键是指定滤镜文件存放的文件夹，一般滤镜文件安装路径为Adobe\Adobe Photoshop CS6\Required\Plug-Ins\Filters。

3.6　色彩和色调调整

园林中的色彩是围绕着园林的环境随季节和时间变化的。因此色彩对于园林效果图非常重要。Photoshop中的色彩和色调调整可以有效地烘托效果图所要表现的环境和画面的意境。一幅园林效果图在应用SketchUp等软件建模后，需要使用色彩调整工具进行调整。

3.6.1　图像色彩基础

（1）明度

又称亮度，指色彩的明暗程度，通常用0% ~ 100%表示。光作用于人眼所引起的明亮程度的感觉，它与被观察物体的发光强度有关。明度可用黑白来表示，越接近白色明度越高，越接近黑明度越低。

（2）色相

指颜色的外貌，范围0 ~ 360。色相的特征决定于光源的光谱组成以及物体表面反射的各波长。当人眼看一种或多种波长的光时所产生的彩色感觉就是色相，它反映颜色的种类，决定颜色的基本特性。

色相差别是由光波波长的长短产生的。即便是同一类颜色，也能分为几种色相，如红颜色可以分为粉红、大红、玫红等。光谱中有红、橙、黄、绿、蓝、紫6种基本色光，人的眼睛可以分辨出约180种不同色相的颜色。

（3）饱和度

也称纯度，即颜色的鲜艳程度。饱和度取决于该色中含色成分和消色成分（灰色）的比例。含色成分越大，饱和度越大；消色成分越大，饱和度越小。通常用0%～100%表示，0%表示灰色，100%完全饱和。黑、白和其他灰色色彩没有饱和度。

（4）色调

色调是指一幅图色彩外观的基本倾向。在明度、饱和度、色相这三个要素中，某种因素起主导作用，就称之为某种色调。通常可以从色相、明度、冷暖、饱和度4个方面来定义一幅图的色调。

色调在冷暖方面分为暖色调与冷色调：红色、橙色、黄色为暖色调，象征太阳、火焰；绿色、蓝色、黑色为冷色调，象征森林、大海、蓝天。灰色、紫色、白色为中间色调。

（5）对比度

指不同颜色的差异程度，对比度越大，两种颜色之间的差异就越大。

3.6.2　图像色彩调整

图像的色彩调整常用的方法是从单击菜单"图像"→"调整"，从"调整"子菜单中选取命令（图3-96）。

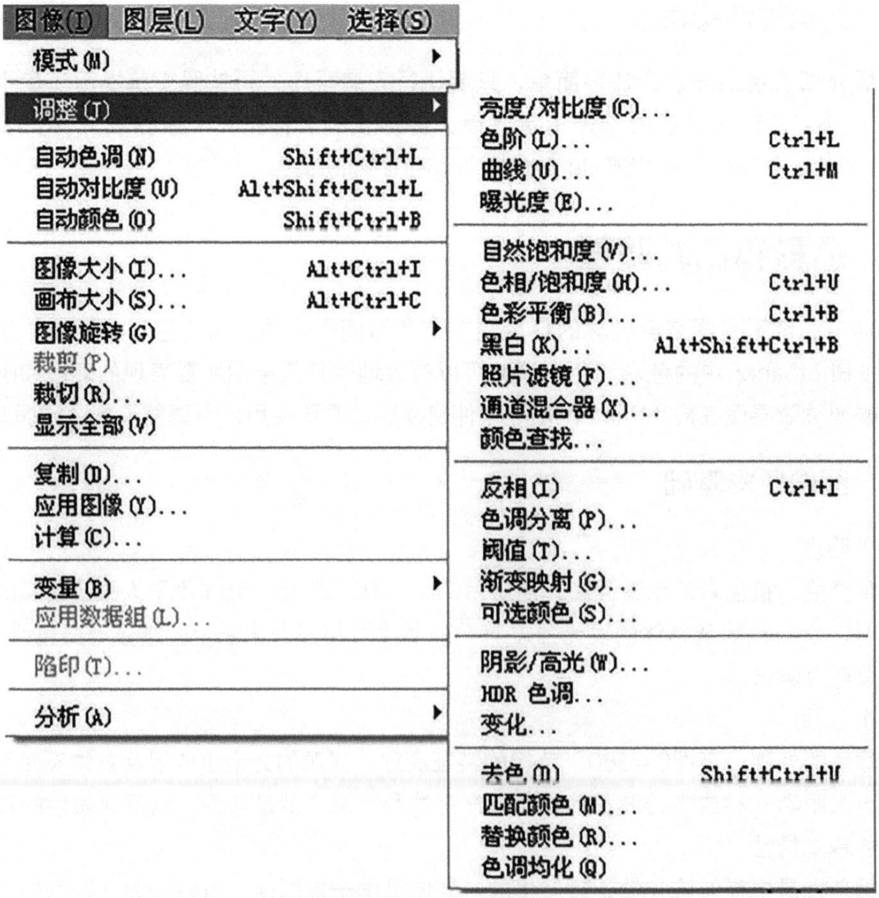

图3-96　图像色彩调整菜单

在对园林效果图进行处理的过程中，常用"色阶"及"曲线"调整中间调，"色彩平衡"调整图像色彩失衡或者偏色。另外可以使用"色相/饱和度"命令对特定选择区及颜色范围进行校正。如果需要在图像上增加某种颜色，则可以应用"色相／饱和度"对话框的"着色"命令对图像着色，也可应用绘图及编辑工具进行详细的色彩校正。下面介绍在园林效果图处理中应用较多的几个命令。

（1）亮度／对比度

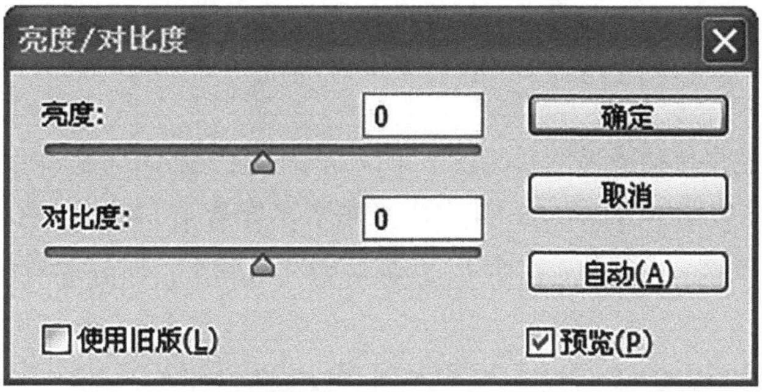

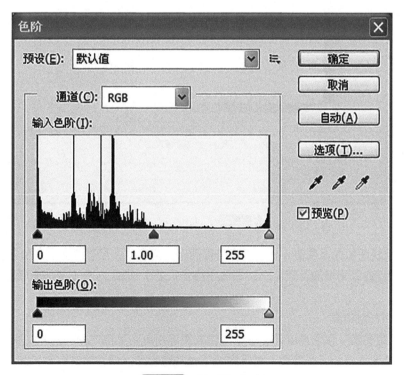

图3-97   "亮度／对比度"对话框

"亮度／对比度"对话框如图3-97所示。"亮度"滑杆用鼠标拖曳滑杆上的滑块，可调整图像的亮度。"对比度"滑杆用鼠标拖曳滑杆上的滑块，可调整图像的对比度。

（2）色阶

色阶主要用于调节图像的明度。用色阶来调节明度，图像的对比度、饱和度损失较小。而且色阶调整可以通过输入数字，对明度进行精确的设定。"色阶"对话框如图3-98所示。参数设置如下。

图3-98   "色阶"对话框

1）通道　可选择要调整的通道范围。

2）"输入色阶"直方图　显示的是图像中明暗像素的数量多少。

3）输入色阶　调节图像的明暗对比。黑色滑块向右滑动，暗部区域更暗；白色滑块向左滑动，亮部区域更亮；中间调滑块可以控制暗部区域和亮部区域的比例平衡。

4）输出色阶　调节图像的明暗程度。黑色滑动向右滑动，图像整体变亮；滑块向左滑动，图像整体变暗。

5）自动色阶　自动将每个通道中最亮和最暗的像素定义为白色和黑色，然后按照比例重新分布中间的像素值。此方法可以重新分布图像每个通道的色阶，以增强图像的对比度。

（3）曲线

可以调节全体或是单独通道的对比度，可以调节任意局部的亮度和色调，可以调节颜色。

"曲线"对话框如图3-99所示。其中水平轴表示像素（"输入"色阶）原来的强度值；垂直轴表示新的颜色值（"输出"色阶）。在默认的对角线中，所有像素有相同的"输入"和"输出"值。

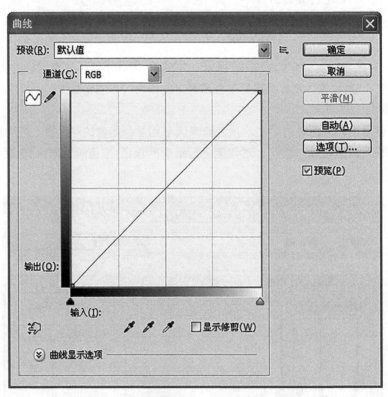

图3-99　"曲线"对话框

曲线是反映图像的亮度值，一个像素有着确定的亮度值，可以改变它，使它变亮或变暗。可以分为S曲线（增加反差）、反S曲线（降低反差）、曲线向上（增加亮度）、曲线向下（降低亮度）。

（4）色相/饱和度

"色相/饱和度"命令可以调整整个图像或图像中单个颜色成分的色相、饱和度和明度，或者同时调整图像中的所有颜色，对于图像色相及饱和度的调整非常有效，此命令尤其适用于调整CMYK图像中的特定颜色，以便它们包含在输出设备的色域内。如果需要把图像整个或某个区域换色，"色相／饱和度"是最佳选择。"色相/饱和度"对话框（图3-100）的主要内容如下。

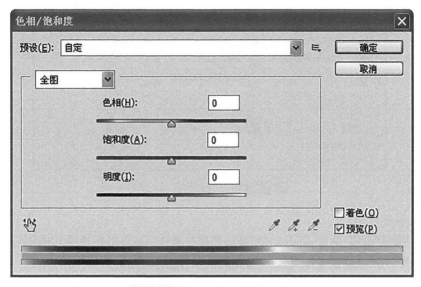

图3-100 "色相/饱和度"对话框

1）预设　从中可以选择一些默认的"色相/饱和度"设置效果。

2）编辑　在下拉列表中可以选择要调整的颜色。

3）"色相""饱和度"和"明度"滑块及文本框　用来调整它们的数值。色相的数值范围是–180 ~ +180；饱和度和明度的数值范围是–100 ~ +100。

4）图像调整工具　选择该工具以后，将光标放在要调整的颜色上。光标选择了哪一种颜色，则只会调整那一种颜色。

5）吸管　在"编辑"选项中选择一种颜色以后，对话框中的3个吸管工具就可以使用了。用"吸管工具"在图像中单击可以选择要调整的颜色范围。

6）着色　选中该复选框后，可以使图像变为单色、不同明度的图像。如果前景色是黑色或白色，图像会转换为红色；如果前景色不是黑色或白色，则图像会转换为当前前景色的色相。

7）隔离颜色范围　"色相/饱和度"对话框底部有两个颜色条，上面的颜色条代表了调整前的颜色，下面的颜色条代表了调整后的颜色。调整时下边彩条的颜色会随之变化。

（5）色彩平衡

色彩平衡可让用户在彩色图像中改变颜色的混合，提供一般化的色彩校正，只能作用于复合颜色通道。"色彩平衡"对话框如图3-101所示，主要包括"色调平衡"和"色彩平衡"两个选项栏。

1）"色调平衡"选项栏　选择要重新进行更改的色调范围，其中包括阴影、中间调、高光。选项栏下边的"保持明度"选项可保持图像中的色调平衡。通常，调整RGB色彩模式的图像时，为了保持图像的光度值，都要将此选项选中。

2）"色彩平衡"选项栏　在"色阶"数值框输入数值或移动三角滑块实现色彩平衡调整。当滑块向某一颜色拖近时，是在图像颜色中加入该颜色，最终显示的颜色是与原来颜色综合的混合颜色。

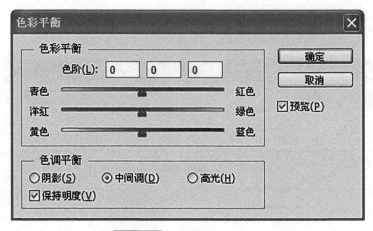

图3-101　"色彩平衡"对话框

（6）替换颜色

使用"替换颜色"命令，可以将图像中选择的颜色用其他颜色替换。并且可以对选中颜色的色相、饱和度及亮度进行调整。"替换颜色"对话框如图3-102所示。

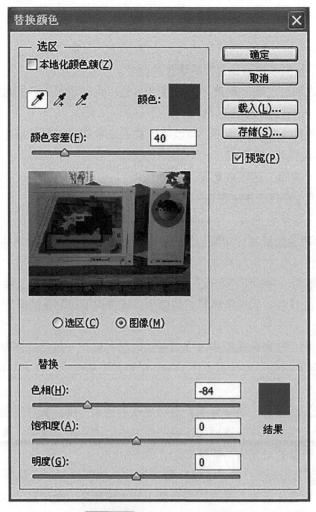

图3-102　"替换颜色"对话框

打开"替换颜色"对话框后的操作方法如下。

① 默认状态下"吸管"为选中状态，选取图像中替换的颜色，确定要替换颜色的对象。

② 调整"颜色容差"选项滑块，以确定颜色的容差。然后单击右边两个吸管工具图标之一，再单击图像中相应的部分，进行加、减蒙版。

③ 调整"替换"选项中的色相、饱和度和明度，以确定要替换的颜色，设置完成后单击"确定"按钮。

下篇　实践篇

　　园林景观设计可分为方案设计阶段和施工设计阶段。主要的园林工程图纸在方案设计阶段包括位置图、现状分析图、功能分区图、竖向规划图、道路系统规划图、总体规划方案图、植物规划图、管线规划图、电气规划图、园林建筑规划图等；在施工设计阶段主要包括园林设计总平面图、园林竖向设计图、园林种植设计施工图、园林建筑工程施工图、假山工程施工图、驳岸工程施工图、园路工程施工图等。

　　本篇通过实例，结合AutoCAD、SketchUp、Photoshop在不同类型园林工程图纸中的应用，讲述园林工程设计图的绘制方法。

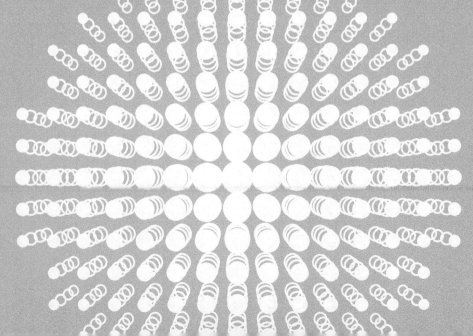

第4章 园林设计总平面图绘制

一般总平面图的绘制步骤如下。

① 对资料图数字化。

② 新建文档，设置绘图环境。

③ 插入数字化图形，并描绘需要的线条。

④ 缩放到实际大小。

⑤ 绘制图形。

⑥ 对图形进行说明，如标注文字、尺寸等。

⑦ 打印出图。

以图4-1的总平面图为例说明绘图步骤。

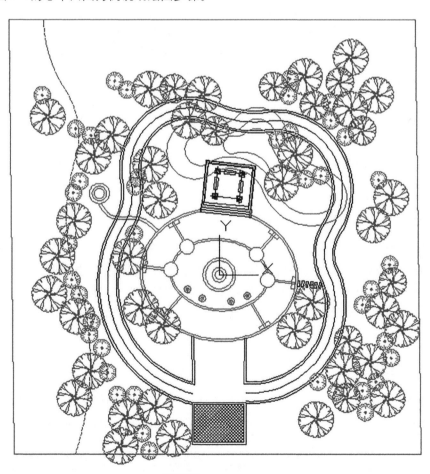

图4-1 园林总平面图

4.1 绘图环境设置

4.1.1 新建DWG格式文件

执行new命令，选择样板新建图形文件，执行Ctrl+s命令，保存为小广场设计平面图.dwg。

4.1.2 绘图单位设置

执行un命令，设置"精度"为0，"用于缩放插入内容的单位"为毫米，单击"确定"。

4.1.3 图层及特性设置

① 执行lt命令，选择"加载"，选择"DOT"，单击"确定"；再次选择"加载"，选择"BORDER"，单击"确定"，返回"线型管理器"；单击"确定"，确认加载。

② 执行la命令，新建"样图""园建""景观""道路""园植""轮廓""底图""辅助线""铺装""迎宾""L-景观""边界""文字""尺寸"等图层，双击"园建""颜色"，设为30号颜色；双击"景观""颜色"，设为210号颜色；双击"轮廓""颜色"设为红色；双击"辅助线""颜色"设为蓝色；双击"园植""颜色"设为73号颜色；双击"L-景观""颜色"设为40号颜色；双击"迎宾""颜色"设为116号颜色；其他颜色采用默认。双击"轮廓""线型"，设为"DOT"；双击"边界""线型"设为"BORDER"。

4.1.4 辅助工具设置

单击辅助工具"动态输入"按钮，关闭动态输入。单击"三维对象捕捉"，关闭三维对象捕捉。执行ds命令，选择"对象捕捉"，选择"全部选择"。选择"极轴追踪"，设置"增量角"15°。选择"捕捉和栅格"，去除"显示超出界线的栅格"选项，复选"二维模型空间"复选项。

4.1.5 文件选项设置

执行op命令，选择"显示"选项卡，去除复选项"显示工具提示""显示鼠标悬停工具提示"，单击"颜色"，设置统一背景为白色。选择"打开和保存"选项卡，设置"自动保存"时间为5min，单击"安全选项"，设置文件打开密码。单击"绘图"选项卡，复选所有的"自动捕捉设置"。单击"选择集"，复选"用Shift键添加到选择集"，复选"选择集预览"所有选项。

4.1.6 其他设置

① 拷贝"铺装.pat"到支持路径下。在默认情况下的支持路径，一般为c:\Users\Administrator\AppData\Roaming\Autodesk\AutoCAD2012-SimplifiedChinese\R18.2\chs\Support。

② 执行"工具"→"自定义"→"编辑程序参数"，在最后一行输入"k,*sketch"，保存并关闭记事本。执行reinit命令，选中PGP文件，单击确定。

4.2   图像插入和比例设置

4.2.1   图像插入

① 在图层工具栏的下拉列表框中，单击"样图"，把"样图"层置为当前，从"插入"菜单执行"光栅图像参照"命令，在"选择参照文件"的对话框中，从"文件类型"中选择"所有图像文件"，在路径中找到存放图像文件的位置，在文件列表框中，双击文件名，在"附着图像"对话框中单击"确定"，在绘图区单击指定插入点，按1∶1插入图像。

② 把"轮廓"层置为当前，执行k命令，描出边界和主要地形地貌的轮廓。从图层工具栏的列表框中，单击"样图"的"开/关"，关闭"样图"。单击"边界"，把"边界"置为当前。执行rec命令，指定轮廓的左下角点和右上角点。完成绘图边界的绘制。

4.2.2   调整比例

执行sc命令，输入all，回车确认，指定边界的左下角点为基点，输入图片的实际比例（可以执行di命令测量图长，用实际长度除以测量长求得，本例为500）；也可以用"参照"方式进行缩放，将图形放大到实际大小。

4.2.3   设置并打开图层界限

执行limits命令，设置左下角点时捕捉边界的左下角点输入；设置右上角点时捕捉边界的右上角点输入。回车再次执行命令，选择on，回车确认。

4.3   总平面图的绘制

4.3.1   绘制辅助线

将"辅助线"层置为当前，执行l命令，捕捉下边界的中点为第一点，捕捉上边界的中点为第二点。回车，输入fro，拾取辅助线的下端点，输入"@0,18000"，向右移动光标，捕捉输入右边界上的垂足。执行ex命令，选择"边界"，回车确认，单击水平辅助线的左端，把辅助线延伸到左边界。

执行UCS，捕捉辅助线的交点为原点，回车确认。

4.3.2   "景观"图层图形绘制

① 在图层工具栏中选择"景观"层，把"景观"层置为当前，执行c命令，捕捉输入辅助线的交点，输入半径600，执行o命令，输入偏移距离400，拾取圆，单击圆外一点，回车。再次回车，输入偏移距离940，拾取外侧的圆，单击圆外一点，回车。回车，输入360，拾取外侧的圆，单击圆外一点，回车。

② 执行el命令，输入c，捕捉输入辅助线的交点，输入"@11180,0"，指定短轴长9170。执行o命令，输入偏移距离300，选择椭圆，向内侧指定一点，回车结束偏移。回车，输入偏移距离3880，选择内侧椭圆，向内侧指定一点，回车结束偏移。回车，输入偏移距离

250，选择内侧椭圆，向内侧指定一点，回车结束偏移。

③ 执行c命令，输入fro，捕捉输入最内侧椭圆与水平辅助线的交点，输入"@125,0"，输入半径1000。执行l命令，捕捉输入圆与水平辅助线的交点，捕捉输入外侧第二椭圆与水平辅助线的交点。执行o命令，输入150，窗口选择绘制的直线，单击线上方一点，窗口选择绘制的直线，单击线下方一点。执行rec命令，输入fro，捕捉输入外侧第二椭圆到水平线的交点，输入"@0,800"，输入"@-500，-1600"。选择绘制的矩形，单击激活右上角点，回车切换到"移动"，移动角点使之和第二椭圆内切。执行ex命令，选择圆，回车，选择两条直线。执行tr命令，按下Shift，选择两条直线，回车，选择线间的圆。执行b命令，为块取名"花坛"，单击"选择对象"按钮，选择圆、两条直线和矩形，单击"拾取点"，拾取水平辅助线与外侧第二椭圆的交点为块的基点，选中"转化为块"，单击确定。执行ar命令，选择块"花坛"，回车确认，执行pa按路径方式阵列，输入项目数8，在外侧第二椭圆上移动当8个项目均匀分布在椭圆上时拾取点。执行x命令，按下Shift键，选择左下方和右下方的两个"花坛"，回车确认。执行e命令，按下Shift键，选择中间两个"花坛"块以及左下方和右下方"花坛"中的圆，回车确认。执行ex命令，选择内侧第二个椭圆，回车确认，选择左下方和右下方两个分解"花坛"中的直线，将其延伸到椭圆。执行tr命令，选择"花坛"中的圆，回车，选择圆内的两个椭圆部分，将其修剪掉，回车确认。回车，……，将其余花坛修改完毕。执行c命令，输入fro，捕捉输入中心点，输入"@-18000，9400"，输入半径1400，执行o命令，输入400，向内拾取一点，回车结束命令，回车再次执行o命令，输入300，向内拾取一点，回车。执行spl命令，捕捉输入刚绘制的花坛圆的下象限点，拾取输入合适的第二点、第三点，追踪捕捉输入中心位置150°方向最外侧椭圆上的点。执行o命令，输入400，选择样条曲线，在线的上方拾取一点。执行tr命令，选择花坛圆，回车确认，拾取样条曲线，修剪掉多余的部分。执行ex命令，选择最外侧椭圆，回车，选择偏移形成的样条曲线，以延伸到椭圆。

④ 执行c命令，输入"4900<210"，输入半径32。执行rec命令，输入fro，指定圆心为基点，输入偏移量"@48,48"，指定第二角点"@96,96"。执行ro命令，选择正方形，指定圆心为基点，输入-30。将"辅助线"层置为当前，执行o命令，输入218，选择外侧圆，指定圆外一点，回车确认。回车，输入195，选择外侧圆，指定圆外一点，回车确认。回车，输入75，选择外侧圆，指定圆外一点，回车确认。将"景观"层置为当前，执行c命令，输入fro，指定外圆上方的象限点，输入"@0，-100"，输入半径值100。选择刚绘制的圆，单击圆心，回车两次，切换到"旋转"方式，输入c，按复制方式进行旋转，输入b，单击同心圆的圆心指定为基点，输入-30，回车确认。执行tr命令，选择内侧的辅助圆，回车，选择两小圆内侧，将两小圆内侧修剪掉。回车，再次执行tr命令，按下Shift键选择两个辅助圆，回车，分别拾取两个半圆的外侧，回车确认。执行f命令，输入r，输入圆角半径为28，回车，选择两个小圆弧。执行ar命令，选择3个小圆弧，回车确认，输入po，进行圆形阵列，单击拾取同心圆的圆心指定为阵列中心点，输入项目数12，指定填充角度为360，回车确认。关闭辅助线层，执行b命令，输入名为"旗台"，指定同心圆心为基点，窗口选择本步骤中所绘制的图形，选择保留，单击确定。将"辅助线"层打开并置为当前，执行o命令，回车，按通过方式偏移，选择最内侧下方的椭圆弧，指定同心圆的圆心为通过点，回车确认。将"景观层"置为当前，执行l命令，选择旗台，单击确定，移动光标到水平和垂直辅助线的交点上稍停，捕捉追踪输入240°方向和辅助椭圆弧相交的点。执行mi命令，窗口选择两个旗台，

指定垂直辅助线上的一点，再指定垂直辅助线上的另一点，不删除源对象。

4.3.3 "景亭"绘制

将"景亭"层置为当前，执行o命令，输入偏移距离3500，选择垂直辅助线，单击线左侧。选择垂直辅助线，单击线右侧。执行l命令，捕捉输入左侧偏移线和外侧第二椭圆的交点，捕捉输入右侧偏移线和外侧第二椭圆的交点。执行o命令，输入偏移距离350，选择直线，向上方单击一点；选择偏移形成的直线，向上方单击一点，……，偏移4次，再形成4条线。回车再次执行命令，输入偏移距离5350，选择最后形成的直线，向上方单击一点，回车结束命令；回车，输入偏移距离100，选择直线，向上方单击一点；选择偏移形成的直线，向上方单击一点，……，偏移4次，再形成4条线。选择辅助线左偏移形成的直线，向线右方单击一点；选择偏移形成的直线，向右方单击一点，……，偏移4次，再形成4条线。选择辅助线右偏移形成的直线，向线左方单击一点；选择偏移形成的直线，向左方单击一点，……偏移4次，再形成4条线。执行e命令，选择上方5条偏移线的中间一条，按下Shift键选择左侧5条偏移线的中间一条，选择右侧5条偏移线的中间一条，回车确认。执行tr命令，按下Shift键选择水平的最内侧的两条偏移线，回车，选择垂直的偏移形成的最内侧两条线的两端，回车结束命令。回车，按下Shift键选择垂直的最内侧的两条偏移线，回车，选择水平的偏移形成的最内侧两条线的两端，回车结束命令。回车，按下Shift键选择水平的内侧的第二条偏移线，回车，选择垂直的偏移形成的内侧第二条线的两端，回车结束命令。回车，按下Shift键选择垂直的内侧的第二条偏移线，回车，选择水平的偏移形成的内侧第二条线的两端，回车结束命令。……修剪完成4个矩形。执行rec命令，输入fro，捕捉内侧第二矩形的左下角点，输入"@-200,0"，输入"@-200,-1100"。执行mi命令，选择刚绘制的矩形，捕捉输入垂直辅助线上的一点，再次捕捉输入垂直辅助线上的一点。执行tr，按下Shift键选择刚绘制的两个小矩形，选择矩形内所有线，回车结束命令。执行c命令，输入fro，捕捉输入垂直辅助线和最内侧大矩形的交点，输入"@-1750,950"，输入半径150。执行rec命令，输入fro，输入"@250,250"，输入"@-500,-500"。执行o命令，输入15，选择刚绘制的正方形，单击正方形外侧。执行rec命令，输入fro，捕捉输入圆心，输入"@925,250"，输入"@-500,1600"。执行l，输入fro，捕捉输入圆心，输入"@0,-450"，输入"@0,4500"。执行ar，选择刚绘制的亭柱、凳和直线，选择po，追踪输入亭的中心点，输入项目数为4，指定填充角度为360，回车确认。执行e，选择最下方的长方形（凳）。

4.3.4 "道路"绘制

① 把"道路"层置为当前，执行pl命令，输入"0,13100"，选择a，选择r，输入10500，捕捉输入和水平辅助线相交的点，输入"13800,8700"，依次输入"4800,20350"、"-3600,20700"、"-12300,12200"、"-12850,4550"、"-1000,-15300"。执行o命令，输入300，选择多段线，单击线外一点，回车。回车，输入1200，选择偏移形成的多段线，单击线外一点，选择偏移形成的多段线，单击线外一点，回车。回车，输入300，选择偏移形成的多段线，单击线外一点，回车。

② 把辅助线层置为当前，执行l命令，捕捉输入最外侧椭圆与水平辅助线的交点，捕捉输入最内侧多段线与水平线的交点。把"道路"层置为当前，执行rec命令，输入fro，捕捉输入最外侧椭圆与水平辅助线的交点，输入"@0,400"，输入"@300,-800"。执行b命令，

指定块名为石板，捕捉输入最外侧椭圆与水平辅助线的交点为块基点，选择矩形，单击确定。执行me命令，选择刚绘制的直线辅助线，选择b，输入块名"石板"，指定等分间距为600，回车结束命令。

4.3.5 "方向"对正

执行ro命令，选择除辅助线、边界、轮廓和地形线外的所有线，回车确认，输入-6，回车结束命令。

4.3.6 "出入口"绘制

把辅助线层置为当前，执行o命令，输入3800，选择垂直辅助线，单击线左侧的一点，选择垂直辅助线，单击线右侧的一点，回车。执行tr命令，选择偏移形成的两条辅助线，回车确认，选择道路的几条线，回车。将"迎宾"层置为当前，执行rec命令，捕捉输入道路外侧第二条线的左端点，输入"@7600,-5800"。执行o命令，输入300，选择刚绘制的矩形，单击内侧一点。执行h命令，选择"自定义"，选择"铺装"，单击"选择对象"，选择内侧的矩形，单击"确定"。执行l命令，捕捉输入道路最内侧线的端点，按F8打开正交，捕捉输入正上方椭圆上的最近点。执行o命令，输入300，选择绘制的直线，单击线右侧一点。执行mi命令，窗口选择两条直线，输入中间辅助线上的一点，输入中间辅助线上的另一点，不删除源对象。

4.3.7 "地形图"绘制

将"L-景观"层置为当前，执行spl命令，依次输入控制点，完成微地形等高线的绘制。

4.3.8 "树图形"绘制

将"园植"置为当前，执行i命令，按适当比例插入绘制好的树图例外部块，执行co命令，选择插入的树图形，指定中心为基点，进行复制。按设计要求采用多次复制模式插入，以完成树图形的绘制。

4.4 图纸要素设置

4.4.1 页面设置

在工作空间的标签上右单击，选择"新建布局"，在新建的布局上右单击，选择"页面设置管理器"，单击"新建"，输入名称"A3横用"，单击"确定"，在"页面设置"中，选择"名称"内的可用打印机，在"图纸尺寸"中选择"ISOA3（420*297毫米）"，"图纸方向"选择"横向"，"打印范围"选择"布局"，单击"确定"。单击"置为当前"，单击"关闭"。

4.4.2 视口操作

单击视口框，拖动视口框到适当位置，拖动夹点，调整为适当大小。在视口内双击，执行p命令，将要打印部分的中心置于视口中心，回车确认。在视口框外双击。单击视口框，在视口工具条的"视口缩放控制"中输入合适的比例,以使要打印的部分充满视口。

4.4.3　标题栏的绘制

执行i命令,选择事先绘制好的带标题栏的A3图框外部块,指定插入点为"0,0",按1:1插入。回车,选择事先绘制好的方位图形外部块,按1:1的比例在适当位置插入。

4.4.4　文字标注

执行st命令,选择"宋体",文字高度设定为5,单击"新建",输入名为"A3文字"。设置文字高度为10,单击"新建",输入名为"A3标题"。单击"A3文字",置为当前。执行ql命令,输入s,设置"箭头"为"无",单击确定。对出入口、花坛、景亭、喷泉等进行文字说明。将"A3标题"文字样式置为当前,执行dt命令,为图加题"小广场平面图"。

4.5　图纸打印输出

① 单击"打印预览"按钮 ⬚ ,观察打印效果符合要求与否;如果不符合要求,重新修改页面设置或在布局上绘制的图元,直到符合要求。

② 连通打印机,选中要打印的布局,执行plot命令,在"打印"对话框中输入打印份数,单击确定。

下篇　实践篇

第5章 园林景观建筑详图绘制

　　园林景观建筑详图绘制包括平面图、立面图、剖面图和局部详图。这些图可以绘制在一个文档中，采用多视口打印，以方便阅读和使用。

　　绘制的主要步骤如下。

　　① 新建一文档并存盘。

　　② 绘图环境设置。

　　③ 绘制基本图形。

　　④ 文字说明。

　　⑤ 尺寸标注。

　　⑥ 布局设置。

　　⑦ 打印输出。

　　以景亭建筑详图（图5-1）为例说明园林景观建筑详图绘制的步骤。

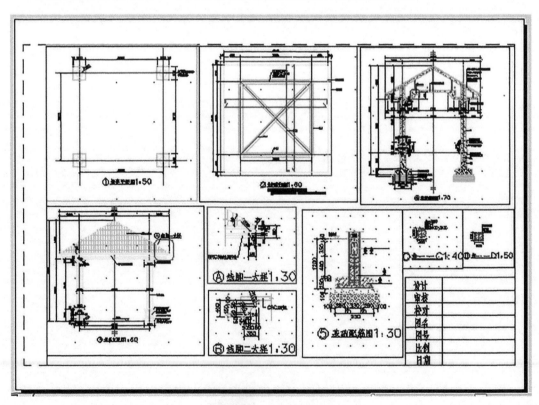

图5-1　景亭建筑详图

5.1　景亭平面图的绘制

① 执行new命令，新建一文档，执行Ctrl+s，输入名"景亭建筑详图"，单击"保存"。

② 执行un命令，设置"精度"为0，"用于缩放插入内容的单位"为毫米，单击"确定"。

③ 执行lt命令，选择"加载"，选择"ISO004W100"，单击"确定"，返回"线型管理器"；单击"确定"，确认加载。

④ 执行la命令，新建"辅助线""平面图""立面图""剖面图""顶平面图""线脚一""线脚二""贴面""混凝土""轴线""小柱""文字""尺寸""填充"等图层，双击"填充""颜色"，设为青色；双击"贴面""颜色"，设为青色；双击"混凝土""颜色"，设为8号颜色；双击"小柱""颜色"，设为8号颜色；双击"轴线""颜色"设为红色；双击"辅助线""颜色"设为蓝色；设置"平面图""立面图""剖面图""顶平面图""线脚一""线脚二"为黄色；其他颜色采用默认。双击"填充""线型"，设为"ISO004W100"。

⑤ 单击辅助工具"动态输入"按钮，关闭动态输入。单击"三维对象捕捉"，关闭三维对象捕捉。执行ds命令，单击"对象捕捉"选择"全部选择"。选择"极轴追踪"，设置"增量角"15°。

⑥ 执行op命令，选择"显示"选项卡，去除复选项"显示工具提示""显示鼠标悬停工具提示"，单击"颜色"，设置统一背景为白色。选择"打开和保存"选项卡，设置"自动保存"时间为5min，单击"安全选项"，设置文件打开密码。单击"绘图"选项卡，复选所有的"自动捕捉设置"项。单击"选择集"，复选"用Shift键添加到选择集"，复选"选择集预览"所有选项，复选"先选择后执行"。

⑦ 选择"文件"，单击"支持文件搜索路径"，单击"增加"，输入路径，如d:\mytcta，拷贝"混凝土1.pat""混凝土2.pat""混凝土3.pat""土壤.pat""简瓦屋面.pat"到增加的目录下。

⑧ 将"平面图"层置为当前，执行c命令，输入半径150。执行rec命令，输入fro，捕捉输入圆心，输入"@-250,-250"，捕捉输入"@500，500"。执行o命令，输入15，选择矩形，单击矩形外一点。将"贴面"置为当前，右单击，选择"全部不选择"。将"轴线"层置为当前，执行l命令，按F8打开正交，向上移动光标，输入5500。执行ar命令，输入all，回车，输入po进行环形阵列，输入fro，捕捉输入圆心，输入"@1750,1750"，输入项目数4，输入角度360，回车确认。

5.2　亭顶平面图的绘制

执行co命令，输入all，回车确认，执定一点作为基点，执行p命令，向右移动视图到空白区，指定一点，回车确认。执行x命令，选择复制的阵列，执行e命令，按下Shift键选择所有矩形，回车确认。将"亭平面图"层置为当前，执行rec命令，输入fro，捕捉输入左上方的圆心，输入"@-820,820"，输入"@5140,-5140"，将"轴线"层置为当前，执行o命令，输入180，选择刚绘制的矩形，单击外侧一点。执行l命令，捕捉输入左上角的圆心，捕捉输入右下角的圆心，回车结束命令。执行o命令，输入100，选择刚绘制的轴线，向线左侧单击，再次选择轴线，向线右侧单击，选择最左侧的轴线，向线左侧单击，选择最左侧的轴线，向线右侧单击，回车结束命令。执行tr命令，选择与刚绘制的线相交的三个圆，回车确认，选择刚绘制直线的两端将多余的部分修剪掉。按下Shift键选择修剪后的四条线，将"贴面"层置为当前，右单击，选择"全部不选"。执行ar命令，按下Shift键选择修剪后的四条线和中间轴线，选择"po"，捕捉输入中间轴线的中点，输入项目数4，输入角度360，回车确认。执行x命令，选择刚阵列的图形，回车确认。执行tr命令，按下Shift键选择贴面层上内边框的四条线，回车确认，选择交叉轴线的两端将多余的部分修剪掉。

5.3　立面图的绘制

将辅助线层置为当前，执行l命令，执行pl命令，向左拖动视图到空白处，回车，拾取一点，输入"@4000,0"，绘出地平线。将立面图置为当前，执行rec命令，拾取地平线的左端点，输入"@500,100"。执行l命令，输入fro，捕捉输入矩形的左上角点，输入"@30,30"，向右移动光标，输入440，回车。执行圆弧命令，捕捉输入矩形的左上角点，选择e，捕捉输入直线的端点，选择r，输入半径30。执行mi命令，选择圆弧，捕捉矩形上边中点，捕捉矩形下边中点，回车确认。执行rec命令，输入fro，捕捉输入直线左端点，输入"@20,0"。执行o命令，输入40，选择刚绘制的矩形，单击内侧一点。回车，输入20，选择偏移形成的矩形，单击内侧一点。执行rec命令，输入fro，捕捉输入外侧矩形的左上端点，输入"@-20,0"，输入"@440,30"。回车执行rec命令，输入fro，捕捉输入外侧矩形的左上端点，输入"@-30,0"，输入"@500,50"。将轴线层置为当前，执行l命令，捕捉最上方矩形的下边的中点，向上移动光标，输入4880。将立面图层置为当前，执行rec命令，输入fro，捕捉输入轴线与最上方矩形上边的交点，输入"@-150,0"，输入"@300,2240"。执行l，输入fro，捕捉输入最上方矩形左上角点，输入"@-20,0"，输入"@340,0"。执行rec命令，输入fro，捕捉输入直线的左端点，输入"@-70,50"，输入"@480,30"。执行arc命令，捕捉输入直线的左端点，选择e，捕捉输入上方矩形的左下角点，选择r，输入50。执行tr命令，拾取上方矩形，回车确认，选择圆弧的上端。执行mi命令，选择圆弧，指定轴线上的一点，指定轴线上的另一点。执行rec命令，输入fro，捕捉最上方矩形的左上角点，输入"@-25,0"，输入"@530,80"。将轴线层置为当前，执行l命令，捕捉输入地平线的中点，向上移动光标，输入4880。执行mi命令，选择亭柱的所有图元，指定刚绘制的轴线上的一点，指定刚绘制的轴线上的另一点，回车确认。将"立面图"置为当前，执行rec命令，输入fro，捕捉输入左侧柱最上方矩形的左上角点，输入"@-570,0"，输入"@5170,80"。执行x命令，选择刚绘制的矩形，回车结束命令。执行o命令，输入30，选择分解形成的上方的直线，单击线上方一点。执行arc命令，捕捉输入上方平移形成直线的左端点，选择e，捕捉输入分解的矩形的左上角点，选择r，输入15。执行rec命令，输入fro，捕捉输入最上方直线的左端点，输入"@-165,120"，输入"@5500,20"。执行arc命令，捕捉输入上方平移形成直线的左端点，选择e，捕捉输入上方矩形的左下角点，选择r，输入150。执行tr命令，拾取上方矩形，回车确认，选择圆弧的上端，回车结束命令。执行mi命令，选择圆弧，指定中间轴线上的一点，指定中间轴线上的另一点，回车。执行co命令，选择刚绘制的矩形，回车，选择矩形的左上角点为基点，向上移动光标，输入50，回车。执行arc命令，捕捉输入复制矩形的左下角点，选择e，输入其下方矩形的左上角点，选择r，输入15。执行mi命令，选择左侧上方的两个圆弧，回车确认，捕捉输入中间轴线与直线的交点，捕捉输入中间轴线上的另一点，回车结束命令。执行l命令，捕捉输入最上方矩形的左上角点，按F8关闭正交，追踪捕捉输入，30°方向上和中间轴线相交的点，捕捉输入最上方矩形的右上角点，回车结束命令。执行x命令，选择最上方矩形，回车。将"填充"层置为当前，执行h命令，选择"自定义"类型，在"自定义图案"中找"简瓦屋面"，设置比例为100，单击"添加：选择对象"，按Shift键选择构成屋顶的三条线，回车，单击"确定"。

5.4　剖面图的绘制

① 执行co命令，窗口选择整个亭的立面图，回车确认，指定地平线的端点作为基点，执行pl命令，向右移动视图到空白区，指定一点，回车确认。

② 将剖面图层置为当前。执行pl命令，捕捉输入左侧柱的左下角点，向上捕捉输入角点以绘制直线和弧，直到亭的最高点。关闭立面层，执行x命令，选择刚绘制的多段线。执行o命令，选择最上方屋面直线，向下方分别偏移30、20、120。选择轴线，分别向两侧偏移150。打开立面层，执行tr命令，选择亭中轴，确认，选择偏移形成的直线的上端，回车。回车，选择亭顶底面最上方的一条线，确认，选择偏移形成的第一、二条线的下端，回车。回车，选择亭顶底面上第二个矩形，确认，选择偏移形成的第三条直线下端，回车。执行l命令，捕捉输入偏移形成的第三条直线的下端点，捕捉输入第二条线上的垂足，回车。回车，捕捉输入亭顶底面最上端线与所绘直线的交点，捕捉输入矩形的左上端点。回车，捕捉输入偏移形成的第三条直线的下端点，捕捉亭底面最下边矩形上的垂足，捕捉输入亭左边柱左边线上的垂足，回车。执行pl命令，捕捉输入亭左边柱的左边线与亭底面的交点，依次捕捉输入柱顶左侧的各拐点以绘制亭左边柱的左边侧的图形。执行o命令，输入30，选择刚绘制的多段线，向内侧指定一点，回车确认。执行tr命令，选择左边柱的左边线，回车，选择多段线的多余的部分，回车。回车，选择左边柱脚上方平台的下边线，回车，选择左边柱的左边线下端，回车。执行l命令，捕捉输入左边柱的左边线下端点，捕捉输入水平方向上柱的交点。回车，输入fro，捕捉输入左边柱的左边线下端点，输入"@-15,0"，输入"@0,-1720"，回车。执行o，输入15，选择刚绘制的直线，单击线左侧一点。执行l命令，捕捉输入柱脚最左下角点，向下移动光标，输入30，向右移动光标，捕捉输入右侧垂直直线上的垂足，回车。执行rec命令，输入fro，捕捉输入左边垂线的下端点，输入"@-395,0"，输入"@1150,-100"。回车，输入fro，捕捉输入刚绘制的矩形的左下角点，输入"@-50,0"，输入"@1250,-100"。回车，捕捉输入刚绘制的矩形的左下角点，输入"@1250,-100"。执行l命令，捕捉输入柱底脚最左上角点，输入"@0,250"，输入"@310,50"，回车。执行tr命令，选择最后绘制的直线，确认，选择两条垂直直线的下端，回车。执行l命令，捕捉输入柱左下角点，输入"@0,-30"，捕捉输入垂线上的垂足。执行rec命令，输入fro，输入"@80,-30"，输入"@200,-350"。执行p命令，移动视图到柱顶，回车。执行rec命令，输入fro，捕捉柱左侧线的上端点，输入"@50,-180"，输入"@200,500"。执行tr命令，选择矩形，选择亭顶斜面矩形内的第四条线，回车。回车，选择亭顶斜面的第三条线，选择矩形的上部。执行mi命令，选择所有左边柱绘完的线，选择左边柱轴线上一点，选择左边柱轴线上另一点，回车。

③ 执行l命令，捕捉追踪输入亭底面上边线与柱右边线的交点，按F8打开正交，向右移动光标，输入320，回车，向上移动光标输入400，向右移动光标，捕捉输入与中轴左边线

的交点，回车。执行pl命令，捕捉追踪输入亭底面下边线与柱右边线的交点，向右移动光标，输入400，回车，选择a，选择d，向上移动光标，单击，输入"@50,50"，选择l，向右移动光标，输入50，回车，向上移动光标输入50，回车，向右移动光标输入50，回车，选择a，选择d，向上移动光标，单击，输入"@150,150"，选择l，向上移动光标，输入50，回车，向上移动光标，输入100，回车，捕捉输入中轴线上的垂足，回车。

④ 执行l命令，输入fro，捕捉输入亭左边方柱下台面与最左边线的交点，输入"@0,-40"，向左移动光标输入10，向下移动光标输入20，向右移动光标捕捉输入垂足。执行tr命令，按下Shift键，选择刚画好的两条水平线，回车，拾取两条线中间的柱的最外侧线的部分。按同样方法，绘制下面部分。

⑤ 将小柱层置为当前。执行l命令，输入fro，捕捉输入亭底面左下角的内角点，输入"@170,0"，向上捕捉输入亭面上的最近点。回车，输入fro，捕捉输入亭底面左下角的内角点，输入"@50,0"，向上捕捉输入亭面上的最近点。回车，输入fro，捕捉线脚一的左上角点，输入"@200,0"，向上捕捉输入亭面上的最近点。回车，输入fro，捕捉刚绘制线的下端点，输入"@50,0"，向上捕捉输入亭面上的最近点。回车，输入fro，捕捉中轴线与亭底面的上交点，输入"@-25,0"，向上捕捉输入亭面上的最近点。

⑥ 执行mi命令，选择所有绘制的亭线，输入中轴线上的一点，输入中轴线上的另一点。

⑦ 将填充置为当前。执行h命令，选择"自定义"类型，选择"混凝土1"，输入比例30，单击"添加拾取点"，按下Shift键选择所有混凝土结构件的内部，单击确定。回车，选择"自定义"类型，选择"混凝土2"，输入比例1，单击"添加拾取点"，按下Shift键选择两个柱脚混凝土结构件的内部，单击确定。回车，选择"自定义"类型，选择"混凝土3"，输入比例60，单击"添加拾取点"，按下Shift键选择两个柱脚下部混凝土结构件的内部，单击确定。回车，选择"自定义"类型，选择"土壤"，输入比例100，单击"添加拾取点"，按下Shift键选择两个柱脚最下部矩形内部，单击确定。

⑧ 关闭"剖面图""小柱""填充""辅助线"层，窗口选择剖面图位置上的所有立面图元，执行e命令。打开"剖面图""小柱""填充""辅助线"层。

⑨ 依次绘制"线角一大样""线角二大样""亭柱""基础"建筑结构图。

5.5　尺寸标注

① 将尺寸层置为当前，执行st命令，选择"SHX字体"为simplex.shx，复选"使用大字体"，"大字体"选择"gbcbig.shx"，单击"新建"，输入名为"tbz-cc"。执行d命令，单击"新建"，输入名"tjz-80"，单击"确定"，设置"基线间距"为100，"超出尺寸线"为75，"起点偏移量"为90，"箭头"为"建筑标记"，"箭头大小"为30，"文字样式"为"tbz-cc"，"文字高度"为80，"文字位置"的垂直为"上"，"从尺寸线偏移30"，"文字对齐"为"与尺寸线对齐"，"文字始终在尺寸线之间"，"文字位置不在尺寸默认位置上时，将其设置在"，"尺寸线上方，不带引线"，主单位"精度"设置为0，其他采用默认，单击"确定"。单击"置为当前"，单击"关闭"。

② 执行p命令，移动亭平面图，到视图中心，执行z命令，将亭平面图缩放到适当大小。执行dal命令，捕捉输入左下圆心，捕捉输入左上圆心，向左移动光标到适当位置单击。回车，捕捉输入左上角亭柱的内正方形的左上角点，捕捉输入左上角亭柱的内正方形的右上

角点，向上移动光标到适当位置单击。回车，捕捉输入右上角亭柱的外正方形的右上角点，捕捉输入右上角亭柱的外正方形的右下角点，向右移动光标到适当位置单击。执行dco命令，捕捉输入右下角亭柱的外正方形的右上角点，捕捉输入右下角亭柱的外正方形的右下角点，回车。回车，输入s，选择左上方的标注，捕捉输入右上角亭柱的内正方形的左上角点，捕捉输入右上角亭柱的内正方形的右上角点，回车。执行dra命令，选择左上方的圆，移动光标到适当位置单击。执行dimtedit命令，选择文字受影响的标注，指定一点移动文字到新位置。

③ 使用相同方法对亭顶平面图、立面图、剖面图、线角一大样、线角二大样、亭柱、基础等进行尺寸标注。

5.6 文字说明

① 将文字层置为当前，将亭平面图移动至视图中央。执行st命令，设置文字高度为200，单击"新建"，输入名为tbz-bt，设置文字高度为80，单击"新建"，输入名为tbz-wz，单击"确定""置为当前""应用"。执行ql命令，输入s，点数最大值为3，设置"箭头"为"无"，点"角度约束"第一段为"水平"，设置"附着"均为"多行文本中间"，单击"确定"，捕捉输入右上角的圆心，向右移动光标单击，输入"%%c300钢筋混凝土柱"，回车，输入"外墙刷米黄色墙漆"，回车，回车。……依次完成亭顶平面图、立面图、剖面图、线角一大样、线角二大样、亭柱、基础等的文字说明。

② 执行c命令，在亭平面图下方指定一点，输入130，执行pl命令，输入"@180,-130"，输入h，输入10，回车输入端点半宽，向右移动光标，输入1000。执行att命令，输入标记为"题号"，输入提示为"请输入题号"，输入默认值"1"，设置文字对正为"正中"，设置文字样式为"tbz-bt"，单击确定，捕捉输入圆心为插入点。回车，输入标记为"题名"，输入提示为"请输入题名"，输入默认值"亭平面图"，设置文字对正为"调整"，设置文字样式为"tbz-bt"，单击确定，捕捉输入多段线的端点，捕捉输入多段线的另一端点。回车，输入标记为"比例"，输入提示为"请输入比例值"，输入默认值"1：50"，设置文字对正为"左对齐"，设置文字样式为"tbz-bt"，单击确定，输入fro，捕捉输入多段线的右端点，输入"@100,0"。执行b命令，输入名为"图题"，拾取圆心为插入点，选择题的几个图元和属性，选择"删除"，单击"确定"。执行i命令，选择"图题"，单击确定，在平面图的下方单击一点，回车，回车，回车。回车，在亭顶平面图的下方单击，根据提示依次输入2、亭顶平面图、1：60等，依次完成立面图、剖面图、线角一大样、线角二大样、亭柱、基础等的标题。

5.7 布局设置

① 右单击布局空间上的标签，选择"新建布局"，单击新建布局标签，右单击，选择"页面设置管理器"，单击"新建"，输入页面设置名为"A3横向"，单击"确定"，选择图纸尺寸为"ISOA3（420.00*297.00毫米）"，选择图形方向为"横向"，单击"确定"，单击"置为当前"，单击"关闭"。在布局内单击视口框，拖动视口框到左上角，单击视口框，单击右下角的夹点，向左上移动到图纸的约1/3位置，双击视口内部，执行p命令，将景亭平面

图部分放置于视口中央，执行z命令，输入w，指定一个比亭平面图略大一点的窗口。双击视口外部，观察视口工具条中"视口缩放控制"中的数值，单击视口框，在"视口缩放控制"中输入接近的整比例数。单击模型空间标签，双击景亭平面图的标题，把题中的比例修改为输入的比例数。返回布局空间，执行vports命令，选择"单个"，单击"确定"，在布局内创建一个和上一个差不多大小的视口，按第一个的操作，将第二个视口设置完毕……

② 执行i命令，选择事先画好的外部块（A3图纸的图框和标题栏），单击确定，输入"0,0"。

5.8 打印出图

① 执行pre命令，如果有不满意的地方，单击"关闭"，到绘图空间进行修改，直到满意。

② 执行plot命令，选择要打印的布局，选择可使用的打印机，输入打印份数，单击打印即可出图。

第6章 园林平面效果图绘制

6.1 AutoCAD图形导入Photoshop

AutoCAD通过文件打印机将图形输出为PostScript或光栅文件，如EPS、PDF、JPEG、TIFF、BMP、TGA等，在Photoshop中可以打开这些文件，进一步处理成平面效果图。EPS格式是两个软件兼容的一种矢量格式，精度高，是AutoCAD向Photoshop传递文件的最常用格式。

6.1.1 AutoCAD图形整理

由于树木、填充图案在Photoshop中可以使用素材更好的表现效果，因此，在AutoCAD图形导入前，应利用CAD图层特性管理器，将这些图层设置为不打印或者关闭。另外，各类线要闭合，方便导入后选取。

6.1.2 AutoCAD图形转换为EPS格式

在CAD中输出EPS格式文件的方法有两种：直接输出和虚拟打印。

1）执行文件→输出命令，打开文件输出对话框，在文件类型栏里面找到eps文件类型，然后浏览需要保存的目录，点击保存即可。

2）虚拟打印输出EPS格式文件

① 安装文件打印机驱动。文件打印机是一种虚拟的电子打印机，是用来将AutoCAD图形转换成其他文件格式的程序。

在AutoCAD中，单击"文件"→"绘图仪管理器"，然后双击"添加绘图仪向导"（图6-1），弹出如图6-2所示的"添加绘图仪→简介"窗口，单击"下一步"，直到弹出如图6-3所示对话框，继续单击"下一步"，到弹出图6-4所示对话框。在这里为便于识别，可重命名绘图仪名称为eps，继续单击下一步，直到完成。

图6-1 添加绘图仪向导图标

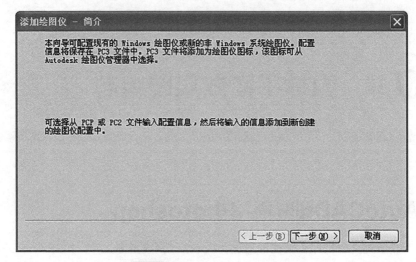

图6-2　"添加绘图仪-简介"窗口

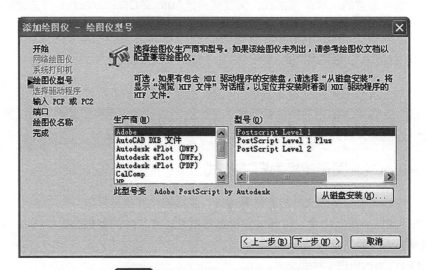

图6-3　"添加绘图仪-I绘图仪型号"窗口

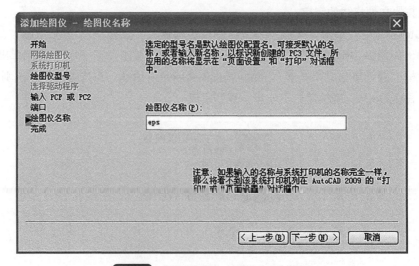

图6-4　"添加绘图仪-绘图仪名称"窗口

② 设置打印布局。单击"文件"→"打印",按如图6-5所示操作进行虚拟打印。打印机/绘图仪名称选择eps.pc3,复选"打印打文件",选择图纸尺寸为ISOA1,打印样式选择"monochrome．ctb",得到黑白线条图。打印范围选择"窗口""居中打印",打印选项选择"按样式打印",图像方向选择"横向"。最后单击确定,弹出"浏览打印文件"对话框(图6-6),保存文件,得到EPS格式文件(图6-7)。

图6-5   虚拟打印

图6-6   保存文件对话框

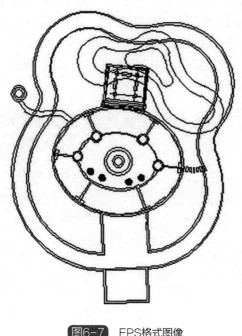

图6-7　EPS格式图像

6.1.3　EPS格式文件输入Photoshop

（1）AutoCAD平面图的输入

启动Photoshop打开EPS文件：在Photoshop中单击"文件"→"打开"，或者在灰色图像编辑区空白处双击，打开从AutoCAD输出的EPS格式文件。

（2）设置栅格化参数

EPS是矢量图形格式文件，在Photoshop中打开时会将其转换为图像，这种图形向图像的转换被称为栅格化，如图6-8所示操作，设置栅格化图像的分辨率和色彩模式。

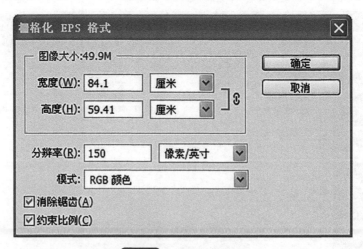

图6-8　设置栅格化参数

（3）新建图层并填充为白色作为背景

打开的图像背景是透明的，图像看上去不清晰，需新建一个图层并填充为白色作为背景，如图6-9所示。添加了白色背景层后线条非常清晰，缩放后也很清楚。

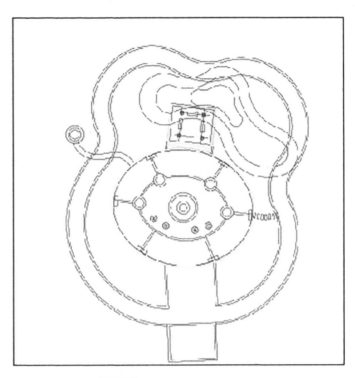

图6-9 添加白色背景图层后效果

6.2 创建分类图层

在Photoshop中，将场地的不同对象分类绘制在不同的图层上，既可以有效防止产生大量无用的废层和空层，也方便修改。由于上层的对象会覆盖下层的对象，因此下层对象被覆盖部分不必镂空。以本案例为例，可创建道路、草坪、铺装、构筑物、树木、水池等图层。

6.3 园林要素添加和渲染

草坪、铺装、水池等对象在场地中都是闭合的区域，如果边界简单，可以用魔棒工具等选框工具在范围内单击或拾取获得选区；如果边界复杂，则需要先用钢笔工具将这些区域分别描绘成路径，然后将路径作为选区载入，按高度逐层向上填充颜色或图案。

6.3.1 草坪

点击图像原图层，用魔棒工具在需要填充草坪的空白处单击，载入选区。点击草坪图层，将前景色调成草坪色，在选区中填充前景色（Alt+Delete），然后取消选区（Ctrl+O），完成草坪填充（图6-10）。

另外，草坪的制作可以用浅绿色渐变模拟，再添加杂色；也可以用真实的草地素材进行图案填充；还可以利用仿制图章工具将真实的草坪素材涂抹到选择区域中。具体操作在此不赘述。

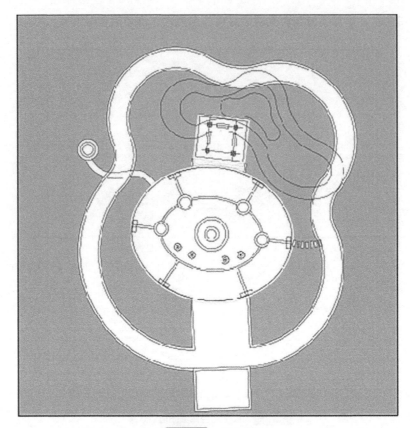

图6-10　填充草坪

6.3.2　道路、铺装

铺装一般由一些图案单元组成，采用图案填充易于操作，可以选用图像中的一个区域，也可以选择全图将其定义为图案。为使铺装真实，可以对图层进行投影。一种图案一个图层，不能混在一起。

图案填充操作步骤如下。

① 打开铺装素材图片文件。

② 选择图像中某个区域或整幅图像，将其定义为图案。

③ 单击绿地平面图窗口标题切换到该窗口。

④ 选择"铺装"图层，右单击，选择"混合选项"，在弹出的对话框中勾选"图案叠加"，选择②中定义的图案，并进行缩放。如图6-11所示。

⑤ 图案填充（图6-12）。

6.3.3　水池

本案例中水池为喷泉，可采用与草地同样方法制作，调整前景色和背景色为适当的蓝色。其他类型水体，也可以使用滤镜工具进行调整，如使用云彩滤镜。另外，也可以调入水面素材，使用"定义图案"填充，或者用仿制图章工具制作水体。

下篇   实践篇

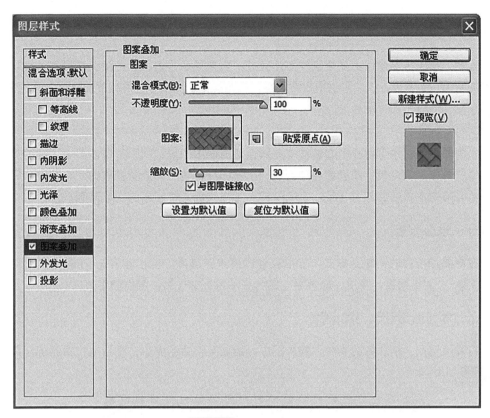

图6-11   图案叠加内容

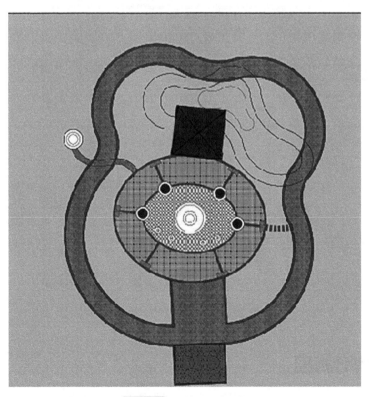

图6-12   道路、铺装填充

6.3.4 构筑物

坐凳、亭子可参照以上要素制作方法完成，如亭顶面可以用颜色渐变来模拟，也可以铺上瓦的贴图。也可以在PSD素材中找到图案，把图案拖入图层中，并缩放图案至合适的大小。

6.3.5 树木

平面图中的树木可以在PSD素材中选择合适的树木图案，把图案拖入图中，并缩放图案至合适的大小。每个树木图案会自动创建一个新图层，调整好所有的树的大小和位置后，可以将所有的树木图层合并为一层。按住Alt键，可以实现同种树木的快速复制。

6.3.6 添加投影

在需要加投影的图层上右击，然后在弹出菜单中选择"混合选项"。在弹出的窗口中勾选"投影"，对透明度、角度、距离等，结合实际情况加投影，最后确定完成。

6.3.7 添加比例尺、指北针

打开比例尺、指北针的素材，拖入图中，缩放至合适的大小，在合适位置添加。最终效果如图6-13所示。

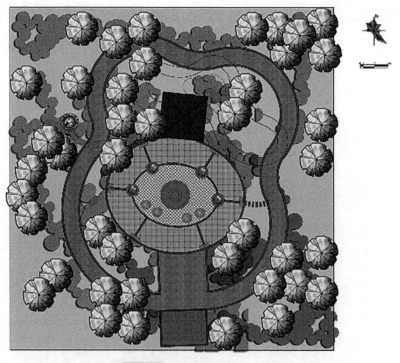

图6-13 添加比例尺、指北针

6.4 制作分析图

分析图是园林项目文本中必不可少的一部分，它的作用就是最大化地将项目中的规划理念直观准确地表达出来。这里以常用的交通分析图和景观分析图为例，介绍使用Photoshop绘制流线和圆形圈的一般做法。

6.4.1 设置画笔

首先，打开"预设管理器"，单击图 ✿. 中，追加"方头画笔"，如图6-14所示。

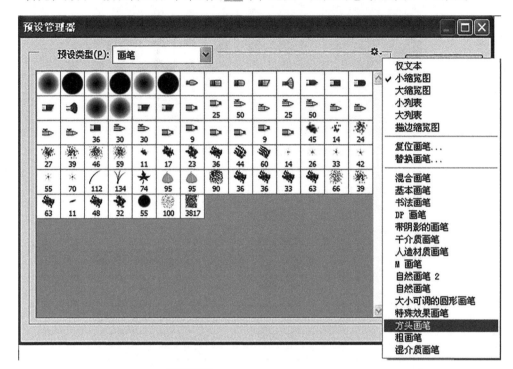

图6-14 预设管理器追加"方头画笔"

然后，切换到"画笔"工具，设置画笔。调整画笔笔尖形状，主要调大小和间距，要调整到没有画笔叠加在一起（图6-15）。设置后可以画一段线看看尺寸是否合适。

6.4.2 绘制路径

在选择钢笔工具之前，先新建一个图层。路径不会显示在图层面板，但是描边的线会画在这个图层。

选择钢笔工具，选中路径上的点单击并拖动，通过操纵杆控制曲线的形状和尺度，创建曲线路径。如选择形状工具，可以画出圆形路径或其他自定义形状路径（如箭头等）。

调前景色，根据需要，不同的分区或道路级别选择不同的颜色。

6.4.3 描边路径和填充路径

画好路径后，在路径面板中选择需要描边的路径图层，单击右键，选择"描边路径"（图6-16）。如果用不同类别的曲线表示交通强度的不同，主要通过改变线的密度和透明度来表示。

对于功能分区，通常需要内部进行填充。在路径面板中选择需要的路径图层，单击右键，选择"填充路径"。在弹出的"填充路径"对话框（图6-17）里调整不透明度等内容。

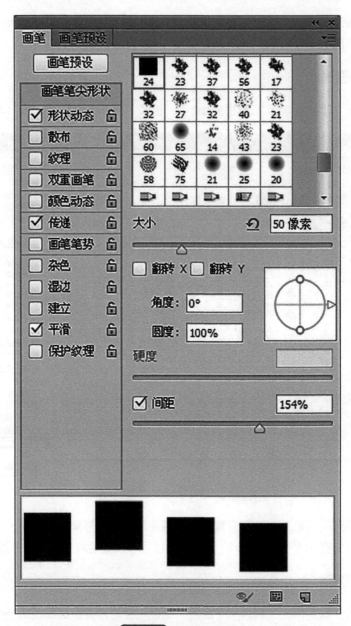

图6-15　"画笔"设置

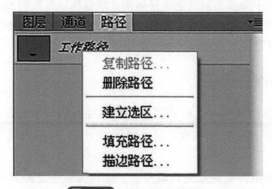

图6-16　路径面板快捷菜单

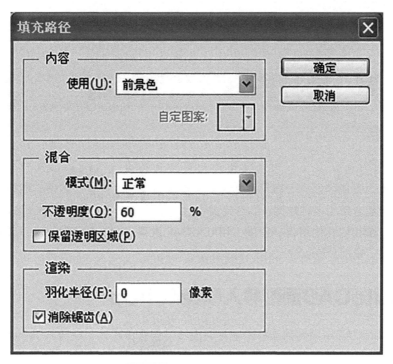

图6-17 "填充路径"对话框

完成后，可将路径删除或设置为不显示。完成的道路流线和圆形圈如图6-18所示。

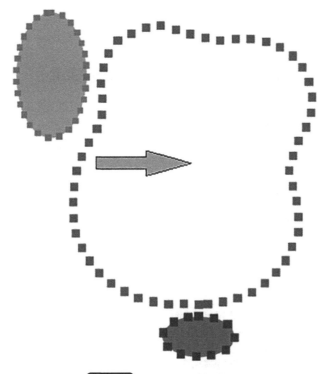

图6-18 道路流线和圆形圈图示

第**7**章 园林三维效果图绘制

园林三维效果图的制作大致可分为建立三维模型、场景渲染、图像后期处理三个步骤，整个过程中要组合使用多种软件。综合考虑软件的性能、来源、价格、参考资料的获得及兼容性等方面，最为优化的组合一般是先用AutoCAD做平面，然后用SketchUp建模和指定材质贴图、渲染，最后用Photoshop进行图像后期处理。

7.1　AutoCAD图形导入SketchUp

一般在AutoCAD中绘制的园林景观平面图不适合直接导入，在导入SketchUp前应注意以下3点。

① 注意保存的CAD文件版本不要过高。

② 单位要统一，一般都为毫米。

③ 精简CAD文件，利用图层分类，保留道路、建筑物和绿地的位置和轮廓线条。具体步骤见SketchUp建模一章。

本例原CAD文件精简前和精简后图层和图形如图7-1、图7-2所示。

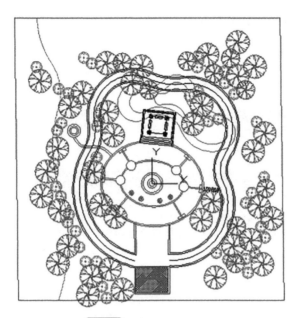

图7-1 精简前图层和图形

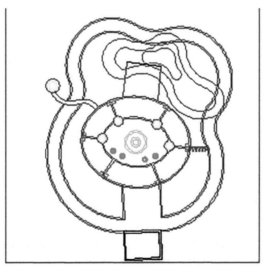

图7-2 精简后图层和图形

精简后的CAD图形文件导入SketchUp的步骤如下。

① 打开SketchUp软件，选择模板为"建筑设计"→"毫米"。

② 点击"文件"→"导入"，文件类型选择AutoCAD文件（*.dwg，*.dxf），其他设置如图7-3所示。单击"确定"，然后单击"打开"。

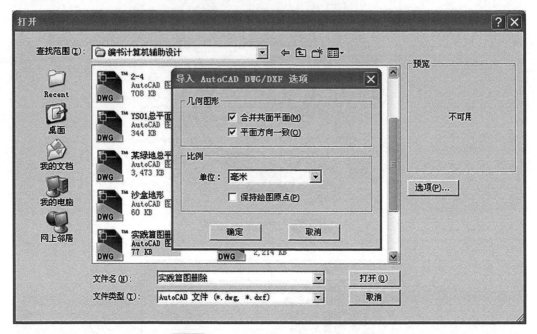

图7-3 SketchUp里打开*.dwg格式文件

7.2 组件分类

7.2.1 封面

把DWG图形导入SKP模型文件里后，自动成为一个组，这个组里的所有线条都是未来模型上的边线。由于这些线条是空洞的，并没有形成面而存在，无法进行建模，因此需要先进行封面工作，即将各个线条所围合的部分形成面。

在SketchUp二维空间中，只要有闭合的线就可以自动生成面，在绘制室外景观图时，由于场景空间很大，因此我们可以采用局部形成面的方法。基本步骤为：先将自动形成的组分解，然后沿边线用绘图工具进行封面（图7-4）。

另外，可安装自动封面插件Auto_face、S4U Make Face等，帮助完成封面工作。

7.2.2 分类创建组、组件

根据本例的需要分析，可创建坐凳、树池、花坛、水体、山体、铺装等组或组件。为管理方便，可建立相应的图层，将对应的组移动到相应的图层上。

如将一个树池封面后，利用移动复制，直接在相应位置生成其他树池，以方便建模编辑。

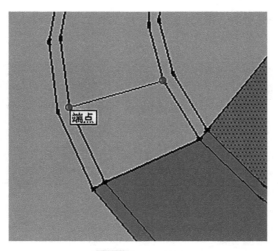

图7-4 局部封面

7.3 园林要素建模

本例的园林要素有地形、道路、广场、建筑、小品、植物。

7.3.1 山地的建模

山地的微地形一般先使用"沙盒"工具生成，等高线间距500mm。具体步骤如下。

首先将每条等高线按照等高距500mm，由外向内向上依次移动，调整高度（图7-5、图7-6）。

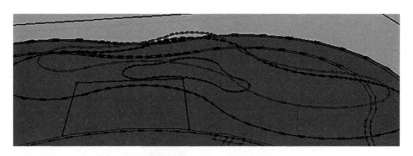

图7-5 选中一条等高线

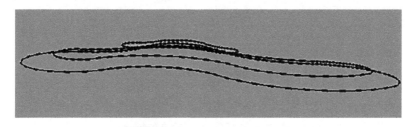

图7-6 所有等高线调整间距完成

将山路复制移动到坡地正上方，选中山路，然后点击沙盒的曲面投射工具，此时左下角提示栏会显示：选择你所需要悬置（曲面投射）的栅格（网格），再用鼠标点击坡地。投射成功后局部细节如图7-7所示。最后隐藏或移开山地上方的山路，选择坡地上投射的山路调整颜色即可。

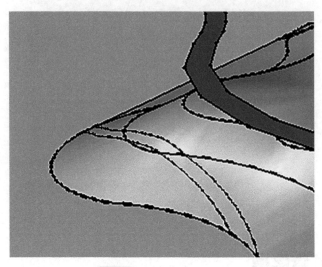

图7-7　曲面投射添加山路

7.3.2　小品建筑的建模

按照一般的作图习惯，在图形不是很复杂的情况下，习惯先绘制景观家具或小品建筑，并生成组或组件，放置到相应位置。以下介绍一个四角亭建模的基本步骤。

① 先绘制出亭子的底座。选择"矩形"工具，绘制边长3500mm×3500mm的矩形，并利用"推/拉"工具，拉伸200mm，如图7-8所示。

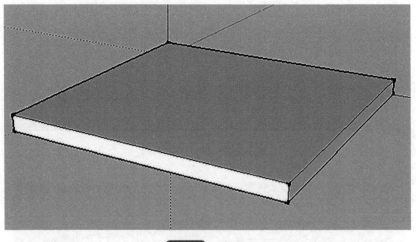

图7-8　亭底座

② 制作亭子的柱脚及立柱，在亭底座的上平面绘制柱脚。柱脚用圆形绘制，半径250mm，推拉高度至300mm。立柱半径150mm，高2700mm。

为了方便操作，把柱及柱脚组成群。选中立柱和柱脚，选择"编辑"→"创建组"或在右键弹出的快捷菜单中选择"创建组"，这样就可以把柱及柱脚作为整体进行编辑。复制出另三组亭柱，如图7-9所示。

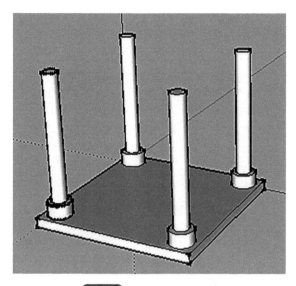

图7-9　完成亭柱脚和立柱

③ 制作亭顶部，复制亭底座的一个面，放在空白处，拉伸200mm；然后上平面向内偏移150mm（图7-10）；用"直线"工具绘制四坡屋顶，屋顶高度设置1580mm（图7-11）。把屋顶各部件群组，选择"群组"移动到亭柱上（图7-12）。

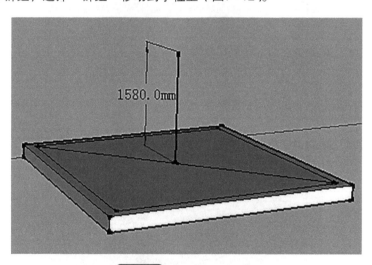

图7-10　亭顶部上平面处理

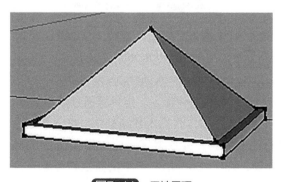

图7-11　四坡屋顶

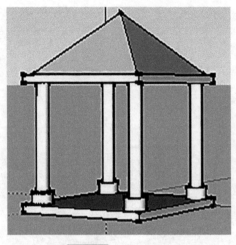

图7-12 完成亭建模

④ 整个亭子创建为组件，并根据需要赋予材质颜色等（图7-13）。

图7-13 亭组件赋予材质

根据组、组件的分类，对于道路、树池、花坛、坐凳等，使用"推/拉"工具，推拉出高度，并赋予材质。推拉高度应考虑规格范围要求。本模型各项推拉高度：道路 30mm、树池400mm、花坛300mm、坐凳450mm、水池600mm。

植物、喷泉等园林配景可利用组件插入。组件可通过单击菜单"窗口"→"组件"；或者单击菜单"文件"→"导入"的方式插入到模型中。插入的组件大小如不符合要求，可使用"拉伸"工具进行比例调整，并放置在合适位置（图7-14）。考虑到模型需要导入Photoshop进行后期处理，在SktechUp文件中精简植物等配景，下一步在Photoshop中添加。

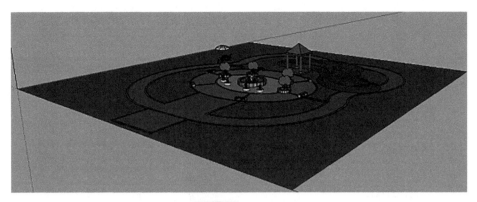

图7-14 加入配景

7.4 三维效果图的后期处理

7.4.1 创建SktechUp场景

一般在SktechUp里面调整好角度、阳光位置，建立场景（页面），方便后期编辑（图7-15、图7-16）。

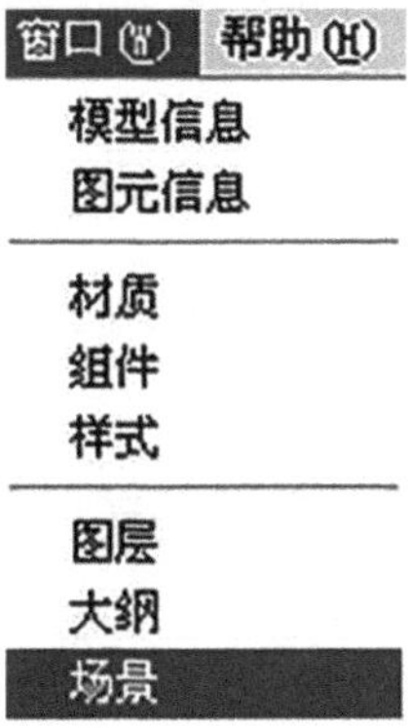

图7-15 "窗口"→"场景"

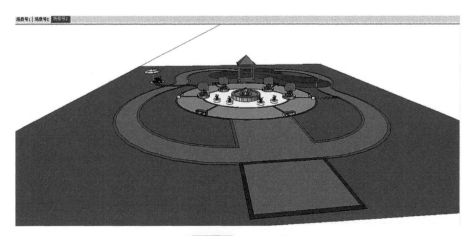

图7-16 建立场景

在SketchUp菜单中，单击文件→导出→二维图形（图7-17），然后在弹出的"输出二维图形"对话框（图7-18）中点击"选项"按钮，在弹出的"导出JPG选项"对话框中设置需要导出的图片大小（图7-19），"正在渲染"中勾选"消除锯齿"选项，"JPEG压缩"中将滑块移动到"更好的质量"，确定后，单击"输出"。

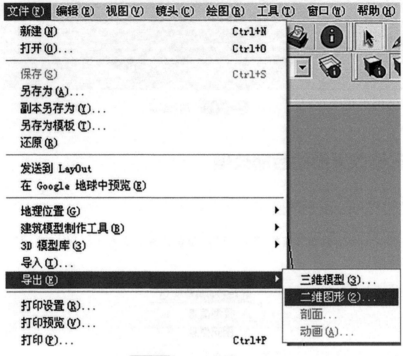

图7-17 从文件导出二维图形

图7-18 "输出二维图形"对话框

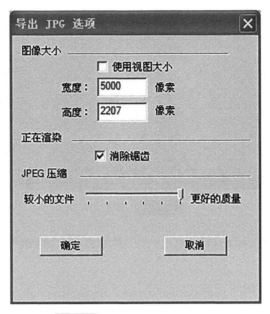

图7-19 "导出JPG选项"对话框

　　为了便于修改和后期的调整，通常需要导出底图、线稿、阴影三张图片。

　　1）底图　在SU"窗口"菜单里执行"样式"，打开样式对话框，如图7-20所示，在"编辑"窗口中去掉"显示边线"，背景色改为白色。输出底图文件（图7-21）。

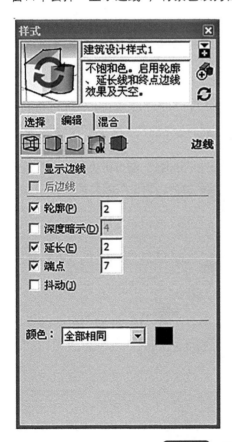

图7-20 底图的样式修改

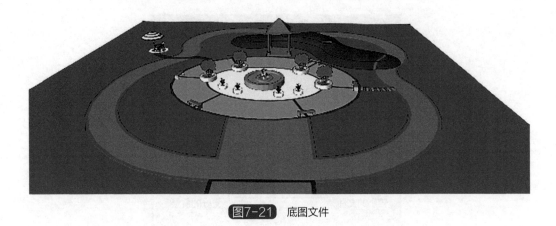

图7-21　底图文件

2）线稿　单击SketchUp自带默认上方工具栏的 ⬚（隐藏线）按钮。输出线稿文件（图7-22）。

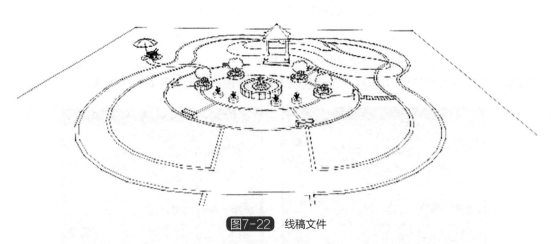

图7-22　线稿文件

3）阴影　在SU里打开"窗口"→"样式"，在"编辑"窗口中去掉"显示边线"。隐藏线设置同"线稿"，然后打开阴影，选择合适的阴影方向，输出阴影文件（图7-23）。

图7-23　阴影文件

7.4.2 Photoshop处理导出的SketchUp图片

打开Photoshop，将前面导出的三幅图片放入Photoshop。图层顺序由下到上为底图、线稿、阴影。将线稿和阴影两个图层设置为正片叠底（图7-24）。

图7-24 图层顺序和设置

景观效果图主要突出各种要素所构成的景观空间，如小品、道路、铺装、植物组团等。其后期处理主要是应用Photoshop软件进行配景和背景的必要添加、修改。配景的透视效果需要依据透视规律和经验，将插入的配景进行大小、方向、位置和色彩的调整而获得。

进行后期处理时要充分利用Photoshop的分层功能，把不同配景图像分别放置在不同层上，以方便管理和修改。

本案例主要景观构成为周围植物景观、环形园路、中心广场，以及喷泉、亭、缓坡山地等。一般作效果图都是由远及近，下面介绍基本步骤。

（1）添加天空背景

天空背景用来初步确定环境的整体色调和氛围。可根据需要选择纯天空背景或者带有远景树丛的素材，以体现层次感和景深。

根据SU渲染图的光源方向选择合适的天空。选择一个天空背景素材文件，图片尽量清晰。将其拖入Photoshop（拖进来的图片需要右击删格化图层），将图层改名为"天空"。

由于所选天空图片与效果图大小不一致，故需要对其进行调整。在天空图片范围内，用鼠标左键单击并按住不放，将其拖至左上角刚好与效果图图像左上角重合。单击菜单"编辑"→"自由变换"，将"天空"图片缩放至与SketchUp效果图图片大小相等即可。

在图层面板中将"天空"图层的不透明度设为60%左右，此时可透过"天空"图层看到图像中的地平线。移动"天空"图层，使其地平线与图像中地平线基本吻合。调整好后将其透明度重设为100%。在图层面板中将"天空"图层按住不放拖至"背景副本"图层的下面。

选择魔棒工具，把对所有图层取样勾上，容差调至50（越高选取的面积越大），为了不影响选取，可以把"天空"图层暂时隐藏，然后开始选取白色部分（图7-25）。

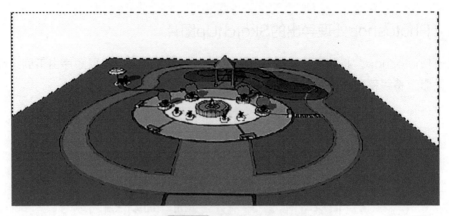

图7-25　选取白色部分

显示"天空"图层，单击 ◙ 按钮，为其添加图层蒙版（图7-26）。

图7-26　添加图层蒙版

完成后如图7-27所示。

图7-27　添加天空

（2）添加草坪

打开草坪文件，将其移到效果图文件中，自动生成一个新的图层。使用自由变换、拷贝粘贴等工具将其放置到覆盖需要填充草坪的区域，如图7-28所示。

图7-28　覆盖草坪（一）

　　将"草坪"图层设置为不可视，使用魔棒工具选择需要覆盖草坪的区域。注意应为"加选"模式。选择完成后，将"草坪"图层恢复为可视，结果如图7-29所示。按Shift +Ctrl+I组合键进行反选，然后按Delete键删除不需要覆盖草坪的部分，结果如图7-30所示，完成草坪。

图7-29　覆盖草坪（二）

图7-30　草坪完成

（3）添加乔灌木等配景

　　以乔灌木为例。首先打开素材。有些素材是PSD格式，植物图例在单独图层，这种情况将相应图层直接拖进效果图文件即可（图7-31）；如果不是这种情况，需要先将所需植物图例选取出来，再拖进效果图文件。

图7-31 添加PSD格式配景

应注意远近、大小的搭配符合植物配置和效果图的构图原理。配景添加的一般做法是由远及近，即远景→中景→近景。远景植物纯度、明度都不要太高；中景部分是画面的主要表现区域，中景植物一定要有空间有层次，且有较鲜艳的色彩（饱和度、对比度需较高）；前景除了植物还往往包含人、车等，人和车流等能起到引导视线、活跃气氛的作用。在平视效果图中的所有人物，不论远近，虽然它们的脚位于不同高度，但是头部基本保持在视平线上下浮动，即"头齐脚不齐"，这样才符合平视效果图的透视原理。

（4）添加阴影

添加阴影可增加效果图的真实性，要注意整幅图的日照方向应一致。具体做法如下。

1）复制新的乔木图层　选中乔木图层，按住Alt键，点击"移动"工具按钮，点击乔木并按住不放，将其往旁边拖曳，便可生成一个乔木图层的副本。

2）将新图层制作成阴影　单击菜单"编辑"→"自由变换"，对阴影进行自由变换，得到控制矩形框。在框内单击鼠标右键，在弹出的下拉菜单中选择"扭曲"，点击控制框上的小方形控制点，按住不放，往右上方拖曳，可将投影"铺"在地面上。移动阴影，使其根部与乔木的根部重合。调整新图层的亮度／对比度值均为-100，将该图层的不透明度设为70%左右，如图7-32所示，即可完成树木投影的制作。

图7-32 树木投影

如果一张图中有多棵同种树木，为了提高作图效率，我们往往先制作出一棵树的投影，然后将其连同乔木本身一起复制。由于所有乔木都要有投影，因此我们可以将刚才制作好的投影与原乔木图层合并成一个图层，以方便后面复制出相同的树木。此时乔木和投影在同一个图层内，如果视野范围内还有相同的树木，即可直接复制移动。但要注意近大远小的透视原理，将乔木缩放至合适的尺寸。

（5）雾化处理

为了突出主景，主要内容完成后，可加以雾化前景处理。

① 将前景色设置为白色。

② 新建图层，命名"前景雾化"。

③ 点击"画笔"工具，画笔大小设置为250像素，硬度为0%。如图7-33所示。

图7-33 "画笔"设置

④ 用"画笔"工具在画面的右上角和左上角画出水平方向笔画。

⑤ 使用"模糊"滤镜进行雾化。单击菜单滤镜→模糊→动感模糊命令，弹出"动感模糊"对话框，如图7-34所示。可将白色笔画横向延伸和虚化。如果一次操作还达不到理想效果，可以重复该滤镜操作，或者按Ctrl+F快捷键重复上一步操作，结果如图7-35所示。

（6）色彩平衡

增加色彩平衡调整图层，来调整画面的冷暖对比。一般暗的地方偏蓝紫，亮的地方偏红黄。步骤如下。

① 单击菜单"图层"→"新建调整图层"→"色彩平衡"。在"新建图层"对话框中单击"确定"。

图7-34 "动感模糊"对话框

图7-35 雾化处理效果

② 在"色彩平衡"属性对话框（图7-36）中，选择"阴影""中间调"或"高光"，以便选择要着重更改的色调范围。

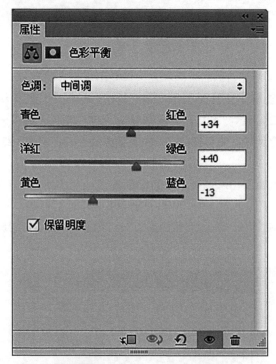

图7-36 "色彩平衡"属性对话框

③ 可选择"保留亮度"。该选项可以保持图像的色调平衡，防止图像的亮度值随颜色的更改而改变。

④ 将滑块拖向要在图像中增加的颜色，或将滑块拖离要在图像中减少的颜色。

（7）效果图文件的存储

整幅效果图制作完成，应进行存储。一般保存为JPG格式图片或TGA格式文件，以便下一步打印出图。

单击菜单"文件"→"保存为"，打开"存储为"对话框，如图7-37所示。找到要保存的文件路径，修改文件名为：效果图。格式选择JPG或TGA均可。

图7-37 "存储为"对话框

第8章 园林景观方案文本制作内容

方案文本是设计的最终成果，一般而言，一套完整的园林景观方案文本包括文字与图纸两部分。

文字部分包括规划方案的说明、投资框（估）算、水电设计的一些主要节点说明等；图纸部分包括规划平面图、功能分区图、绿化种植图、小品设计图、全景透视图、局部景点透视图等。两部分内容可以分开打印，也可以制作成统一的文本版面，将文字和图纸放在同一个方案文本中。一个完整文本一般需要包含以下内容：封面（中英文项目名称；设计单位名称，日期）、扉页（中英文项目名称；委托单位、设计单位；项目编号、日期；首席设计、方案设计、土建设计、植物设计、水电设计等）、设计资质页（企业法人营业执照、园林景观规划设计资质证书、工程设计证书等）、文本目录页、设计内容图框（页面主题、设计项目名称、设计单位名称）、封底（中英文设计单位名称；日期）。

方案文本的图册是园林设计成果的重要表现形式，文本封面设计色调和整个设计内容要保持一致。文本的文字排版要做到一目了然、简洁清晰。在文字字号上，一般大标题或者图名字体18、21、24，小标题字体一般14，正文字体12，英文可以略小，起到装饰版面的作用，避免重点突出。可根据版式进行调整，一般情况图纸名称不能使用繁体字。在文字内容上，要做到有针对地对图纸进行分析，词语要简洁明了，突出设计主要内容。一般图册大小以A3（420mm×297mm）版面为多，有横版和竖版两种；也有正方形版面，一般尺寸为250mm×250mm、285 mm×285mm或300mm×300mm。

设计内容主要包括以下部分。

（1）项目概况

1）项目背景 主要描述位置、面积、地势、周边等，包含一些数据。

2）场地概况 包括环境概况（气候、季风、土质、水质等）和景观概况（地形地貌、植被、水系、建筑等）。

（2）设计依据

国家和地方相关法规、城市和项目周边总体规划、相关设计规范、各设计控制指标等。可添加一些规划局的城市规划图或分区规划图。

（3）设计原则（文字为主）

（4）设计指导思想（文字为主）

（5）设计目标

简明表述甲方的要求、城市的需要、使用者的心声等。

（6）前期基址分析（图文）

1）区位分析 与城市分区、主干道、其他绿地系统以及发展规划的关系；场地生态效益、绿地联动效应；交通沿线景观、未来发展规划分析等。

2）周边环境分析 与周边相邻道路、河流、山体、建筑和开放绿地的关系，周边游憩线路等。

3）竖向分析/高程分析

4）SWOT分析 内部优势、劣势；外部机会、威胁分析。

5）功能分析 明确需满足的功能和对应位置以及场地使用人群的行为构成情况。

6）交通分析 包括与相邻道路的关系以及停车位数量、位置。

7）植被分析 上、中、下层植被；常绿、落叶植被；阔叶、针叶植被；色相、季相等。

8）视线分析 视线开闭情况，是否需要对景、障景、借景等。

9）空间结构分析 空间的形态、属性、分隔、联系与过渡等。

10）图与底关系

11）水环境分析

12）场地不利因素分析 是否存在悬崖、污染物、特殊工厂、污染水池、高压线、边坡、垃圾堆放、有害植物等不利因素，并提出相应解决的初步方案。

（7）概念设计（在前期基址分析的基础上提出概念）

1）设计概念 为设计定位，构思概念，提出设计的主题/主线。

2）概念演化 解析概念，通过概念的形态、色彩、感觉、律动、意向等融入景观。

（8）规划定位

1）规划结构 满足服务半径、各开敞空间之间的关系、分布、布局等。

2）景观结构 设计后最终形成的景观轴、景观带、景观脉、景观环、景观点等。

3）功能分区布局 功能分区的功能性区位分析，另加行为构成分析。

4）竖向设计 (可配上若干重点景区的剖面图）

5）交通系统 与外部道路关系，内部分流、换线，停车位分布情况等。

6）视线分析 设计后景观视线的引导情况。

7）绿化种植规划 植物种植的分区，季相变化。

8）场地内部游憩规划（行为构成分析）

9）电力及给排水规划

10）开发时序规划（一般分为三期建设：近期、中期、远期）

（9）总体设计

① 总体平面图

② 总体剖立面图（可加页作重要区域剖立面图）

③ 总体鸟瞰图（可添加夜景鸟瞰图和局部鸟瞰图）

④ 景观注释图（可加页作一个配套服务设施的注释图）

⑤ 种植设计图（植物种类、规格、配置形式；植物明细表）

（10）局部设计

① 中心景观节点（放大平面图、区域鸟瞰、区域透视图、示意图）

② 重要景观节点（同上）

③ 建筑设计（布局、功能、风格、色彩等）

④ 园林小品设计（可分为雕塑小品、铺装、城市家具、灯具、标识系统等示意图）

如是小区的设计，重要景观节点可以换成：中心游园、组团绿地、宅旁绿地等。

（11）技术经济指标及投资估算（表格）

（12）附图：规划设计图（CAD蓝图）

① 规划设计总平面图

② 道路竖向规划图

③ 绿地系统规划图

④ 综合管网规划图

参考文献

［1］Autodesk Inc. AutoCAD2012用户手册.

［2］陈站是，张燕，陈建业. AutoCAD+Photoshop园林设计实例［M］. 北京：中国建筑工业出版社，2003.

［3］胡浩，欧颖. Sketchup的魅力：园林景观表现教程［M］. 武汉：华中科技大学出版社，2010.

［4］邢黎峰. 园林计算机辅助设计教程（第2版）［M］. 北京：机械工业出版社，2010.

［5］刘强，漆波. 建筑草图大师：SKETCHUP效果图设计完全解析［M］. 天津：兵器工业出版社，2007.

［6］尚存，吕慧. 园林Photoshop辅助设计［M］. 郑州：黄河水利出版社，2010.

［7］卢圣，王芳. 计算机辅助园林设计（第3版）［M］. 北京：气象出版社，2014.

［8］张健，杨涛，何方. 计算机辅助设计艺术：PHOTOSHOP CS4篇（第3版）［M］. 武汉：武汉理工大学出版社，2014.

［9］周士锋. 计算机辅助园林设计［M］. 重庆：重庆大学出版社，2010.

［10］李彦雪，熊瑞萍，胡远东. 园林设计CAD+SketchUp教程［M］. 北京：中国水利水电出版社，2013.